農学基礎シリーズ

# 作物学の基礎 II
## 資源作物・飼料作物

中村　聡
後藤雄佐
新田洋司
［著］

農文協

# まえがき

　あなたは，なにを食べ，なにを着て，どのように生活していますか。その生活のなかに，たいへん多くの農作物がかかわっていることを知っていますか。たとえば，ステーキを食べるとき，そこに使われている油や香辛料はどんな作物からつくられているのか。牛の餌になる作物はどんなものなのか。また，着ている服の素材や，運転している車のタイヤの原料はなんだろう。これらの原料になっている作物は，どこで，どのように栽培され，加工されているのだろうか……。

　本書『作物学の基礎Ⅱ』では，『作物学の基礎Ⅰ』であつかった食用作物以外の，私たちの生活のなかで多様に利用されている農作物を取り上げた。

　ほとんどの資源作物（工芸作物）は，加工されてから利用されており，収量とともに品質が重視されることも多い。そのため，世界の各作物の生育に適した土地で栽培され，さらに作物ごとに特有の栽培技術が求められる。また，高度な加工技術や専用の加工工場も必要である。本書では，各資源作物の原産地やおもな生産国（産地），形態，生育特性，栽培方法だけでなく，加工や利用方法についても基礎から理解できるように構成を工夫し解説した。

　家畜の餌にするために栽培する飼料作物には，トウモロコシなどの青刈飼料作物，イネ科牧草，マメ科牧草などがある。穀物や，油を抽出したあとの油粕なども飼料に利用される。本書では，飼料作物の基本が身につけられる構成にし，日本での飼料生産を中心に，各飼料作物の栽培地，形態，生育特性，栽培方法や調製方法などについて解説した。とくに，イネ科作物は飼料作物の中心になる重要な作物であり，形態や生育，再生について詳細に解説した。

　加えて，環境保全面から最近注目されている，緑肥作物やクリーニング作物についても紹介した。

　本書は，『作物学の基礎Ⅰ』と同様，図表や写真を多くいれ，わかりやすい解説に努めた。資源作物と飼料作物の全体を理解でき，かつ，関連する分野も学ぶことができる作物の入門書として，また，食品関係，畜産関係などの方にとっても，原料や飼料になる作物について学べる本として活用いただけるはずである。

　私たちに豊かな生活をもたらしてくれる作物は，長いあいだ先人たちがかかわりつづけて，今日，存在している。本書を通じて，作物をより深く理解し，私たちの身近で貴重な財産であることを認識していただければ幸いである。

　本書の出版にあたり，企画や内容について貴重なご意見をいただいた，農山漁村文化協会の丸山良一氏に深く感謝いたします。

2015年9月

中村　聡

# 作物学の基礎Ⅱ—資源作物・飼料作物

## 目次

まえがき…1

## 資源作物（工芸作物）— 7

### 第1章 油料作物　8

- **Ⅰ 油料作物の生産と利用** — 8
  1. 植物油脂の生産………8
  2. 油脂の構造………9
  3. 油脂を構成する脂肪酸………10
  4. 植物油脂の種類と利用………10
  5. 植物油脂の採油方法………11
- **Ⅱ ナタネ** — 11
  1. 起源と種類………11
  2. 形態と生育………11
  3. 栽培と品種………12
  4. 生産量………14
  5. 加工と利用………14
  - 【コラム】バイオディーゼル燃料……15
- **Ⅲ アブラヤシ** — 15
  - 【コラム】石けん（石鹸）……18
- **Ⅳ ココヤシ** — 19
- **Ⅴ ヒマワリ** — 21
- **Ⅵ ベニバナ** — 23
- **Ⅶ ゴマ** — 24
- **Ⅷ エゴマ** — 26
- **Ⅸ オリーブ** — 27
- **Ⅹ ヒマ** — 29
- **Ⅺ その他の油料作物** — 30
  1. ダイズ………30
  - 【コラム】硬化油……30
  2. ラッカセイ………30
  3. トウモロコシ………31
  4. イネ………31
  5. ワタ………31
  6. アマ………32
  7. ブドウ………32
  8. ニガーシード………32

### 第2章 糖料・甘味料作物　33

- **Ⅰ 糖料作物の生産と利用** — 33
  1. 砂糖の生産………33
  - 【コラム】和三盆糖……34
  2. 砂糖の種類………34
  3. 砂糖の特性………35
- **Ⅱ 甘味料作物の生産と利用** — 36
  1. 甘味料の種類………36
  2. 甘味度，糖度，Brix………37
- **Ⅲ サトウキビ** — 37
  1. 起源と種類………37
  2. 形態と生育………38
  3. 栽培と品種………39
  4. 生産量………41
  5. 加工と利用………42
- **Ⅳ テンサイ** — 42
- **Ⅴ スイートソルガム** — 46
- **Ⅵ ヤシ類** — 48
  1. ヤシ類の分類と糖利用………48
  2. ココヤシ………49
  3. サトウヤシ………50
  4. パルミラヤシ………51
  5. ニッパヤシ………52
- **Ⅶ サトウカエデ** — 54
- **Ⅷ 糖類の多い芋をつけるキク科の特産作物** — 55
  1. ヤーコン………55
  2. キクイモ………57
- **Ⅸ 甘味料作物ステビア** — 57

# 3 第3章
## デンプン料作物とコンニャク　　58

- **I デンプン料作物の生産と利用**────58
  - 1. 作物の種類とデンプンの特性・用途………58
  - 2. 日本でのデンプン需給と生産………59
- **II キャッサバ**────60
  - 1. 起源と種類………60
  - 2. 形態と生育………60
  - 3. 栽培と品種………61
  - 4. 生産量………61
  - 5. 加工と利用………62
- **III サゴヤシ**────62
- **IV その他のデンプン料作物**────64
  - 1. クズウコン………64
  - 2. ショクヨウカンナ………64
- **V コンニャク**────65

# 4 第4章
## 嗜好料作物　　69

- **I 嗜好料作物の生産と利用**────69
  - 1. 特性………69
  - 2. アルカロイド………69
  - 3. タンニン………70
  - 4. 芳香物質………70
- **II チャ**────70
  - ●**起源，生産，成分**── 70
  - 1. 起源と種類………70
  - 2. 茶の生産量………71
  - 3. 成分………71
  - ●**緑茶**── 72
  - 1. 形態と生育………73
  - 2. 栽培（日本での栽培方法）………73
  - 3. 品種………75
  - 4. 緑茶の種類と加工（製茶）………76
  - 5. 生産量………77
  - ●**紅茶**── 77
  - 【コラム】日本の紅茶の歴史……79
  - ●**ウーロン茶**── 79
- **III コーヒー**────80
- **IV カカオ**────82
- **V タバコ**────85
- **VI ホップ**────87
- **VII マテ**────88
- **VIII その他の嗜好料作物**────89
  - ガラナ／コーラ／ビンロウ

# 5 第5章
## 繊維作物　　90

- **I 繊維作物の生産と利用**────90
  - 1. 種類と分類………90
  - 2. 繊維の構造………91
  - 3. 靱皮繊維の調製………92
  - 4. 再生繊維………92
- **II ワタ**────93
  - 1. 起源と種類………93
  - 2. 形態と生育………93
  - 3. 栽培と品種………95
  - 4. 生産量………96
  - 5. 加工と利用………96
- **III ジュート**────97
- **IV アマ**────99
- **V タイマ**────101
- **VI チョマ**────103
- **VII 靱皮繊維を用いるその他の麻**────105
  - 1. ケナフ………105
  - 2. ボウマ………105
- **VIII 組織繊維を用いる麻**────106
  - 1. アバカなど *Musa* 属………106
  - 【コラム】バナナの仲間― *Musa* 属……107
- **IX サイザルなど *Agave* 属**────108
- **X イグサ**────109
- **XI コウゾ**────112
- **XII ミツマタ**────114
- **XIII その他の繊維作物（植物）**────115

ココヤシ／カポック／シュロ／サトウヤシ

# 第6章
# 香辛料作物（ハーブ），芳香油料作物　117

- **I 香辛料作物（ハーブ）の特徴と利用**── 117
  - 1. 香辛料の分類………117
  - 2. 加工と利用………117
- **II 芳香油料作物の特徴と利用**── 118
- **III トウガラシ**── 119
  - 1. 起源と種類………119
  - 2. 形態と生育………119
  - 3. 栽培と生産量………119
    - 【コラム】パプリカ……120
  - 4. 利用………120
- **IV コショウ**── 120
- **V ワサビ**── 123
  - 【コラム】加工ワサビ……125
- **VI カラシナ**── 125
- **VII ショウガ科**── 126
  - 1. ショウガ………126
  - 2. ウコン………127
  - 3. カルダモン………127
- **VIII シソ科**── 128
  - 1. ミント………128
  - 2. ラベンダー………128
  - 3. その他………129
    - オレガノ／セージ／セボリー／タイム／バジル／マジョラム／ローズマリー／ベルガモット
- **IX その他の香辛料・芳香油料作物**── 130
  - 1. セリ科の香辛料・芳香油料作物………130
    - アニス／ディル／フェンネル／クミン／コリアンダー／キャラウエイ
  - 2. フトモモ科の香辛料・芳香油料作物………131
    - クローブ 131／オールスパイス 132
  - 3. ミカン科の香辛料・芳香油料作物………132
    - ベルガモット／レモン／ライム／カボス／ユズ／スダチ／陳皮
  - 4. その他………133
    - シナモン 133／ダイウイキョウ 134／ナツメグ 134／バニラ 134／ジャスミン 135／カモミール 135／レモングラス 136／ハイビスカス 136／ローズヒップ 136／香木：ビャクダン 136

# 第7章
# 樹脂料作物，ゴム料作物　137

- **I 樹脂・ゴム料作物と利用**── 137
  - 1. 樹脂料作物とゴム料作物………137
  - 2. 樹脂とゴム………137
  - 3. ゴムの加工・利用………138
- **II パラゴム**── 138
  - 1. 起源と種類………138
  - 2. 形態と生育………138
  - 3. 栽培と品種………139
  - 4. 生産量………140
  - 5. 加工と利用………140
- **III その他の樹脂料作物**── 141
  - グアユール／バラタ／サポジラ／アラビアゴムノキ／インドゴムノキ

[ 薬用作物と染料作物 ]……142

# 飼料作物・緑肥作物 — 143

## 第8章 飼料作物の分類と基礎　144

- I 飼料の種類と家畜の利用 ——— 144
  - 1. 飼料とは………144
  - 2. 粗飼料と濃厚飼料………144
  - 3. 単体飼料，混合飼料，配合飼料………145
  - 4. 家畜の種類と飼料………145
- II 飼料作物の分類 ——— 146
  - 1. 青刈飼料作物………146
  - 2. 牧草………146
  - 3. 多汁質飼料作物………147
- III イネ科作物の基本的な形態 ——— 148
  - 1. 出芽～幼植物………148
  - 2. 茎葉の形態………148
  - 3. 穂と花序………150
- IV イネ科牧草の生育 ——— 151
  - 1. 温度・日長反応と乾物生産………151
  - 2. 刈取りと再生………152

## 第9章 飼料作物の利用と栽培　154

- I 飼料作物の利用 ——— 154
  - 1. 飼料作物と反芻家畜………154
  - 2. 乾草の調製………155
  - 3. サイレージの調製………156
  - 4. 飼料作物の評価………158
  - 5. 飼料（作物）が毒をもつ場合………158
- II 飼料作物の栽培 ——— 161
  - 1. 飼料作物と耕地………161
  - 2. 草地………162
  - 3. 草地造成………163
  - 4. 混播………164
  - 5. 草地管理………165
  - 6. 草地更新………165

## 第10章 飼料用穀物，青刈飼料作物，多汁質飼料作物　166

- I 飼料用穀物 ——— 166
  - 1. 穀物………166
  - 2. 油粕………166
- II 青刈飼料作物 ——— 167
  - 1. 青刈飼料作物の特徴………167
  - 2. トウモロコシ………167
  - 3. ソルガム類………169
  - 4. その他の青刈飼料作物………170
    テオシント 170/
    ムギ類（エンバク，ライムギ，オオムギ）170/
    雑穀 171/ 飼料用イネ 171/ 作物副産茎葉類 172
- III 多汁質飼料作物 ——— 172
  飼料用カブ / ルタバガ / 飼料用ビート

## 第11章 寒地型イネ科牧草　173

- I オーチャードグラス ——— 173
  - 1. 起源と種類………173
  - 2. 形態と生育………173
  - 3. 栽培と品種………174
  - 4. 利用………175
- II チモシー ——— 175
- III イタリアンライグラス ——— 177
- IV ペレニアルライグラス ——— 179
- V トールフェスク ——— 181
- VI その他の寒地型イネ科牧草 ——— 183

1. メドーフェスク………183
2. リードカナリーグラス………183
3. スムーズブロムグラス………184
4. ケンタッキーブルーグラス………185
[インターネットからの統計情報（農産物など）のダウンロードの方法]……186

## 第12章 暖地型イネ科牧草　187

**I ローズグラス**───187
1. 形態………187
2. 生育，栽培，利用………187
3. 品種………187

**II バヒアグラス**───188

**III ギニアグラス**───189

**IV その他の暖地型イネ科牧草**───190
1. バミューダグラス………190
2. ダリスグラス………190
3. カラードギニアグラス………191
4. ディジィットグラス………191

## 第13章 マメ科牧草　192

**I マメ科牧草の種類**───192

**II アルファルファ，ウマゴヤシ類**───193
1. 起源と種類………193
2. 形態と生育………193
3. 栽培と品種………194
4. 利用………195
5. 他のウマゴヤシ属植物………195

**III アカクローバー**───196
【コラム】アカクローバーとノーフォーク農法……197

**IV シロクローバー**───197

## 第14章 緑肥作物，クリーニングクロップほか　199

**I 緑肥作物**───199
1. 緑肥作物の特徴と利用………199
2. レンゲ………200
3. ベッチ………201
4. クロタラリア………201
5. セスバニア………202
6. アゾラ………202

**II クリーニングクロップほか**───203
1. クリーニングクロップ………203
2. 線虫対抗作物………203
3. カバークロップ………204

参考文献……205
和文索引……206
欧文索引……210

# 資源作物（工芸作物）

❶パラゴムの採液
❷ハウス内でのタバコ（バーレー種）の乾燥
❸ワサビの根茎，根と根茎部から出た分枝
❹コンニャクの栽培
❺成熟したカカオの果実とパルプに包まれた種子
❻アブラヤシの樹姿

# 第1章 油料作物

## I 油料作物の生産と利用

種子や果実などに含まれる植物油脂を抽出する作物を油料作物（oil crop）という。油脂の「油」は常温で液状のもの，「脂」は固体のものをさす。植物油脂の多くは草本性作物の種子から採油されるが，アブラヤシやオリーブなど木本性果実の果肉（中果皮）や種子からのものもある（表1-I-1）(注1)。

また，ワタのように別の目的での栽培されたものの利用や，ダイズのように種子を採油用にしたり食用にしたりするものなどもある。

### 1 植物油脂の生産

#### 1 世界での生産

世界で生産されているおもな植物油脂13種類（図1-I-1）の総生産量は，1961年では約1,700万tであったが，2012年には約1億6,100万tでほぼ9倍に急増している。

世界の植物油脂の生産割合は，2012年ではパーム油がもっとも高く，大豆油，なたね油と続く。種類ごとに増加比（2012年/1961年）をみると，近年増加がいちじるしいパーム油が約36倍ともっとも高く，次いでなたね油が約21倍，大豆油が約14倍である（図1-I-2）。このような生産量の多い作物のほか，ニガーシードやツバキなどのように，油脂をとるために，地域的に小規模で栽培されている作物もある。

#### 2 日本での生産

現在，日本では，原料になる農産物のほとんどを海外に依存している。日本での植物油脂の供給方法には，ナタネやダイズなどの油料種子を輸入して搾油する方法，輸入トウモロコシの胚芽や米ぬかなど副産物から搾油する方法，パーム油など植物油脂を直接輸入する方法などがある(注2)。

日本の植物油脂の生産量は年間162万tで，なたね油が64％，大豆油

表1-I-1 おもな油料作物と油脂のとれる部分

| | 作物名 | 油脂のとれる部分 |
|---|---|---|
| 草本性 | アマ | 種子（子葉） |
| | イネ | 種子（胚・糊粉層） |
| | エゴマ | 種子（子葉） |
| | ゴマ | 種子（子葉） |
| | ダイズ | 種子（子葉） |
| | トウモロコシ | 種子（胚） |
| | ナタネ | 種子（子葉） |
| | ニガーシード | 種子（子葉） |
| | ヒマワリ | 種子（子葉） |
| | ベニバナ | 種子（子葉） |
| | ラッカセイ | 種子（子葉） |
| | ワタ | 種子（子葉） |
| 木本性 | アブラヤシ | 果肉・種子（胚乳） |
| | ココヤシ | 種子（胚乳） |
| | カカオ | 種子（子葉） |
| | オリーブ | 果肉 |
| | ブドウ | 種子（胚乳） |
| | ツバキ | 種子（胚乳） |

〈注1〉
草本性の油料作物は，価格動向によって作付の増減が容易にできるが，木本性は樹木なので短期間での生産調整がしにくい。

〈注2〉
種子は保管が可能なので計画的な搾油が可能であるが，トウモロコシの胚芽や米ぬかは変質しやすいので，集荷後すぐに搾油しなければならない。

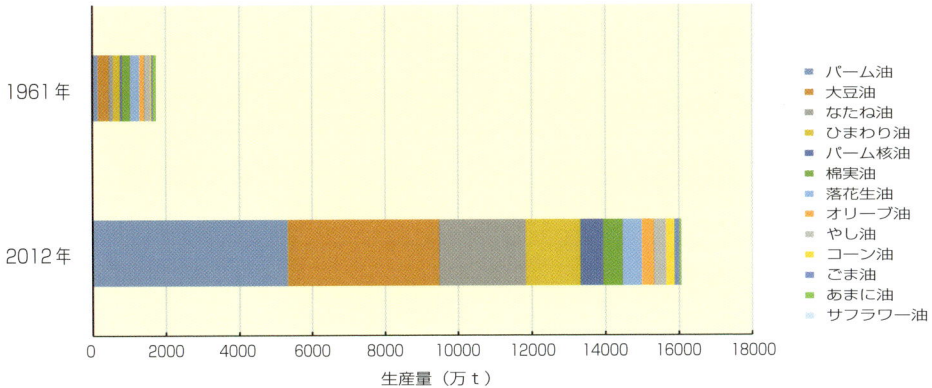

図1-I-1 世界の植物油脂の生産割合（1961年，2012年，FAO）

が23％，次いでコーン油（トウモロコシ油），こめ油，ごま油の順である（2013年）。

　日本の植物油脂の輸入量はパーム油がもっとも多く56.2万t，パーム核油9.4万t，オリーブ油5.3万t，やし油（ココヤシ油）4.2万tである（2013年）。

## 2 油脂の構造

　油脂（oil and fat）の基本的な化学構造は，1個のグリセリン（グリセロール）と3個の脂肪酸（fatty acid）がエステル結合したもである（図1-I-3）。脂肪酸はカルボキシル基（-COOH）をもつ有機化合物（カルボン酸）でR-COOHであらわされ，そのR（アルキル基）のちがいで多くの種類がある。

　脂肪酸の種類や比率，結合の位置によって油脂の性質がちがう。

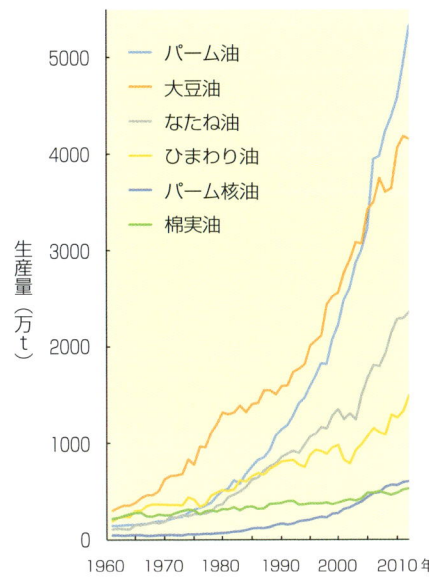

図1-I-2
世界のおもな植物油脂の生産量の推移（FAO）

図1-I-3　油脂の化学構造式
グリセロールのヒドロキシル基（-OH）の水素と脂肪酸のカルボキシル基（-HOOC）がエステル結合する
注）$R_1$，$R_2$，$R_3$はアルキル基（アシル基）

## 3 油脂を構成する脂肪酸

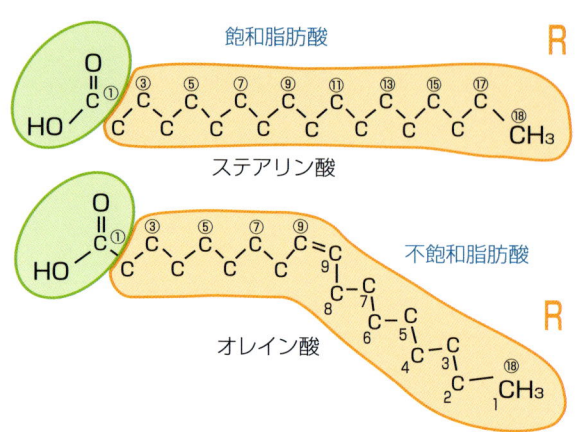

図1-Ⅰ-4 脂肪酸の構造とあらわし方
上：ステアリン酸；C18：0（炭素数18，二重結合数0）
下：オレイン酸；C18：1（n-9）（炭素数18，二重結合数1，末端メチル基（-CH₃）の炭素から数えて9番目に二重結合がある）
炭素数には，カルボキシル基のCも含む

脂肪酸は，構成している炭素の数とアルキル基（R）内の二重結合の数であらわされる（図1-Ⅰ-4）。炭素数よって，短鎖脂肪酸（低級脂肪酸）と中鎖脂肪酸，長鎖脂肪酸（高級脂肪酸）に分けられているが，区切りになる炭素数は決まっていない(注3)。

また，アルキル基内に二重結合をもたない脂肪酸を飽和脂肪酸，もつ脂肪酸を不飽和脂肪酸とよぶ(注4)。

飽和脂肪酸は化学的に安定しており，ほとんどが常温で固体である。しかし，不飽和脂肪酸は二重結合があるため化学的に不安定であり，融点が低く，常温では液体のものが多い。

不飽和脂肪酸のリノール酸やリノレン酸などは人の体内では合成できず，必須脂肪酸とよばれている。

## 4 植物油脂の種類と利用

### 1 植物油と植物脂

植物油（vegetable oil）は，乾燥性によって，乾性油，不乾性油，半乾性油に分類される。乾性油は，空気にさらされるとしだいに酸化され，粘度が増加して膜状に固まる性質がある。ペイント，印刷インキ，油紙などの工業原料として利用される。不乾性油は，酸化，重合されにくい性質があり，乾燥性が低い。食用，石けん，化粧品，潤滑油などの製造に用いられる。半乾性油は乾燥性が中程度の油で，食用，石けん，その他の油脂工業原料に用いられる。

植物脂（vegetable fat）は，飽和脂肪酸が比較的多く，食用，石けん，ロウソクなどの原料として用いられる。

### 2 精製度合いによる区分

日本では，精製度合いによって，原料ごとに「サラダ油」，「精製油（天ぷら油，白絞油）」，「半精製油（軽度精製油）」の3つに区分される(注5)。

サラダ油は，マヨネーズなど生のままの状態で使用されることが多いため，低温で濁ったり固まったりしないように，精製工程中に，低温で固まるロウ分などを除去する工程（脱ロウ，ウインタリング）が加えられている。

精製油は，通常の精製工程でつくられる油で，天ぷら，フライなど高温で使用される(注6)。半精製油は，原料の風味を活かすため，オリーブ油のように精製程度がゆるいものやろ過しただけの油である。

〈注3〉
炭素数がおおむね6以下のものが短鎖脂肪酸，おおむね11以上のものが長鎖脂肪酸とされている。食用油脂の脂肪酸の炭素数は16〜22のものが多い。

〈注4〉
二重結合を1個もつ脂肪酸を一価不飽和脂肪酸（モノエン酸），2個以上もつ脂肪酸を多価不飽和脂肪酸（ポリエン酸）とよぶ。とくに，二重結合を4個以上もつ脂肪酸は高度不飽和脂肪酸とよばれる。

〈注5〉
さらに，原料が一種類の「単体の油」，ブレンドした「調合油」がある。家庭用のサラダ油は，大豆油やなたね油をベースにした「調合サラダ油」の場合が多い。

〈注6〉
最近の天ぷら油は精製度が高く，低温でも白く濁りにくいものが多い。天ぷら油には加熱したときの安定性が求められる。

## 5 植物油脂の採油方法

採油方法には，圧搾法と抽出法がある。圧搾法（milling）は，原料に圧力を加えて油脂を搾り出す方法で，ナタネなど含油率の高い原料の採油で行なわれる。抽出法（extraction）は，油脂を溶剤に溶かして採油する方法で(注7)，ダイズなど比較的含油率の低い原料で行なわれ，搾り粕に残る油脂は 0.1 〜 1.5％とごく少ない。なお，両方法を合わせ，圧搾法で採油した後，抽出法で残りを採油する方法（圧抽法）もある。

採油後の油脂には，夾雑物やリン脂質，水分，遊離脂肪酸，タンパク質，色素，有臭物などが含まれ，品質を低下させるので，ろ過や脱酸（遊離脂肪酸の除去），脱色，脱臭などをする。この工程を精製という。

搾油後の搾り粕は，油粕またはミールとよばれる。油粕にはタンパク質などが多く含まれており，家畜の飼料として重要であるほか，発酵食品などの原料や有機質肥料（油粕）としても用いられる。

〈注7〉
油を抽出する溶剤には，n-ヘキサンが用いられる。まず原料に含まれている油を溶剤に溶かして取り出し，次に溶剤を蒸発させて油を分離する（蒸留）。このとき得られた油を，抽出粗油という。

# II　ナタネ（菜種, rapeseed）

図 1-II-1　ナタネの花序

## 1 起源と種類

ナタネはアブラナ科の 1 〜 2 年生作物で，在来種や和種（わしゅ）とよばれるアブラナ（*Brassica campestris* L.）と，明治になって導入されたセイヨウアブラナ（*B. napus* L., 西洋ナタネ）がある(注1)。現在，ナタネとして栽培されているほとんどがセイヨウアブラナで，洋種（ようしゅ）とよばれる。

アブラナは自家不和合性であるため自家受精できず，他家受精によって種子ができる。セイヨウアブラナは自家不和合性をもたず，自家受精で種子ができる(注2)。

アブラナは，日本には中国から伝えられ，野菜として用いられてきたが，1500 年ころから搾油目的で栽培されるようになった。

〈注1〉
*B. napus*（n=19, AACC, 異質倍数体）は，トルコ高原が原産地の *B. campestris*（n=10, AA）と，地中海沿岸が原産地である *B. oleracea*（n=9, CC）の分布域が重なる北欧で，両者が交雑して誕生したと考えられている。

〈注2〉
セイヨウアブラナはアブラナの花粉によって容易に交雑する。このため，セイヨウアブラナの圃場にアブラナ（エルシン酸含量が多い）が雑草として残っていると，交雑した種子によって，搾った油にエルシン酸（後述）が検出されることがある。

## 2 形態と生育

### 1 形態

草丈は 80 〜 140cm で，分枝は多い。葉は濃緑色で肉厚，下位葉には葉柄があるが，上位葉にはなく葉身基部が茎を包む。

花弁は 4 枚で黄色（図 1-II-1），萼は 4 枚，雄しべ 6 本，雌しべ 1 本。虫媒または風媒で受粉する。子房（莢）は薄い隔膜によって 2 室に分かれ，各室に多数の種子がはいる。1 莢に稔実する種子数は，12 〜 24 粒程度。

種子は球形または扁平球形で，粒径は 1.5 〜 2.5mm，千粒重は 2.5 〜 4.5g

図1-Ⅱ-2　ナタネの種子
スケール：1mm

〈注3〉
ある葉から茎を3回まわるうちに葉が8枚つき，9枚目が最初の葉の真上にくる。

図1-Ⅱ-3　登熟期のナタネ

〈注4〉
かつての日本では，ナタネは水田の裏作としても多く栽培され，ほとんどが移植栽培であった。移植栽培は8月に苗床をつくり，稲刈り後の10月末から11月に移植した。

〈注5〉
落花後約30〜35日が目安。収穫が早いと未熟種子（赤褐色）が多くふくまれる。手刈り収穫では，莢が乾燥してから脱穀する。穂発芽しやすいので，収穫後，雨に当たらないようにする。

（図1-Ⅱ-2）。種子の色はセイヨウアブラナが黒か黒褐色で黒種（くろだね）とよばれ，アブラナは赤褐色のものが多く赤種（あかだね）とよばれる。

種子の90〜95％が子葉で，脂質とタンパク質，それぞれ40％前後含む。脂質は，子葉細胞のなかに油脂球の形で貯蔵され，発芽時には脂肪酸が糖に代謝される。

## 2 生育

葉序は3/8（注3）。暖地では冬期間も葉が増えつづけ，最終的に約40枚の葉を展開する。3月上旬に抽苔（bolting）し，中旬に開花する。寒冷地では冬期間の生育は遅く葉は30枚ほどで，4月上旬に抽苔し，中旬に開花する。

ナタネの花は下位から上位へと咲き，花序のなかで花が咲いている期間は約1カ月である。受精後，子房が急速に伸びて莢になる（図1-Ⅱ-3）。莢の伸びは開花後25日ほどで止まるが，その後も肥大はつづく。莢の成長がすすむ時期に葉が落ちるが，莢自身でも光合成が行なわれ，莢中の種子が肥大，充実する。

種子内では，まずタンパク質が蓄積しはじめ，開花後20〜30日に脂質が急激に蓄積する。一方，デンプンは脂質が蓄積し終わるころから急速に減る。種子の乾物重は開花後55日ころに最大になる。種子は成熟するにつれて水分含量が減り，褐色や黒色になる。莢は成熟すると黄白色になり，基部から裂開して種子を飛散させる。

# 3 栽培と品種

## 1 播種方法と施肥

移植栽培と直播栽培があるが，現在は直播栽培が普及している（注4）。

北海道では8月下旬〜9月上旬，東北地方では9月上中旬，九州地方では10月中下旬に播種する。発芽前後は湿害に弱く，平畦より畦立て栽培が安全である。畦立ての場合，畦間は単条で90〜105cm，複条で135〜150cmとする。播種量は散播では10a当たり500g〜1kg，ドリル播きでは250〜500g。

施肥量は10a当たり窒素10〜15kg，リン酸4kg，カリ6kgを目安にする。追肥は抽苔期と開花はじめに行なう。抽苔期〜開花終期の窒素吸収が多いので，基肥と追肥との割合は1：2〜3程度とする。

おもな病害は，菌核病，根こぶ病，虫害はアブラムシ類の被害が大きい。

## 2 収穫時期と方法

収穫が早すぎると種子の含油量が少なく，遅すぎると脱粒が多くなる。手刈り収穫は，莢が乾燥して，主茎の先から約3分の1の位置にある莢の5〜6粒の種子が黒色化したころが適期である（注5）。コンバイン収穫は，収穫時に莢が裂開する必要があるので，手刈り収穫期より1週間ほど遅く行なう。収穫された種子は，呼吸によって発熱し品質が低下するため，す

ぐに通風乾燥機などで水分含有率を5～6％まで低下させる。

## 3 品種

### ●夏ナタネと冬ナタネ

花芽の分化には，生育初期の低温と，その後の長日と高温条件が必要である。低温要求度が低い春播き品種（夏ナタネ）と高い秋播き品種（冬ナタネ）がある。春播き品種は早生で暖地に，秋播き品種は晩生で寒冷地に適している。

### ●カノーラ品種の開発

なたね油には長鎖脂肪酸のエルシン酸（erucic acid）が多く含まれており，固まりにくいので潤滑油や機械油など工業用油として使われてきた(注6)。しかし，エルシン酸は多量に摂取すると，心臓機能に障害をおこすことが明らかになり(注7)，エルシン酸を含まない品種がカナダで開発された。

また，ナタネ種子には，甲状腺肥大を引き起こすグルコシノレート（glucosinolate）が含まれているため油粕は家畜の飼料に使えず，おもに肥料にされていた。しかし，グルコシノレートを含まない品種も開発され，油粕を飼料に使えるようになった。

エルシン酸とグルコシノレートを含まないナタネは，従来のナタネと区別してカノーラとよばれ，世界的に広がっている(注8)。カノーラは，オレイン酸からエイコセン酸を合成する酵素をもたないため，カノーラ油にはオレイン酸が多く含まれる（図1-Ⅱ-4，5）。また，近年，リノール酸が少なく，オレイン酸含有率の高い品種(注9)も実用化されている。

日本でもエルシン酸を含まず，グルコシノレート含量の低い品種が育成

〈注6〉
工業用油にするため，エルシン酸含有率が全脂肪酸の60％以上をしめる，高エルシン酸品種もある。

〈注7〉
1977年にFAOは，食用のなたね油のエルシン酸含有率を5％以下にするように勧告した。

〈注8〉
従来のなたね油とはちがう，カナダ産のなたね油ということでカノーラ（Canola；CANadian-Oil-Low-Acid）と名付けられた。
カナダでは，カノーラ油の成分は，精製油中のエルシン酸含量2％以下，風乾した搾り粕1g当たりのグルコシノレート含量30μmol以下と定められている。日本では，自主規制で低エルシン酸なたね油のエルシン酸含量は5％以下としているが，グルコシノレート含量の規制はまだない。

〈注9〉
カノーラ油にはリノール酸が約10％含まれており，栄養面では優れているが，酸化されやすい。リノール酸の含有率を減らすことで，酸化安定性の向上がはかれる。

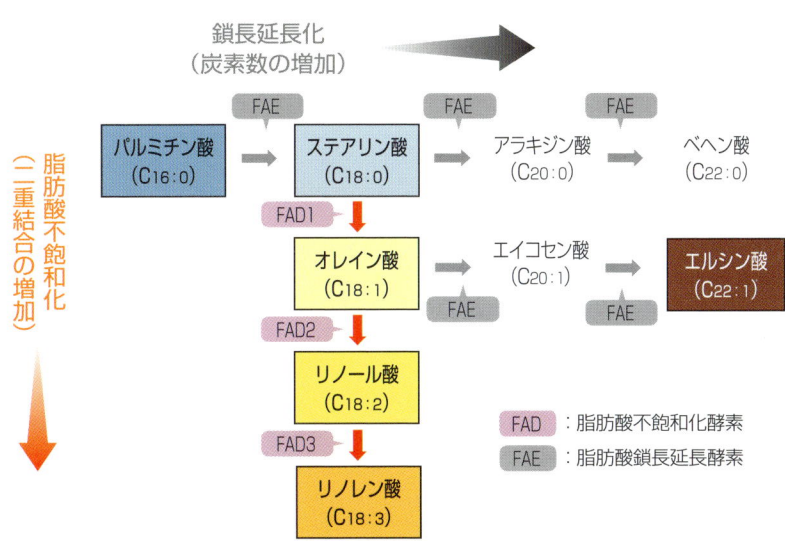

図1-Ⅱ-4　脂肪酸の生合成経路
不飽和化酵素によって二重結合が挿入される。また，鎖長延長酵素によって炭素が2個ずつ加わり，脂肪酸の炭素数が増加する
エルシン酸やリノール酸が少ない品種は，それぞれが合成される酵素をもっていない

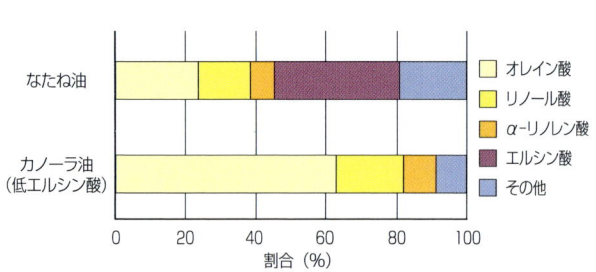

図1-Ⅱ-5 なたね油とカノーラ油の脂肪酸組成の比較

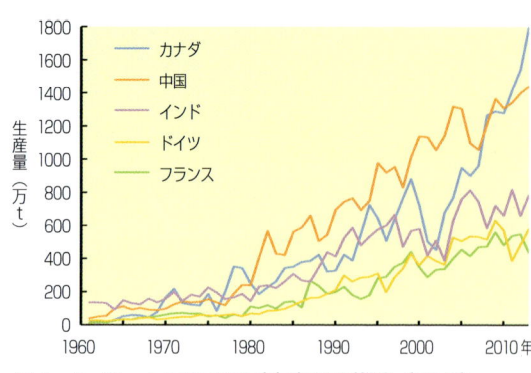

図1-Ⅱ-6 ナタネの国別生産量の推移（FAO）

されている（注10）。

〈注10〉
エルシン酸とグルコシノレートが少ない品種はダブルロー品種ともよばれている。

## 4 生産量

世界のナタネ作付面積は 3,650 万 ha，生産量 7,270 万 t（2013 年，FAO）。この 10 年間で約 3,800 万 t 増産された。国別生産量はカナダがもっとも多く 25%，次いで中国の 20% である（図1-Ⅱ-6）。

日本では，1957 年（昭和 32 年）に作付面積 26 万 ha，29 万 t の生産があったが，その後減少の一途をたどり，2013 年には作付面積 1,590ha，1,770t の生産であった。主産地は北海道 45%，青森県 20%，福岡県 5% である。

## 5 加工と利用

ナタネ種子の含油率は 42〜50% 程度で，圧抽法で搾油される。

なたね油は半乾性油で，大部分がサラダ油や天ぷら油など食用にされるが，そのほか，潤滑油や工作油，印刷インキや石けんなどの工業原料としても用いられている。

搾り粕は，約 40% のタンパク質を含んでおり，良質な飼料や有機質肥料になる。グルコシノレートが含まれていても，熱処理をすることで飼料として利用できる。

世界のなたね油の生産量は 2,469 万 t で，この 10 年間で 2 倍と急増している（2013 年，FAO）。もっとも多いのは中国で 23%，次いでドイツ 13%，カナダ 11%，インド 9% である（注11）。日本はナタネ種子を 246 万 t 輸入し，なたね油を年間 104 万 t 生産している（2013 年）。

ナタネは，景観作物や（図1-Ⅱ-7），緑肥作物としても活用されている。

〈注11〉
カナダ，アメリカ，ヨーロッパでは全てカノーラ油であるが，中国，インドではおもに高エルシン酸のナタネが栽培されている。

図1-Ⅱ-7
阿武隈川河川敷で栽培されるナタネ
宮城県角田市「菜の花まつり」

### バイオディーゼル燃料（BDF；Bio Diesel Fuel）

ディーゼルエンジンが開発されたとき，燃料には落花生油が使われた。その後，化石燃料が中心となったが，現在，ディーゼル燃料として植物油脂が脚光を浴びている。植物油脂の粘度を下げる処理をして燃料にする。ヨーロッパではなたね油，南北アメリカでは大豆油，東南アジアではパーム油などがBDFとして利用されている。最近，BDF原料植物として，トウダイグサ科のヤトロファ（*Jatropha curcas* L., ナンヨウアブラギリ）が注目されている（図1-Ⅱ-8）。樹高2〜5mになる中南米原産の木本性植物で，長さ4cmほどの果実（蒴果）がつき，黒褐色の種子に約50%の油が含まれる。この油には有毒物質（クルシン，cursin）が含まれており，おもに街路灯油や潤滑油などに利用されてきた。乾燥したやせ地でも生育でき，成長が早い。

図1-Ⅱ-8　ヤトロファの樹

# Ⅲ　アブラヤシ（油椰子, oil palm）

## 1　起源と種類

アブラヤシ（*Elaeis guineensis* Jacq.）はヤシ科の作物で，西アフリカ原産。現在は，マレーシアやインドネシアなどで大規模に栽培されている（注1）。ギニアアブラヤシやアフリカアブラヤシとよばれることもある。

## 2　形態と生育

### 1　茎葉と花序

幹は成長すると30mにもなり，頂部に40〜60枚の羽状複葉がつく（図1-Ⅲ-1）。葉長は7mほど，葉柄は約1.5m，250〜300枚の小葉からなる。

〈注1〉
1848年に，オランダのアムステルダム植物園とレユニオン（旧ブルボン島）から計4本の苗が，インドネシアのボゴール植物園に送られ，そこで得られた種子が東南アジア各地に伝わり，プランテーションがつくられていった。

図1-Ⅲ-1　アブラヤシの樹姿（マレーシア，ボルネオ島）
移植後約20年のプランテーション

図1-Ⅲ-2
若くて幹の短いアブラヤシの葉腋についたいろいろな生育段階の果房（雌性花序）と雄性花序
年間を通じて収穫できる

〈注2〉
風媒では受精が不完全な場合がある。花粉を集めて人工授粉すると大きな果房になるが，労力やコストがかかるので，ある種のゾウムシなどを放して受粉させたりしている。

葉腋から花序を出す（図1-Ⅲ-2）。雌雄同株だが雌雄異花である。雄性花序と雌性花序は同時に開花せず，他家受粉する。雄性花序は，指のような形の小穂が100〜300個集まったもので，各小穂には600〜1,500の黄色い花が咲く。風媒または虫媒で受粉する（注2）。

雌性花序は，短くてかたい花茎の先が150以上に分枝し，各分枝に約12個の無柄の雌花がつく。1花房当たり2,000個ほどの果実をつける。果実は受精してから約6カ月で成熟する。成熟した果房は10〜30kgだが，大きなものでは70kgをこえる。

### 2 果実と油脂

果実は卵形または倒卵形で，長さ3〜5cm，幅2〜4cm，重さ8〜16g。熟すと赤褐色や黒褐色になる。果実は，外側から外果皮（epicarp, exocarp），中果皮（mesocarp），内果皮（endocarp）で（図1-Ⅲ-3），内果皮はかたく，シェル（shell）ともよばれ，種子を包む。

中果皮は果肉部分で45〜50%，種子（核）の胚乳も45〜50%の油脂を含む。果肉からの油をパーム油，種子からの油をパーム核油という。

### 3 生育

平均気温24〜30℃，年降水量3,000mmで，厳しい乾期がなく，表土が深く排水がよいところが適している。日照が多く，高湿度で生育が旺盛である。初期生育は遅く，播種後3年目ころから開花する。

## 3 栽培と品種

### 1 栽培

1年ほど育苗し（図1-Ⅲ-4），9m間隔で定植する。定植後2〜3年で果実をつけはじめる。生育は遅く，10年生でも樹高は3mほどである。果房が葉腋につくので，収穫前に果房手前にある葉を切り落とす。葉柄の基部は幹についたまま残る。

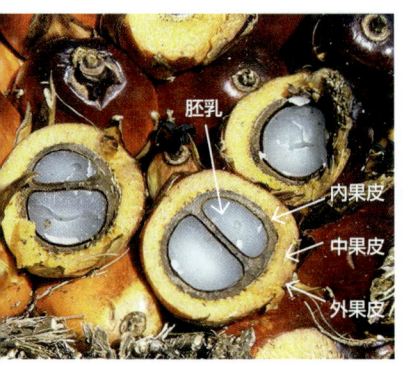

図1-Ⅲ-3
アブラヤシの果実の横断面

図1-Ⅲ-4
アブラヤシの育苗の様子
ポリバックに植えられて管理される。ここではスプリンクラーが設置され，適宜灌水されている（マレーシア）

図1-Ⅲ-5
新しい苗を植えて，古くなった樹に除草剤を注入して枯らし，プランテーションの更新を行なう

生育がすすむにつれて樹高が高くなるので，長い棒の先に鎌をつけて花茎を切って果房を収穫し，すぐ搾油工場に運ぶ(注3)。果実は年間を通じて収穫できる。定植後10〜20年の樹がもっとも生産性が高い。20年以上になると収穫量が低下するので，25年前後で更新する（図1-Ⅲ-5）。

プランテーションでは高い生産性を維持するため，窒素，リン酸，カリを1樹当たり年間1kg程度施用する。窒素施肥は花房数，花房重，産油量を増やし，カリが多いと含油率が低下する傾向がある。

〈注3〉
果実に傷がつくと，果肉内の脂肪分解酵素リパーゼが働いて油脂の加水分解がはじまり，遊離脂肪酸が増え品質が低下する。良質の油脂を得るには，収穫後すぐに搾油する必要がある。

〈注4〉
果肉のカロテン含量が少なく，油の色が黄色にならないが低収である。ニグレセンスがもっともカロテン含量が多い。

〈注5〉
登熟前の果実の色は，ニグレセンスは黒色や黒紫色であるが，ビレセンスは緑色，アルベセンスは濃緑色である。

## 2 品種

登熟時の果実が赤色や黒色系統のニグレセンス（nigrescens）が一般的だが，赤橙色系統のビレセンス（virescens），淡黄色系統のアルベセンス（albescens）(注4) などもある (注5)。

また，内果皮の厚さによって，ピシフェラ（pisifera），デュラ（dura），テネラ（tenera）に区別している。ピシフェラは内果皮が非常に薄く，果肉の割合が95％と高い。デュラは内果皮が厚く，果肉の割合は35〜55％と少ない。テネラは中間的で，果房当たりの含油率がもっとも高く（約26％），もっとも広く栽培されている。

現在，マレーシアとナイジェリアを中心にアブラヤシの品種改良が行なわれ，矮性の品種や従来とはちがう脂肪酸組成の品種が開発されている。

## 4 生産量

世界のアブラヤシ果実の生産量は2億6,648万t，種子の生産量は1,496万t（2013年，FAO）。マレーシアとインドネシアで増加がいちじるしい（図1-Ⅲ-6）。

アブラヤシはプランテーションとして大規模に栽培されるため，それまでの環境を大きくかえてしまうことが懸念されている（図1-Ⅲ-7）。熱帯低湿地のプランテーションでは，排水路がつくられると嫌気的環境であった土壌が酸化的になり，それまで蓄積されていた土壌有機物が急速に分解され，多くの二酸化炭素が空中に放出

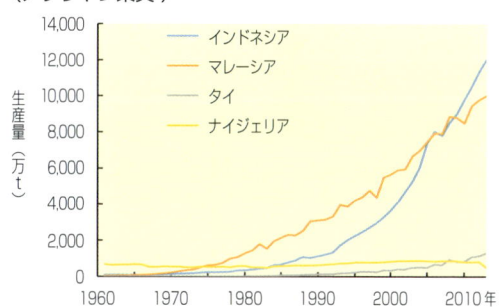
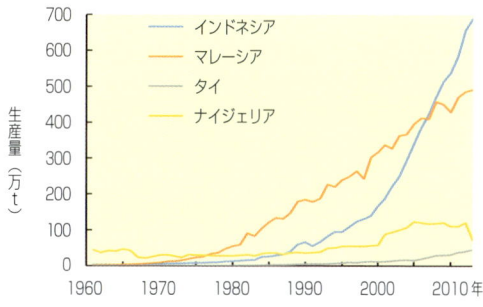

図1-Ⅲ-6
主要生産国のアブラヤシ果実（上）と種子（下）の生産量の推移（FAO）

図1-Ⅲ-7
丘陵地帯に造成されたアブラヤシのプランテーション
左と右奥の濃い緑は成熟したアブラヤシ，右手前の黄緑の部分は植付けてまもない区域

### 石けん（石鹸）

　動植物の油脂に水酸化ナトリウムなどのアルカリ（塩基）を加えて加熱して反応させると，グリセリンと高級脂肪酸塩に加水分解する（鹸化）。このときできる高級脂肪酸塩（脂肪酸ナトリウムなど）が，石けん（純石けん）である。

　石けんの原料には，牛脂や羊脂のほか，アブラヤシやココヤシなどの植物油が使われる。植物油は液状で柔らかすぎるために，石けんをつくるのには適さなかったが，水素添加して融点の高い飽和脂肪酸の割合を増やすことで，常温でも固体になる方法が開発され（硬化油），石けんの原料として多く利用されるようになった。

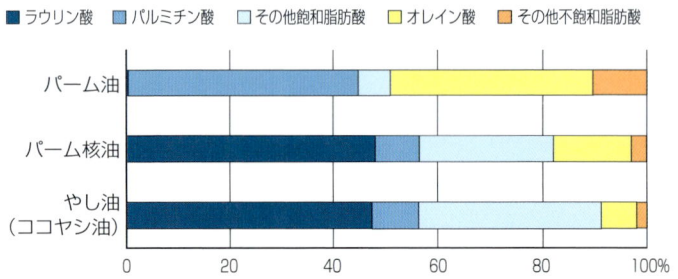

図1-Ⅲ-8　パーム油，パーム核油，やし油の脂肪酸組成の比較

される。また，乾期には自然発火による火災も発生しやすくなる。

## 5 加工と利用

### 1 搾油方法

　収穫した果房を搾油工場に運び，すぐに蒸気で蒸し，脂肪分解酵素を失活させる。果房から果実を落とし，加熱して圧搾する。果肉から搾油し，精製したのがパーム油（palm oil）である。その後，搾り粕から種子を取り出して，乾燥し，破砕して核（palm kernel，胚乳）を分離する。核から圧搾や溶剤抽出などで搾油し，精製したものがパーム核油（palm kernel oil）である。

　パーム油の脂肪酸組成は，飽和脂肪酸のパルミチン酸約45％，不飽和脂肪酸のオレイン酸約40％である（図1-Ⅲ-8）(注6)。パーム核油は，ココヤシからとるやし油（ココヤシ油）の脂肪酸組成とよく似ている（ラウリン系油脂ともよばれる）。

### 2 利用

　パーム油の約90％は食用に，残りが石けんや油脂化学工業原料として使われている。食用油としては，おもにショートニング，マーガリン，フライ油のほか製菓用にも利用される。パーム核油はショートニング，ラクトアイス，製菓用などの食用のほか，石けんや洗剤にも使われる。

　世界のパーム油の生産量は5,438万t，パーム核油は670万t（2013年，FAO）。日本はパーム油56万t，パーム核油9.4万tを，おもにマレーシアとインドネシアから輸入している（2013年）。

---

〈注6〉
パーム油は室温では液状部分と固体部分が共存し，取り扱いが不便なので，植物油として使われる液状油のパームオレイン（低融点）と，おもに工業用に使われる固体脂のパームステアリン（高融点）とに分けられる。ステアリンという名前は，固体脂の意味である。

# Ⅳ ココヤシ（ココ椰子，coconut palm）

## 1 起源と種類

ココヤシ（*Cocos nucifera* L.）はヤシ科の作物で，熱帯・亜熱帯地方に分布し，東南アジアで広く栽培されている（図1-Ⅳ-1）。

## 2 形態と生育

### 1 茎葉と花序

幹は高さ20～30mになる。幹頂部に，5～7mの羽状複葉が25～30枚つく。小葉は200～250枚。葉序は約2/5（140°）。葉は1年間に10数枚出る。地上部に対して根系は小さく，大部分は半径約2m，深さ約1m内にあり，強風で根こそぎ倒れることがある。

各葉腋から花序を出す（図1-Ⅳ-2）。花茎から30～40本の枝（枝梗）が出て，その先に200～300個の雄花，基部に数個の雌花がつく。開花後約1年で果実が熟し，成熟すると地上に落下する。

図1-Ⅳ-1
海岸近くに生育するココヤシは南国の象徴（スリランカ）

### 2 果実と油脂

果実は，長さ20～25cmほどで，外側から外果皮，中果皮，内果皮，種子（種皮，胚乳，胚，胚乳液）となる（図1-Ⅳ-3，第5章ⅩⅢ項図5-ⅩⅢ-1参照）。

中果皮はハスク（husk）とよび，褐色のあらい繊維質である。これをコイヤ（coir）とよび，タワシやマットの材料になる。内果皮（ヤシ殻，シェル，shell）はかたく，内側に薄い種皮がはりつき，その内側は白色の胚乳で，成熟時には厚さ1～3cmになる。

胚乳には多量の油脂が含まれる。胚乳を乾燥させたものがコプラ（copra）で，それから油を搾る（図1-Ⅳ-4）。種子中央は空洞で胚乳液がたまる。

図1-Ⅳ-2　ココヤシの花序
各葉腋から花序を出す。同時期にいろいろな発育段階の花序がついている

図1-Ⅳ-3　ココヤシの果実
未熟果を飲用する。この段階では，まだ胚乳が薄い

図1-Ⅳ-4　コプラ
ココヤシの胚乳を乾燥させたもの

### 3 生育

年平均気温28℃以上，年降水量2,000～3,000mmの熱帯地域に適しており，高日照下で海岸や河口に近い平地でよく生育する。

図1-Ⅳ-5
マンゴーの樹の木陰で育苗されるココヤシ（マレーシア，サラワク州）

図1-Ⅳ-6
とがった金属の棒を使って果実からハスクをはがす

図1-Ⅳ-7
天日乾燥される胚乳

図1-Ⅳ-8
世界のココヤシ果実の国別生産割合（2013年，FAO）

スリランカ 4%
その他 18%
インドネシア 29%
ブラジル 5%
インド 19%
フィリピン 25%

## 3 栽培と品種

### 1 栽培と生産量

　種子を遮光下で発芽させ，6～12カ月育苗し（図1-Ⅳ-5），8～10m間隔で定植する。植付け後7年ほどで果実をつけるようになり，長いものでは70年間も果実を生産しつづける。1年間で1本から60～100個の果実が収穫できる。ハスクをはいでから，殻を割って胚乳を乾燥する（図1-Ⅳ-6，7）。
　世界のココヤシ果実の生産量は6,245万tである（図1-Ⅳ-8）。

### 2 品種

　幹の伸長速度が普通品種の半分以下で，幹が細い矮性品種がある。普通品種よりも葉が小さく，葉痕（幹に残った葉のついていた跡）間隔は短い。
　矮性品種では小さい果実が多くつき，普通品種では大きいが数が少ない。果実が大きいほどコプラ重量も大きく，コプラ生産用には普通品種を用いる。

## 4 加工と利用

　コプラには60～70%の油脂が含まれており，これをやし油（ココヤシ油，coconut oil）とよぶ。おもな脂肪酸は，飽和脂肪酸のラウリン酸やミリスチン酸で，そのほかの飽和脂肪酸も多い。やし油はマーガリン，ショートニング，クリームの原料，フライ油などに使われるほか，石けんや洗剤などの界面活性剤の原料などにも利用される。
　世界のやし油の生産量は322万t。国別ではフィリピンが37%ともっとも多い（2013年，FAO）。日本はやし油の約90%をフィリピンから輸入している（2013年）。
　また，胚乳を削ってフレーク状にし，これを機械で圧搾して抽出したものがココナツミルクで，料理や菓子に用いられる。胚乳液（ココヤシ水）は5～6%の糖分を含んでおり，そのまま飲料となる。

# V ヒマワリ（向日葵，sunflower）

## 1 起源と種類

ヒマワリ（*Helianthus annuus* L.）は，キク科の1年生作物で，原産地は北アメリカ。野生種は分枝して小さな花を多くつけるが，栽培種の多くは分枝せず大きな花を1つつける（図1-V-1）。紀元前1000年ころには，すでに栽培されていたと考えられおり，ヨーロッパには16世紀中ごろに観賞用植物として持ち込まれた。19世紀にロシアでひまわり油の製造がはじまり，本格的に油料作物として栽培されるようになった。

ヒマワリには，油料用のほかに，食用（スナック用）と観賞用がある。

図1-V-1
ヒマワリの花序
黄色い花弁をもつのが舌状花。なかの管状花は外側から内側へと開花する

## 2 形態と生育

### 1 茎葉

草丈は1～3m，茎の太さは直径3～6cmで，表面は粗毛で覆われている。茎の髄は成長にともなって空洞になることが多い。葉は大きな三角形かハート形で，長い葉柄がある。子葉展開後，2枚の本葉が対生し，次の葉からは葉序1/2で互生する。成長がすすむと葉序は2/5へと小さくなる。根は深根性で，耐乾性がある。

### 2 花序

花は直径10～30cmの頭状花序で，茎の先端につく。蕾のときは上を向いているが，開花しはじめるころから横向きになり，子実の成熟時には下向きになる。

もっとも外側には花弁が大きく黄色い舌状花（ligulate flower）が，その内側は管状花（筒状花，tubular flower）が咲く（図1-V-2）。舌状花には雄しべと雌しべがなく不稔であるが，管状花には雄しべ5本と雌しべ1本があり，稔実する（図1-V-3）。雄ずい先熟で，虫媒により他家受精する。

図1-V-2 ヒマワリの頭状花序の縦断面

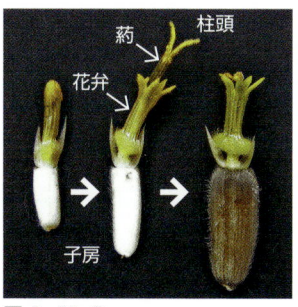

図1-V-3
管状花での子房の発達

### 3 種子（果実）

いわゆる「ひまわりのたね」は，種子を薄い殻が包んでおり，植物学的には果実である（厳密には偽果）。これをとくに菊果（cypsela）とか下位

図1-V-4 ヒマワリのたね
左：油料用，右：食用
スケール：1cm

痩果とよぶが，ここでは「たね」とよぶ。
たねはやや扁平の長倒卵形で横断面は菱形（図1-V-4）。長さ10～25mmで，千粒重は40～110g。殻の表面の色は，黒や灰色，褐色，白色などのほか，縦筋がはいったものやまだら模様のものもある。油料用の品種は黒色のものが多い。殻の中にあるたねの含油率は24～48％。

### 4 生育

花芽分化への日長の影響は少なく，生育中の平均気温が高いと開花までの期間と全生育期間が短くなり，低いと長くなる。種子中の含油率は，結実期間中の積算気温が高いと高くなる傾向がある。
種子中の脂肪酸組成はリノール酸が多いが，登熟期の気温が高いとオレイン酸が多くなる。

## 3 栽培と品種

### 1 栽培と生産量

平均気温が15℃になるころが播種適期。栽植密度は，畝間50～70cm，株間15～30cmで，1株1本立て。土壌の適応範囲は広いが，排水性，通気性のよい土壌が適する。施肥は，10a当たり窒素，リン酸，カリそれぞれ10kgを目安にする。

開花後45日ころ，頭状花序の裏側が黄色くなり，たねがかたくなったときが収穫適期である。収穫時の水分含有率は約50％と高いので，乾燥して7～10％に下げてから脱穀し，貯蔵する。コンバインでの収穫は，葉が枯れて子実水分含有率が30％以下になってから行なう。

世界のヒマワリのたねの生産は4,455万tで（2013年，FAO），この50年間で生産量は約7倍増えた。もっとも生産量が多いのはウクライナで25％，次いでロシア24％，アルゼンチン7％の順である。

### 2 品種

在来品種の脂肪酸組成はリノール酸が約70％，オレイン酸が20％程度である（注1）。1983年に，栽培環境に左右されずオレイン酸を約80％含む高オレイン酸ハイブリッド品種が開発された（図1-V-5）（注2）。

アメリカでは，含有率が約60％の中オレイン酸品種（NuSun品種）の栽培が多い。

〈注1〉
北半球では，北部で栽培されたヒマワリはリノール酸が，南部ではオレイン酸が多くなる。

〈注2〉
多価脂肪酸のリノール酸は必須脂肪酸であるが，摂取しすぎるとアレルギーを悪化させたり，ガンが促進されることが報告されている。また，一価脂肪酸のオレイン酸はリノール酸より酸化安定性が高い。

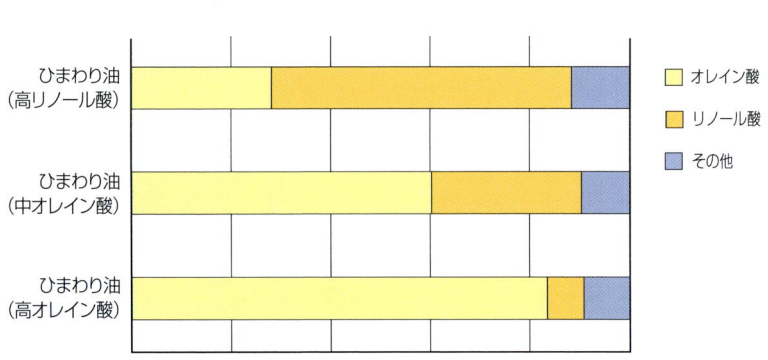

図1-V-5 ひまわり油の種類と脂肪酸組成の比較

## 4 加工と利用

世界のひまわり油の生産量は1,259万tで，ロシアがもっとも多く26%，次いでウクライナ18%，アルゼンチン9%である（2013年，FAO）。

ひまわり油は，リノール酸を多く含む乾性油であるが，近年，オレイン酸を多く含むハイオレイックひまわり油が広く流通している。酸化安定性がよく，日持ちが必要なポテトチップスなどスナック類や化粧品に利用され，日本ではココアバター代替脂やマヨネーズなどに利用される(注3)。

〈注3〉
日本は採油用のヒマワリ種子を2,363t輸入している（2013年）。

# VI ベニバナ（紅花, safflower）

## 1 起源

ベニバナ（*Carthamus tinctorius* L.）は，キク科の1年生作物。近東から中央アジアの原産。古代から，花を赤色染料や薬にしたり，種子から油をとり利用してきた。

## 2 形態と生育

草丈は50〜130cm，茎断面は円形でかたく表面はなめらか。葉柄がなく，葉の縁にトゲがあり，葉序2/3。主茎から多くの分枝が出て，先端にアザミに似た花がつく。花は頭状花序で，直径2.5〜4cm，20〜100個の管状花からなる（図1-VI-1）(注1)。花弁の色ははじめ黄色だが，しだいに赤くかわる。雄ずい先熟で，他家受粉。

1花に1粒，1つの花序に10〜100粒のたね（菊果，ヒマワリ参照）ができる。灰色のかたい殻で種子を包み，4稜の角錐形で，長さ7〜9mm，百粒重は3〜5g（図1-VI-2），含油率は28〜44%である。

乾燥した気候に適し，根は深根性で耐乾性がある。過湿には弱い。

## 3 栽培と生産量

発芽適温は20〜25℃。秋播き栽培と春播き栽培がある。長日植物であるが温度も花芽分化に影響し，高温長日条件で開花が早まり，春播き栽培では草丈が小さく，花数も少なく，収量も少なくなる。

世界のベニバナのたねの生産量は65万tで，インドがもっとも多い。生産は減少傾向にある。日本では，わずかだが埼玉県や山形県で染料作物として栽培されている。

図1-VI-1 ベニバナの花序

〈注1〉
管状花は，5枚の花弁の基部が融合して筒状になっている。舌状花はない。

図1-VI-2 ベニバナのたね
スケール：1cm

## 4 加工と利用

世界のサフラワー油（safflower oil, べにばな油）の生産量は11万tで（2013年, FAO），減少傾向にある。アメリカがもっとも多く32％, 次いでインドが29％である。日本は採油用のたねを616t, おもにインドとニュージーランドから輸入している（2013年）。

サフラワー油は乾性油で，植物油脂のなかではリノール酸の含有率（約76％）がもっとも高い（ハイリノールサフラワー油）。以前はペイントやワニス，樹脂の原料としての利用が多かったが，リノール酸のコレステロール低減効果が高いことなどが注目され，食用としての消費量が増えた。

最近，リノール酸とりすぎの悪影響が指摘され，オレイン酸を多く含む品種（注2）への転換がすすんでいる（図1-Ⅵ-3）。このハイオレイックサフラワー油は，酸化安定性に富み，脂肪酸組成はオリーブ油と似ている。

〈注2〉
1957年にオレイン酸を多く含む品種が発見され，育種により含油量の多いハイオレイック品種が育成された。

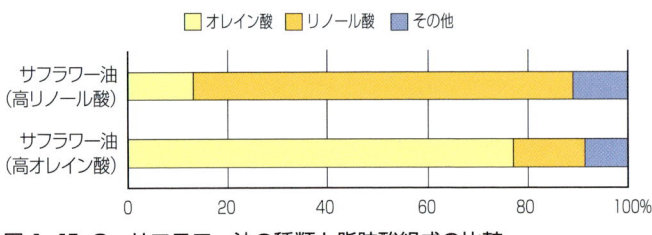

図1-Ⅵ-3 サフラワー油の種類と脂肪酸組成の比較

# Ⅶ ゴマ（胡麻, sesame）

## 1 起源と種類

ゴマ（*Sesamum indicum* L.）はゴマ科の1年生作物で，アフリカ原産。日本には中国から伝わり，縄文時代の遺跡から出土している。

## 2 形態と生育

草丈は1m前後。茎の断面は四角形で表面に短い毛がある。葉は茎に互生または対生し，各葉腋に1～3花をつける。自家受精し，花は鐘状で，白色，あるいは淡紅色や淡紫紅色（図1-Ⅶ-1）。子房は4室4房から8室16房まであり，成熟して果実（蒴果）になる（図1-Ⅶ-2）。

種子の千粒重は2g前後。種子の色で白ゴマや黄（金）ゴマ，茶ゴマ，黒ゴマに分けられる（図1-Ⅶ-3）。白

図1-Ⅶ-1 ゴマの花
茎が伸びながら，下位から順に咲く

図1-Ⅶ-2 ゴマの蒴果
蒴果は2cm前後で，1房には10数粒の種子がはいる。成熟すると裂開してなかの種子が飛び散る

ゴマと黒ゴマの作付けが多い。白ゴマは含油率が50〜55％と高いので世界的には搾油用に利用されている。黒ゴマは大粒で収量は多いが，含油率が低く（40〜45％），料理用に使われることが多い。白ゴマや黄ゴマは成熟期が早く，黒ゴマや茶ゴマは成熟期が遅い。

## 3 栽培と品種

### 1 栽培

高温で日照が多く，乾燥した気候を好む。排水のよい砂質土壌に適しているが，火山灰土壌でも栽培できる。連作を避ける。地温が20℃以上になるころが播種適期で，5月中下旬〜6月中下旬ころに直播する。

播種量は10a当たり300g。播種は畦間50〜70cmで，千鳥播きが多い。間引きし，株間15〜20cmにする。初期生育が緩慢なため，除草に気を配る。4〜5葉期ころに花蕾ができはじめる。

下葉が黄色くなり，下位の蒴果が裂開しはじめるころが収穫適期である。裂開が少ない午前中に収穫し，束にして蒴果を上にして十分に乾燥させてから脱粒する。唐箕選で夾雑物などを除去し調製する。

### 2 品種

日本各地に多くの在来種があり，東北では早生の黒ゴマ，関東北部では金ゴマ，関東以西では黒ゴマや白ゴマが多い。播種後100日以内に成熟する品種が多い。機能性成分のリグナン類含量を高めた育成品種がある。

### 3 生産量

世界のゴマの生産量は485万tで（2013年，FAO），国別生産量割合は，近年，生産量が急増しているミャンマーがもっとも高く19％，次いでインド13％，中国12％である。日本では，1956年の全国の作付面積は9,645ha，生産量は5,744tであったが，その後激減した。

## 4 加工と利用

ごま油（sesame oil）の世界の生産量は111万t，国別生産割合はミャンマーが30％，次いで中国20％である（2013年，FAO）。日本は採油用のゴマ種子を14万t輸入し（2013年），ごま油を4.5万t生産している（2013年）(注1)。

### 1 搾油方法と利用

ごま油は半乾性油で，不飽和脂肪酸のリノール酸とオレイン酸が多く含まれているが酸化しにくく，酸化安定性は高い。ゴマ種子を焙煎して特有の芳香を生じさせて，圧搾，ろ過処理すると中華用の香味油として使われる褐色のごま油になる (注2)。

焙煎せずに圧搾，精製したものは，無色のごま油（ごまサラダ油ともよ

図1-Ⅶ-3 ゴマの種子
左上：黒ゴマ，右上：白ゴマ，
左下：茶ゴマ，右下：金ゴマ
スケール：1mm

〈注1〉
日本のゴマ種子の輸入量は世界第2位（2012年，FAO）。ゴマは収量が低く，機械化栽培もむずかしいため手間がかかり，多くの発展途上国から輸入している。近年，中国のゴマ種子の輸入量が急増しており，2006年に日本を抜き，2012年には40万t輸入している。トルコも輸入量が増加してきており，ゴマの国際価格が高騰している。

〈注2〉
褐色のごま油は精製せずに独特の香りを活かしている。ラー油は，ごま油に唐辛子などの辛味成分を抽出させたもの。

ばれる）になる。この精製されたごま油はそのまま，あるいはなたね油や大豆油と混ぜた調合油として，天ぷらなどに使われる。また，加工用としてドレッシングなどに使われるほか，マーガリンや菓子類，石けん，塗料などの原料にもされる。搾り粕は肥料や飼料に用いられる。

### 2 生理機能性

ゴマ種子には，ゴマリグナン類であるセサミン（sesamin）やセサモリン（sesamolin），セサミノールトリグルコシドなどの機能性成分が多く含まれている。セサミンには，抗酸化作用や血中のコレステロール低下などの生理機能性があるほか，他のリグナン類にも健康増進に有用な働きがあり，これらの含量を高めた品種が開発されている。

# VIII エゴマ（じゅうねん，荏胡麻，perilla）

## 1 起源

エゴマ（*Perilla frutescens* Britton）はシソ科の1年生作物。インドや中国中南部で栽培化され，日本には中国から伝わった。食用のほか，燈火の油として使われた。搾油は貞観年間（859～877）にはじめられ，なたね油が普及するまでは日本の油の中心であった。

## 2 形態と生育

草姿はシソによく似ている（図1-VIII-1）。草丈は1.5～2m，茎の断面は四角形で，多くの分枝が出る。葉は茎に対生し，葉身には毛が生える。穂は主茎や分枝の頂部と上位の葉腋につき，多数の白い小花が咲き蒴果になる（図1-VIII-2）。おもに自家受精であるが，他家受精も行なわれる。

1つの蒴果に4つの種子がはいる。種子は球形で，千粒重は約3g前後，色は黒褐色，淡褐色，茶褐色，灰白色などがある（図1-VIII-3）。種子の含油率は45～50％程度で，必須脂肪酸のα-リノレン酸を多く含む。

図1-VIII-1 エゴマ

図1-VIII-2 収穫期のエゴマの穂

## 3 栽培と品種

砂壌土や壌土が適するが，適応性は広い。移植栽培では，畝間20cm，播幅20cmに条播して育苗する。株間3cmになるように間引き，苗丈が約15cmになったら移植する。育苗用ポットで育苗すると植え傷みが少なく活着がよい（図1-VIII-4）。直播栽培は，畝間70～90cmで条播し，間引いて株間15cmほどにする。

図1-Ⅷ-3　エゴマの種子
左：宮城在来，中：福島田村（白），右：福島田村（黒）
スケール：1cm

図1-Ⅷ-4
セルトレーで育苗したエゴマの苗
宮城県色麻町では機械移植栽培体系が確立しており，セルトレーで育苗して野菜移植機で移植し，コンバインで収穫する。草高が5cm程度のころに移植する

　播種適期は5月中下旬～6月上中旬ごろで，8月下旬から9月上旬にかけて開花する。茎葉が黄色くなり，株に触れると脱粒しはじめるころが収穫適期で，開花後約1カ月後を目安にする。脱粒しやすいので，曇りの日や朝夕に収穫する。根元から刈取り，3～4日乾燥させる。その後脱粒してふるいによる篩選，唐箕選などで精選する。

　日本各地に在来種があり，岩手県や宮城県，福島県，岐阜県，広島県などで栽培されている。明確な品種はなく，おもに種子の色で黒種と白種に分けられている。

## 4 加工と利用

　エゴマから得られる油はしそ油ともいわれる。乾性油で，工業用としてはペイント，印刷用インクなどの原料になる。エゴマそのものを食用として利用するほか，小鳥の餌としても用いる。油に含まれるα-リノレン酸の生理機能が注目されている。

# Ⅸ　オリーブ（olive）

## 1 起源

　オリーブ（*Olea europaea* L.）はモクセイ科の常緑樹で（図1-Ⅸ-1），耐乾性が強く，地中海地方を中心に古くから栽培されている。寿命がきわめて長く，1,000年をこす樹もある。

図1-Ⅸ-1　オリーブの栽培（南イタリア）（写真提供：農文協）

## 2 形態と生育

　樹高は7～10mほどで，幹はこぶが多く，ねじれた形になる。葉は対生し，裏面には毛が密生して白銀色にみえる。前年の春から夏にかけて伸びた枝

図1-Ⅸ-2　オリーブの果実
（写真提供：斎藤満保氏）

図1-Ⅸ-3　オリーブ園に設置されている収穫用のネット
収穫期にネットを広げて収穫する（写真提供：農文協）

の葉腋に花芽がつく。1つの花序に10～30個の白色の小花をつける。自家不和合性が強いので，全体の1～2割程度の受粉樹（開花期が同じころで，遺伝子が異なるクローン）を混植する。風媒花であるが虫媒もある。

5～6月に開花し，秋に果実が成熟する。完熟した果実は黒紫色になる（図1-Ⅸ-2，3）。果実は球形や卵形，倒卵形などで，果肉（中果皮）の内側にかたい殻（内果皮）に包まれた種子がある。果肉は油分が多く，渋味がある。種子にも油分があるが，一般には果肉から搾油する。

## 3　栽培と品種

年平均気温14～16℃，年間日照時間2,000時間以上の温暖地が適地。花芽分化には10℃以下の低温にあう必要がある。土壌適応性は大きいが，排水不良地や地下水が高い場所では生育が極端に劣る。

オリーブには数多くの品種があるが，用途の面からみると，塩漬けなどにする果実加工（テーブルオリーブス）用と油用，兼用に大別される。

世界のオリーブ果実の生産量は2,040万tで（2013年，FAO），50年前の2倍に増えた。国別の生産量割合は，スペインが39％ともっとも高くイタリア14％，ギリシャ10％とつづく。

## 4　加工と利用

オリーブの果実には50％程度の油分が含まれる。オリーブ油（olive oil）には，緑黄色で独特の芳香があるヴァージンオリーブ油（virgin olive oil）(注1)と精製オリーブ油(注2)，これらを混合したオリーブ油がある。脂肪酸組成はオレイン酸を多く含み，酸化安定性に優れる。

世界のヴァージンオリーブ油の生産量は283万tで，国別ではスペインがもっとも多く39％，次いでイタリア16％，ギリシャ11％（2013年，FAO）。日本は5万3,814t輸入している（2013年）。

〈注1〉
新鮮な果実から搾油し，簡易な精製のみ行なったオリーブ油。さらに，油の風味とオレイン酸の含有量により，エキストラ，ファイン，セミファインの3種類に分けられる。クロロフィルが含まれ光酸化（光による化学反応）を受けやすいが，ポリフェノール類などの抗酸化物質が多く含まれている。

〈注2〉
ヴァージンオリーブ油の品質のわるいものを精製した油。無味，無臭で，サラダ油や油漬けなどに利用される。

# Ⅹ ヒマ（トウゴマ，蓖麻，castor）

## 1 起源と形態・生育

ヒマ（*Ricinus communis* L.）はトウダイグサ科の草本性作物。原産地はアフリカ北東部またはアジア西部。熱帯地域では多年生で，大きなものでは草丈10mをこす灌木になる。しかし，冬枯れする温帯地域では1年生で，草丈は1〜3mほどである（注1）。葉柄は長く，葉身は掌状（図1-Ⅹ-1）。雌雄同株で，茎先端に総状花序がつく。雌花は花弁がなく花序の上部に，雄花は下部につく。他家受粉である。

果実（蒴果）の表面にトゲがあるものとないものがあり，蒴果には種子が3つはいっている。種子は1.5〜2.5cmほどで，灰色と紫褐色がまだらになっているものが多く，光沢がある（図1-Ⅹ-2）。成熟時に裂開して種子が散布されるが，改良品種は裂開しないものが多い。

図1-Ⅹ-1 ヒマの葉と花序

図1-Ⅹ-2 ヒマの種子
スケール：1cm

〈注1〉
草丈が90〜150cmの矮性品種やハイブリッド品種が育成されている。

## 2 加工と利用

種子（蓖麻子，castor bean）は35〜55％の油脂を含み，圧搾して抽出した油をひまし油（蓖麻子油，castor oil）とよぶ。ひまし油は淡黄色の不乾性油で，リシノレイン酸（注2）が全脂肪酸の約90％をしめており，他の植物油脂にはみられない特徴がある。

ひまし油は食用に適さず，古くから下剤（注3）や，工業機械の潤滑油，石けんの原料などに用いられてきた。近年，化学反応性に富むリシノレイン酸の特性（注4）を利用して，金属加工油剤やポリウレタン，印刷インキ用添加剤，塗料用添加剤などの幅広い用途に使われており，工業原料として重要な植物油である（注5）。

世界のヒマ種子の生産量は187万t（2013年，FAO）で，国別では最近急増しているインドが88％，次いで中国とモザンビークが3％である。

搾り粕には，有毒なタンパク質のリシン（ricin）やアルカロイドのリシニン（ricinine）などが含まれるため，飼料には用いられない。

〈注2〉
オレイン酸の12位の炭素につく水素がヒドロキシル基（-OH）に置換された構造をもつ。

〈注3〉
リシノレイン酸（ricinoleic acid）は小腸の粘膜にいちじるしい刺激作用を与え，これにより腸がぜん動作用をおこすため，下痢がおこる。

〈注4〉
ひまし油はほとんどの有機溶剤に可溶で，さらに他の植物油脂にはみられない含水アルコールにも可溶である。

〈注5〉
ひまし油をアルカリ熱分解して得られるセバシン酸は，ナイロンやポリエステル樹脂，防錆剤などに使われる。このほかに，口臭防止剤や天ぷら廃油の凝固剤，歯磨き粉などにも利用されている。

# XI その他の油料作物

## 1 ダイズ（大豆，soybean：*Glycine max* Merr.）

![図1-XI-1 大豆油の主要生産国の生産量の推移（FAO）]

図1-XI-1　大豆油の主要生産国の生産量の推移（FAO）

〈注1〉
アルゼンチンとブラジルでは，バイオディーゼル燃料向けのダイズ生産が増えている。

〈注2〉
近年，ラッカセイでもハイオレイック品種が育成されている。

ダイズはマメ科の1年生作物である（『作物学の基礎I-食用作物』参照）。ダイズ種子の含油率は16〜22％で，リノール酸を多く含む。乾燥した種子を破砕し，加熱，圧編した後，有機溶媒によって大豆油を抽出する。

世界の大豆油の生産量は4,266万tで（図1-XI-1），パーム油に次いで第2位。世界の植物油脂生産量の約3割をしめる（2013年，FAO）。日本ではダイズを輸入して38万tの大豆油を生産している（2013年）。

大豆油は，食用としては天ぷら油やサラダ油，マヨネーズなどに，その硬化油（コラム参照）はマーガリンやショートニングなどに用いる。また，印刷インキやバイオディーゼル燃料などにも使う〈注1〉。

ダイズから搾油すると，約77％が搾り粕になる。大豆粕，脱脂大豆，大豆ミールなどとよばれ，タンパク質含有量が高く，家畜の飼料として重要である。また，味噌，醤油などの原料にする。

## 2 ラッカセイ（落花生，groundnut：*Arachis hypogaea* L.）

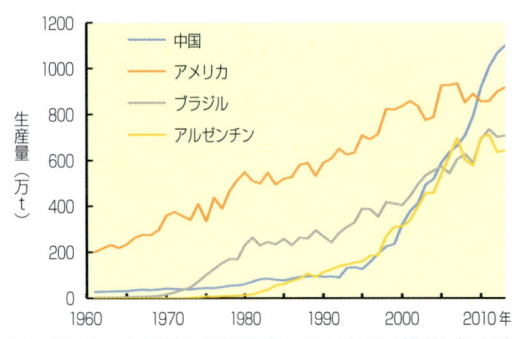

図1-XI-2
世界の落花生油の国別生産割合

ラッカセイは，マメ科の1年生作物である（『作物学の基礎I-食用作物』参照）。ラッカセイ種子の含油率は44〜56％で，それを搾油した落花生油（ピーナッツオイル，groundnut oil）は不乾性油である。脂肪酸組成はおもにオレイン酸とリノール酸である〈注2〉。長鎖脂肪酸や飽和脂肪酸が比較的多いために融点が高く，低温下で白濁したり固まることがある。多価不飽和脂肪酸が少なく，酸化安定性が高い。

特有の風味があり，精製せずに用いられる。とくに中国料理やフランス料理などで使われる。そのほか，フライ用やマーガリン，ショートニング

---

**硬化油**（水素添加油，hydrogenated oil）

液状の油にはリノール酸やリノレン酸などの多価不飽和脂肪酸が多く，酸化安定性が不十分である。このような油脂に触媒下で水素を加えると，二重結合が減って酸化安定性が増加し，常温で固体または半固体の油脂になる（水素添加の程度によって，常温で液状に近いものから高い融点をもつものまで，性質をかえることができる）。この処理を硬化処理といい，処理した油脂を硬化油という。

原料などにする。

世界の落花生油の生産量は518万t（2013年，FAO）（図1-XI-2）。日本の落花生油の輸入量は471tである（2012年，FAO）。

## 3 トウモロコシ（玉蜀黍，maize, corn：*Zea mays* L.）

トウモロコシは，イネ科の1年生作物である（『作物学の基礎I-食用作物』参照）。コーンスターチ製造による副産物の胚（胚盤を含む）から搾油したのがコーン油（トウモロコシ油，corn oil, maize oil）である。種子全重に対する胚の割合は11～12%であり（図1-XI-3），3～6%の油が含まれている。コーン油は酸化安定性が大きく，オレイン酸，リノール酸が多い。

サラダ油などに適するほか，天ぷら油やマーガリンなどに使われる。

世界のコーン油の生産量は286万tで（2013年，FAO），国別ではアメリカがもっとも多く56%，次いで中国9%。日本は，コーン油を年間8.5万t生産している（2013年）（注3）。

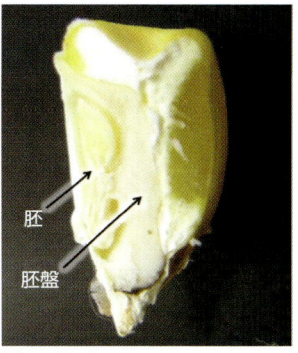

図1-XI-3
トウモロコシ（デントコーン）種子の縦断面

〈注3〉
日本のトウモロコシ輸入量は1,440万tで，そのうち，飼料用は1,010万t（2013年）。

## 4 イネ（稲，rice：*Oryza sativa* L.）

イネは，イネ科の1年生作物（『作物学の基礎I-食用作物』参照）。精米時に除かれる，玄米の種皮や糊粉層，胚などの米ぬかを利用して搾油する。米ぬかは玄米重の約10%をしめ，18～20%の油が含まれる。米ぬかから抽出した油は，こめ油（米ぬか油，rice-bran oil）とよばれる（注4）。

米ぬかには，タンパク質，脂質，食物繊維，ビタミンのほか，リパーゼなどの酵素類も多く含まれており，油の劣化が早い。そのため，加熱乾燥でリパーゼを失活させてから溶剤抽出し，精製する。こめ油の脂肪酸は，パルミチン酸やオレイン酸，リノール酸が多い。酸化安定性が大きく，天ぷら用，ポテトチップスやスナック菓子のフライ用などに使われる。

こめ油に多いγ-オリザノールには抗酸化作用があり，油脂の酸化を抑制するので，化学合成品以外の食品添加物「酸化防止剤」に認められている。こめ油には，抗酸化作用のあるビタミンE（トコフェロール）やトコトリエノールも含まれ，血中コレステロール低下作用などもある。

〈注4〉
日本では，こめ油を年間6.4万t生産している（2013年）。この油は，原料も国産で貴重である。

## 5 ワタ（棉，cotton：*Gossypium* spp.）

ワタはアオイ科の多年生作物（第5章II項参照）。綿毛をとったあとの種子には16～20%の油脂が含まれ，種子から棉実油（cotton oil）をとる。棉実油は半乾性油で，パルミチン酸やオレイン酸，リノール酸を多く含む。風味がよく酸化安定性が優れており，高級油として使われている。低温で白濁するため，サラ

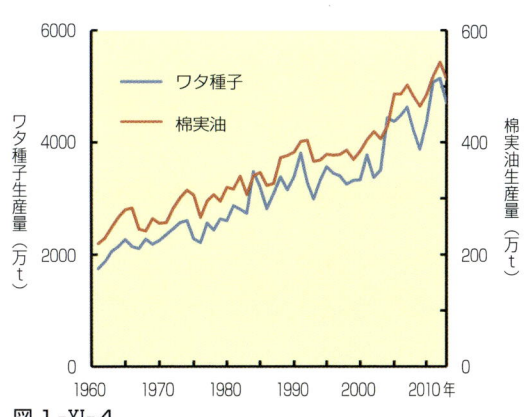

図1-XI-4
世界のワタ種子，棉実油の生産量の推移（FAO）

〈注5〉
種子を目的にした栽培のほか，繊維をとるための栽培，兼用の栽培がある（詳細は，第5章Ⅳ参照）。

図1-XI-5　アマの種子
スケール：1cm

図1-XI-6
開花期のニガーシード

図1-XI-7
ニガーシードのたね
スケール：1mm

ダ用としては脱ロウして固形脂を除いて使用する。棉実油はサラダ油やマーガリンのほか，石けんの原料になる。また搾り粕は飼料や肥料として利用される。世界のワタ種子の生産量は4,708万t，棉実油は513万t（2013年，FAO）で増加傾向にある（図1-XI-4）。国別割合では中国が31%，次いでインド21%。日本は棉実油384tをおもにオーストラリアから輸入している（2013年）。

## 6 アマ（亜麻，linseed：*Linum usitatissimum* L.）

アマはアマ科の1年生作物（第5章Ⅳ項参照）。種子には約33〜43%の油脂が含まれ，おもに圧搾法によってあまに油（linseed oil，亜麻仁油）をとる（注5）（図1-XI-5）。種子生産を目的に栽培されるアマは，繊維用より，草丈が短く，分枝が多く，蒴が多くつく。種子用の収穫適期は，蒴が十分に成熟し，種子の水分含量が9〜11%になったころである。

冷涼な気候に適し，日本では北海道が生育適地で，かつて，繊維用や油糧用として約4万haの作付けがあった。世界のアマ種子の生産量は231万tで，国別ではカナダ31%，中国17%（2013年，FAO）。

あまに油は黄褐色で乾性油である。おもに工業用油として，印刷インキや，ペイント，ワニス，石けんなどに用いられる。脂肪酸組成は，不飽和脂肪酸が多く，とくに必須脂肪酸のα-リノレン酸の含有率が高い。最近，消費者の健康志向の高まりで，食用油として注目されている。

世界のあまに油生産量は56万tで，国別では中国がもっとも多く26%，次いでベルギー19%，アメリカ17%である（2013年，FAO）。種子，あまに油とも世界での生産量は減少傾向にある。日本は採油用としてアマ種子を6,432t輸入し，そのほとんどはカナダからである（2013年）。

## 7 ブドウ（葡萄，grape：*Vitis vinifera* L.）

ブドウは，ブドウ科のつる性木本作物。ワインやジュース製造後のブドウ種子から抽出される油をぶどう油（グレープシードオイル，grapeseed oil）という。

種子の含油率は6〜21%程度で，リノール酸，オレイン酸が多い。石けんやペイント，食用油として利用する。

## 8 ニガーシード（niger seed：*Guizotia abyssinica* Cass.）

ニガーシードは，キク科の1年生作物。ニゲルともよばれる。原産地はアフリカのエチオピア周辺。草丈は1〜1.5mほどでよく分枝し，黄色い頭状花序が多数つく（図1-XI-6）。たね（菊果）は黒色で40〜50%ほどの油脂を含む（図1-XI-7）。

たねから抽出されたニガーシード油（niger seed oil）は乾性油で，食用や灯用，ペイント，石けんなどに用いる。

# 第2章 糖料・甘味料作物

## I 糖料作物の生産と利用

　砂糖（ショ糖）を抽出する作物を糖料作物（sugar crop）といい，草本性作物と木本性作物がある。ショ糖は植物の光合成によってつくられるが，植物自身の成長に使われたり，子実やイモなどに転流してデンプンの形で貯蔵する植物が多く，多量のショ糖を直接得られる作物は少ない。

### 1 砂糖の生産

#### 1 世界の生産

　世界の砂糖（原料糖，raw sugar）の生産量は，1961年は5,320万tであったが2012年には1億7,908万tと，この51年間，直線的に増加し，近年も増加傾向がつづいている（FAO）。国別ではブラジルがもっとも多い（図2-I-1）。

　世界の砂糖生産の約7割がサトウキビ，約3割がテンサイから生産されている。熱帯では，かなりの量のヤシ糖が生産されているが正確な統計はない。

　収穫した原料を長期間放置すると，還元糖(注1)が多くなってショ糖が減ったり，腐敗などで品質が低下する。

　そのため，原料そのものを輸出入することはなく，栽培地で処理される。栽培地で原料から直接糖製品を製造する場合と，原料から原料糖を製造し，それを消費地の製糖工場へ輸送して糖製品を製造する場合がある。

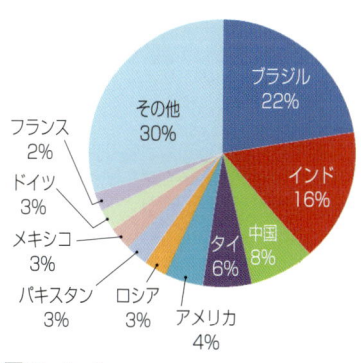

図2-I-1
世界の砂糖（原料糖）の国別生産割合
（2012年，FAO）

#### 2 日本の生産

　日本ではテンサイからつくられる甜菜糖（てんさいとう）が55.0万t，サトウキビからつくられる甘蔗糖（かんしゃとう）が12.9万t生産されているが（2013年），やや減少傾向にある。また，原料糖を142万t，精製糖を1.3万t輸入している（2012年，FAO）。

〈注1〉
鎖状構造でアルデヒド基（-CHO）をもつ糖のこと。アルデヒド基は，酸化されてカルボキシル基（-COOH）に変化しやすい（還元性をもつ）。単糖類にはブドウ糖と果糖，二糖類には麦芽糖などがある。なお，ショ糖は還元性をもたない。

### 和三盆糖

　和三盆糖は，香川県（「讃岐三盆」）や徳島県（「阿波和三盆糖」）で，おもにサトウキビの在来種である竹糖（たけとうとも読む）から生産される含蜜糖である。
　複雑な工程で搾汁液から糖蜜をほとんど取り除いてつくる，淡黄色の結晶である。結晶が細かく，口溶けがよく，独特の香りと後味のよさから，高級和菓子の材料として使われている。
　竹糖は細キビともいわれる中国細茎種で，茎はやや細く分げつが多い。フラクトオリゴ糖を多く含んでいる。4月上旬に種茎を植付け11月下旬〜12月に収穫し，淡黄色の和三盆糖に精製する。

## 2 砂糖の種類

砂糖は，図2-Ⅰ-2に示すように含蜜糖と分蜜糖に大別される。

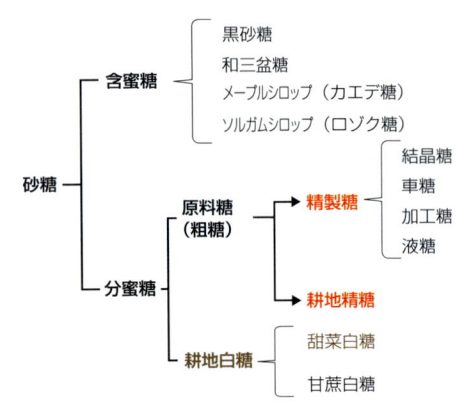

```
          ┌ 含蜜糖 ┬ 黒砂糖
          │        ├ 和三盆糖
          │        ├ メープルシロップ（カエデ糖）
          │        └ ソルガムシロップ（ロウソク糖）
砂糖 ─────┤
          │        ┌ 原料糖     ┌ 精製糖 ┬ 結晶糖
          │        │ （粗糖）  →│        ├ 車糖
          └ 分蜜糖 ┤             │        ├ 加工糖
                   │             │        └ 液糖
                   │             └→ 耕地精糖
                   └ 耕地白糖 ┬ 甜菜白糖
                              └ 甘蔗白糖
```

図2-Ⅰ-2　砂糖の種類

〈注2〉
黒砂糖や和三盆糖は還元糖や灰分が少なく，ヤシ糖は還元糖や灰分が多い。

〈注3〉
グラニュー糖を微粉にした糖。

〈注4〉
双目糖，ハードシュガーともよばれる。還元糖の含有率がごく少ない。

〈注5〉
ソフトシュガーともいわれる。結晶が細かいうえ，結晶の固着を防ぐため表面が吸湿性の強いビスコ（転化糖）で覆われているので，しっとりしている。

### 1 含蜜糖（non-centrifuged sugar）

　含蜜糖は作物からとった液を濃縮してつくる。サトウキビからの黒砂糖や和三盆糖（コラム参照）のほか，サトウカエデからのメープルシロップやメープルシュガー，スイートソルガムからのシロップや糖，サトウヤシなどのヤシ類からとったヤシ糖などがある〈注2〉。

### 2 分蜜糖（centrifuged sugar）

　分蜜糖は，含蜜糖から遠心分離によって非結晶性成分の糖蜜（molasses）を取り除いたもので，原料糖（粗糖）と耕地白糖（plantation white sugar）に分けられる。原料糖は精製糖の原料で，黄褐色で不純物が多く，そのままでは食用に適さない。耕地白糖は栽培地の製糖工場で原料から直接製造され，甜菜白糖と甘蔗白糖がある。

### 3 精製糖（refined sugar）

　精製糖は，原料糖を一度溶解して糖液とし，脱色清浄してから，再結晶してつくられる。精製は，清浄工程，結晶・分蜜工程，仕上げ工程，包装工程からなる。
　まず，清浄工程では，ショ糖結晶表面の不純物を溶かして遠心分離機で除去した後，ショ糖結晶を温水で溶解する。これに石灰を添加し，炭酸ガスを吹き込んで，不純物を沈殿させて取り除き，活性炭やイオン交換樹脂を用いて無色透明の糖液にする。次は結晶・分蜜工程で，この糖液を濃縮し，種糖〈注3〉を添加して結晶化する。これから遠心分離機で糖蜜を分離除去すると，きわめて純度の高いショ糖結晶ができる。分離した糖蜜は，同じ作業を数回くり返して糖分をできるだけ回収し，最終糖蜜にする。
　仕上げ工程では，ショ糖結晶を乾燥し，所定の水分含量に調製する。
　精製糖は，結晶糖〈注4〉と車糖〈注5〉，加工糖（結晶糖を原料に製造），液糖に大別される（表2-Ⅰ-1）。

表2-Ⅰ-1 精製糖の特性と用途

| 種　類 | | 特　徴 | 用　途 |
|---|---|---|---|
| 結晶糖 | 白双糖 | 粒径1.0～3.0mm。無色で大粒の結晶 | リキュール，高級菓子類など |
| | 中双糖 | 粒径2.0～3.0mm。黄褐色で大粒の結晶。特有の風味 | 煮物，漬物 |
| | グラニュー糖 | 粒径0.2～0.7mm。白色の結晶 | 一般家庭用，加工食品用 |
| 車　糖 | 上白糖 | 粒径0.1～0.2mm。純白で小さな結晶。家庭でよく利用される | 一般家庭用，加工食品用 |
| | 中白糖 | 上白糖と同等の結晶の大きさ。灰白色 | 煮物，漬物 |
| | 三温糖 | 上白糖と同等の結晶の大きさ。黄褐色。特有の風味 | 煮物，漬物，佃煮 |
| 加工糖 | 氷砂糖（氷糖） | 砂糖製品中もっとも結晶が大きい。クリスタル氷糖とロック氷糖がある | 果実酒の製造 |
| | 粉砂糖（粉糖） | グラニュー糖などを微粉砕した糖 | 洋菓子，糖衣錠の製造 |
| | 角砂糖 | グラニュー糖を原料とし，飽和液糖を少し加えて圧搾成型した糖 | 一般家庭用（コーヒー，紅茶） |
| | 顆粒糖 | 多孔質の顆粒状の糖。固結しにくく溶けやすい | 菓子（チューインガムなど）の製造など |
| | コーヒーシュガー | グラニュー糖を溶解して，香りとカラメルなどをいれて氷砂糖と同様に製造した糖 | コーヒーへ添加 |
| 液　糖 | 上物液糖 | ショ糖型：グラニュー糖や上白糖を溶解，あるいは精製糖製造過程のものを液糖として精製したファインリカー | 加工食品（飲用） |
| | | 転化型：グラニュー糖や上白糖の溶解液やファインリカーを，酸や酵素で加水分解し，ブドウ糖と果糖に分解したものの混合物 | 加工食品（飲用） |
| | 裾物液糖 | 三温糖や精製糖製造過程で出る糖蜜などを原料にした液糖 | 加工食品 |

　耕地精糖は，原料糖工場に精製糖設備を併設してつくられた精製糖で，耕地白糖よりも品質が優れている。

# 3 砂糖の特性

## 1 糖の分類

　糖は，ヒドロキシル基（-OH）の1つがカルボニル基（-CH=O）やケトン基（>C=O）と置き換わった多価アルコールの一種である（図2-Ⅰ-3）。これ以上加水分解されない単糖類（monosaccharide），2～10個の単糖がグルコシド結合（脱水縮合）した少糖類（oligosaccharide，オリゴ糖ともよばれる），さらに多くの単糖類が結合した多糖類（polysaccharide）に分類される。

　単糖にはブドウ糖（glucose）や果糖（fructose）がある。少糖類には単糖が2個結合した二糖類（ショ糖（sucrose），麦芽糖（maltose），トレハロース（trehalose）など），3個結合した三糖類などがある(注6)。多糖類は単糖とは性質がちがい，甘味がなく還元性もない。

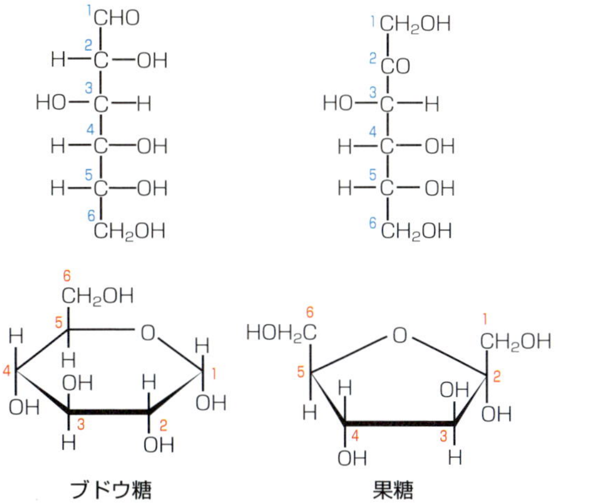

図2-Ⅰ-3
**ブドウ糖と果糖の鎖状構造（上）と環状構造（α型）（下）**
水溶液中では単糖の大部分は環状構造をとっていると考えられている
注）図中の番号は炭素の番号を示す

〈注6〉
オリゴ糖は，単糖が3つ以上結合したものをさす場合が多い。単糖の結合数が増えるにつれて甘味が減る。

## 2 砂糖の構造と分類

　ブドウ糖と果糖にはα型とβ型がある（図2-Ⅰ-3，4）。ショ糖はα-ブドウ糖とβ-果糖がグルコシド結合（α-1，β-2結合）した糖であり（図

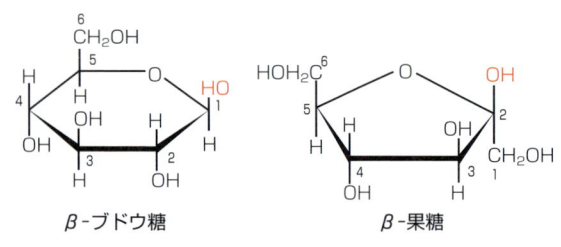

β-ブドウ糖　　　　β-果糖　　　　　　　　（α-ブドウ糖＋β-果糖）

図2-I-4　β-ブドウ糖とβ-果糖の化学構造式 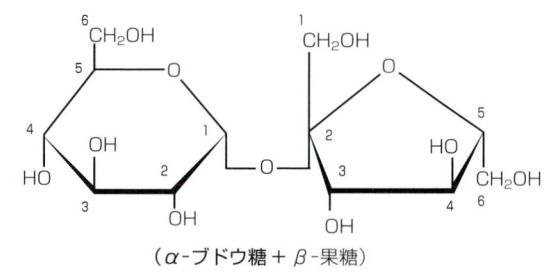　　　図2-I-5　ショ糖の化学構造式

〈注7〉
ショ糖は常温（20℃）の水1gに2g溶ける。

〈注8〉
ブドウ糖のカルボニル基と，果糖のケトン基がともにグルコシド結合しているため酸化されず，還元性をもたない。

2-I-5），水溶性が高く（注7），還元性をもたない性質がある（注8）。

ショ糖は，希酸や加水分解酵素のサッカラーゼ（インベルターゼともよばれる）によって加水分解され，ブドウ糖と，それと等量の果糖になる。この反応を転化といい，できたブドウ糖と果糖の混合物が転化糖（invert sugar）で，ショ糖より甘味が強くなる。

# II 甘味料作物の生産と利用

砂糖は，古来から甘味料の中心的な位置をしめてきたが，近年，砂糖以外のさまざまな甘味料がつくられ，砂糖の代替品としてだけではなく，低カロリー，虫歯予防，整腸効果などを目的に，多くの食品に利用されている。こうした甘味料を抽出する作物を甘味料作物とよぶ。

## 1 甘味料の種類

甘味料は，図2-II-1のように糖質系甘味料と非糖質系甘味料に大別される。

**デンプン糖**：デンプンを酸や酵素で加水分解してつくる糖の総称で，ブドウ糖や麦芽糖，水あめなどがある（第3章I-1-2参照）。

**異性化糖**：ブドウ糖に異性化酵素（グルコースイソメラーゼ）を作用させてつくる，ブドウ糖と果糖が混合した糖。原料のブドウ糖の約半分が，果糖になる（異性化）。果糖はブドウ糖の異性体であり，甘味度（次項参照）が高い。

〈注1〉
糖アルコールには，ソルビトール，エリスリトール，マンニトール，マルチトール，ラクチトール，キシリトール，還元水あめなどがある。

〈注2〉
デンプンを原料にしたものには，マルトオリゴ糖，イソマルトオリゴ糖，トレハロースなどがある。その他，フラクトオリゴ糖，ガラクトオリゴ糖，乳糖果糖オリゴ糖（乳果オリゴ糖）などがある。

**糖アルコール**：還元糖のカルボニル基に水素を添加（還元）してつくる多価アルコールで（注1），ショ糖より甘味度が低いものが多い。消化・吸収されにくいので低カロリーで，虫歯になりにくいなどの特徴がある。

**オリゴ糖**：ショ糖や大豆オリゴ糖のような天然の少糖類のほかに，デンプンや各種の糖を原料に工業的につくられるオリゴ糖も多く（注2），特定

36　第2章　糖料・甘味料作物

保健用食品の材料として利用されることが多い。

**その他**：蜂蜜（ブドウ糖と果糖が主成分）やメープルシロップ（ショ糖が主成分，本章Ⅶ項参照）がある。

**天然甘味料**：ステビアの葉に含まれるステビオサイドや，カンゾウ（甘草，*Glycyrrhiza* spp., マメ科）の根に含まれるグリチルリチンなどがある。

**合成甘味料**：アスパルテームやアセスルファムカリウム，サッカリンなどがある。

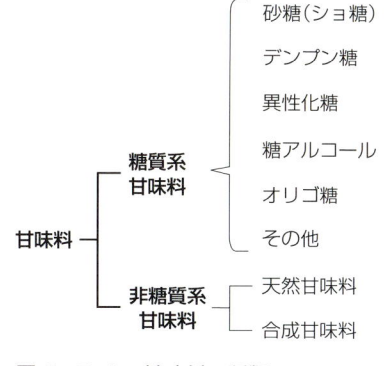

図2-Ⅱ-1 甘味料の種類

表2-Ⅱ-1 おもな糖の甘味度

| 糖の種類 | 甘味度 |
|---|---|
| ショ糖 | 1.0 |
| ブドウ糖（混合） | 0.64～0.74 |
| $\alpha$型 | 0.74 |
| $\beta$型 | 0.5 |
| 果糖（混合） | 1.15～1.73 |
| $\alpha$型 | 0.6 |
| $\beta$型 | 1.8 |
| 麦芽糖 | 0.4 |
| 水あめ | 0.3～0.4 |
| ソルビトール | 0.65 |
| マルチトール | 0.9 |
| キシリトール | 1.0 |
| イソマルトオリゴ糖 | 0.3～0.6 |
| ガラクトオリゴ糖 | 0.20～0.25 |
| トレハロース | 0.4 |

## 2 甘味度，糖度，Brix

**甘味度**：甘味の強さをあらわす値で，同じ濃度のショ糖溶液とくらべた相対値であらわす（表2-Ⅱ-1）。官能評価によることが多く，温度などの条件によって差が出るので，値には幅がある。異種の糖類を混合すると，相乗効果や相加効果があらわれる。また，異性体によってもちがい，ブドウ糖では$\alpha$型は$\beta$型より約1.5倍，果糖では$\beta$型が$\alpha$型より約3倍甘い。

**糖度**：ショ糖含有率または糖含有率のことで，重量%であらわす。

**Brix**（ブリックス）：屈折糖度計を用いて測定したときの数値で，液体中の可溶性固形分の含有率（重量%）をあらわす。溶液中の溶質濃度が上がると屈折率も上がる現象を利用しているため，ショ糖以外の可溶性固形物質も含まれた値である。作物搾汁液の成分の中心は糖類で，とくにショ糖が多く含まれているため，Brix値は糖度に近似するものとしてあつかわれるが，正確にはショ糖（糖）含有率とは一致しない。

# Ⅲ サトウキビ（甘蔗カンシャ，砂糖黍，sugarcane）

## 1 起源と種類

サトウキビはイネ科の多年生作物で，$C_4$植物である（図2-Ⅲ-1）。現在，栽培されているサトウキビ品種は種間雑種のものがほとんどだが，基本になる栽培種は *Saccharum officinarum* L.（2n=80；8倍体，ゲノムはx=10）で，高貴種（noble cane）ともよばれている。茎が太く糖含有率が高い。ニューギニア島近辺に分布する野生種の *S. robustum* Jesw.

図2-Ⅲ-1　サトウキビ

図2-Ⅲ-2　サトウキビの節間と根帯から発生した根（左が基部）

〈注1〉
S. robustum は生育が旺盛で茎が長い。高貴種の直接的な祖先種とされている。

〈注2〉
日本には中国から伝えられ，1609年に奄美大島で栽培されたのが最初とされている。

〈注3〉
S. spontaneum L.（2n=40～128；n=8，5～16倍体）はインドを中心に，西アフリカからニューギニアまで分布している。短く細い茎が多く，乾燥や病害虫に抵抗性がある。サトウキビの野生種（wild cane）とされている。

〈注4〉
生育初期の養水分の吸収に働くが，茎根が発達するころに枯死する。

〈注5〉
複数の茎根がねじれながら深く伸長する。干ばつ時の吸水に働く。

（2n=60,80,114～205で，通常は60か80）から分化したと考えられている〈注1〉。
　このほか栽培種には，原産地がインド北部の S. barberi Jesw.（2n=81～124）（インド細茎種），原産地が中国南部の S. sinense Roxb.（2n=111～120）（中国細茎種）がある。S. sinense は，近代品種が育成されるまで，中国南部，台湾，日本で栽培されていた〈注2〉。S. barberi と S. sinense は，S. officinarum と S. spontaneum L.〈注3〉の交雑によってできたと考えられている。

## 2 形態と生育

### 1 茎と種茎

　草丈は3～4m。茎の太さで，細茎（1.5cm以下），中茎（1.5～2.4cm），太茎（2.4cm以上）に分けている。茎は20～40ほどの節間からなり，節の上位（節間の基部）に多くの根原基をもつ根帯がある（図2-Ⅲ-2）。
　根帯の上部に分裂組織を中心とした成長帯がある。また，節のすぐ上位，根帯のあたりに分げつ芽が分化する。節間内部は充実し，柔細胞の液胞に多量のショ糖が蓄積する。
　サトウキビ栽培では，2節程度含むように，茎を20～30cmに切断し，種茎とよんで苗として植付ける。この苗を，蔗苗や種苗ともよぶ。

### 2 根と茎，分げつ

　植付け後，まず，種茎の根帯から細い種茎根（sett root）〈注4〉が出る。種茎根には分枝根が多い。つづいて種茎の分げつ芽が成長して（萌芽），葉が展開する。これが主茎にあたる茎で，その基部の分げつ芽が発達し一次分げつが出る。また，これらの根帯から茎根（shoot root）が出る。茎根は，太くて分枝が少なく地上部をささえる支持根と，細くて分枝が多く地表下を横に伸びる表層根，深く垂直に伸びる索〈注5〉に区別される。

### 3 穂と穎花

　穂は円錐花序で長さ25～50cmほどである。穂軸から多くの枝梗が分枝し，枝梗の各節に無柄と長柄の2つの小穂をつける（図2-Ⅲ-3）。枝梗には多数の小穂がつき，総状花序のようになる。各小穂の基部には白い毛がつく。1小穂2穎花である。小穂の構造は特殊で，下位穎花は不稔で外穎だけがある。上位穎花は両性花であるが，外穎は退化し，内穎は小さい。種子は不稔になることが多い。

### 4 生育

　サトウキビの生育適温は32～38℃で，年平均気温が21℃以上必要

**図2-Ⅲ-3　サトウキビの小穂の模式図**
A：枝梗につく小穂，B：小穂横断面，C：小穂の構造
a：護穎（glume，第1苞穎）
b：護穎（glume，第2苞穎）
c：下位の不稔穎花の外穎（lemma）
d：上位穎花の外穎（lemma）：S. officinarum では退化しているが，S. spontaneum では細い鱗片葉状
e：上位穎花の内穎（palea），f：鱗被（lodicule）
g：雄しべ，h：雌しべ

図2-Ⅲ-4　サトウキビのプランテーション（インドネシア）

で，熱帯，亜熱帯地域で栽培される（図2-Ⅲ-4）。年間降水量が1,500～2,500mmの地域で生育がよく，乾期には灌漑が必要である。

サトウキビの生育は，①茎が伸びながら葉が畝を覆うまでの生育初期，②茎の伸長がいちじるしい伸長旺盛期，③茎の伸長が緩慢になって茎中にショ糖が蓄積される登熟期，④乾物重やショ糖含有率の増加が停滞する収穫期，の4つに区分される。光合成産物はショ糖で，葉身から茎へ転流し，柔細胞の外でブドウ糖と果糖に分解され，柔細胞にはいって再びショ糖に合成され，液胞中に蓄積される。低温や乾燥など成長が抑制される環境でショ糖を蓄積する性質があるので，冬期や乾期に収穫されている。

## 3　栽培と品種

### 1　育苗と栽培方法，作期

日本では，おもに沖縄県と鹿児島県で生産されており，無病の優良苗を得るために，専用の採苗園を設置している（注6）。苗にする茎を刈取って葉を取り除き，1種茎に分げつ芽が2個つくように切断する（二節苗，二芽苗）。茎の基部にある分げつ芽は，かたくて発芽が劣るので種茎に用いない。最近は，機械による採苗，植付けも行なわれている（注7）。

栽培では，最初に種茎を植付けるが，これを新植という。収穫後，刈株をそのままにして再生茎を育てるのを，株出し栽培（ratooning）という。株出し栽培を2～3回したら，耕起して再び新植する。

新植には，2月中旬～3月下旬の春植えと，7月中旬～8月下旬の夏植えがある（図2-Ⅲ-5）。春植えは，翌年の2～3月に収穫し（約12カ月間），夏植えは，翌々年の2～3月に収穫する（約18カ月間）。春植え

〈注6〉
国で原原種，県で原種を生産し，市町村などで苗をとって供給し，農家が圃場に植付けるシステムになっている。茎が切断されると分げつ芽の休眠が打破されて動き出すので，供給する側と植付ける側との日程調整が必要である。

〈注7〉
調製された二節苗を植えるビレットプランターと，長い茎をそのまま積載し，25cm程度に切断しながら植える全茎式ケーンプランターがある。

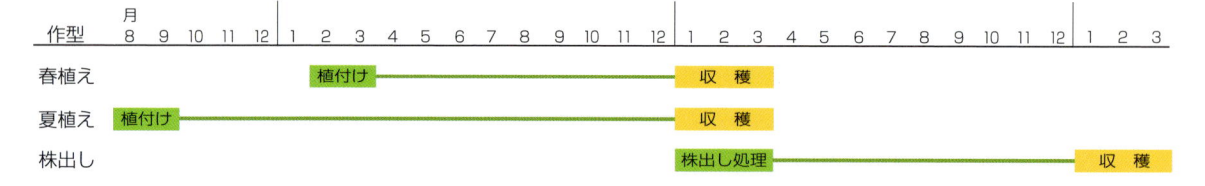

| 作型 | 月 8 9 10 11 12 | 1 2 3 4 5 6 7 8 9 10 11 12 | 1 2 3 4 5 6 7 8 9 10 11 12 | 1 2 3 |
|---|---|---|---|---|
| 春植え | | 植付け ───────── | 収 穫 | |
| 夏植え | 植付け ──── | ─────────────── | 収 穫 | |
| 株出し | | | 株出し処理 ──────── | 収 穫 |

**図2-Ⅲ-5　サトウキビの作期**

〈注8〉
植え溝によって根張りがよくなるとともに，倒伏防止になる。

〈注9〉
種子島では，萌芽や初期生育を促進させるために，マルチ栽培が行なわれている。

〈注10〉
植溝の底にあった株に土寄せして平らにする。

〈注11〉
地下の節数が増えるので，根数が増え生育が促進される。倒伏防止，枯死茎の減少，生葉数の維持効果もあり，品質向上や増収が期待できる。

〈注12〉
おもな病害には，茎先端から黒く変色した新葉が鞭状になってあらわれ，やがてやぶれて胞子を飛散させる黒穂病，葉が枯死する葉焼病，葉に黄褐色～赤褐色の斑点ができるさび病などがある。
害虫には，オキナワカンシャクシコメツキ，サキシマカンシャクシコメツキ，カンシャコバネナガカメムシなどがいる。

よりも夏植えのほうが生育期間が長いので収量が多い。
　株出し栽培は，収穫した翌年の2～3月に収穫する（約12カ月間）。

## 2 植付けと栽培管理

　新植では，圃場を深く耕起して植え溝を切り〈注8〉，畝間120cm，株間30cmほどの栽植密度で種茎を植付け，3cmほど覆土する〈注9〉。
　主茎の仮茎長（最上位展開葉のカラー（第8章Ⅲ項図8-Ⅲ-1参照）までの高さ）が約30cmのころ，発根促進，雑草防除を目的に培土（平均培土〈注10〉）と追肥を行なう。仮茎長が50～70cmのころ，根圏の土壌確保とよぶんな分げつを抑制するため，株元に土を高く盛る（高培土〈注11〉）。
　施肥量は，10a当たり窒素18～27kg，リン酸10～15kg，カリ10～15kgを目安とする。追肥は2～3回に分けて行なうが，生育後期に窒素が残ると茎の登熟が遅れて糖収量が低くなる。
　病害対策には抵抗性品種を植付け，罹病株は抜き取り焼却する〈注12〉。

## 3 収穫方法

　収穫方法には，手刈りと機械刈りがある。手刈りは，地ぎわで茎を刈り取り，還元糖の多い梢頭部（茎の先端部分）を切除し，枯葉などを除いてから茎を束ねて製糖工場へ搬送する。
　サトウキビ収穫機（ケーンハーベスター）による収穫では，梢頭部や茎基部が切断されるとともに，枯葉などもあわせて圃場に排出される。全茎を収穫するタイプの収穫機では，精脱葉処理施設で梢頭部や根，枯葉，枯死茎，土などを除いてから工場に搬入する。
　手刈り収穫は，夾雑物が少なく品質が高いが，多大な労力がかかる。機械収穫は，夾雑物が多く，30cmほどの長さに切断された茎の切り口から細菌汚染を受けやすく，品質の劣化が早い。収穫した茎は，放置しておくとショ糖が転化して品質が低下するので，できるだけ早く搾汁・製糖する。
　1994年度からサトウキビの原料茎買取制度が，近赤外分光分析計を用いた品質取引へと移行し，最低生産者価格は糖度ごとに決められている。

## 4 株出し栽培

　株出し栽培は，整地や植付け作業がなく，収量も比較的多いので省力的である。しかし3回以上つづけると収量が低下し，害虫の発生が多くなる。
　収穫後に，収穫時よりさらに低く株を切り（株ぞろえ），より下位節の側芽を萌芽させて分げつを多くするとともに，地ぎわの根を切って土を除

き，光が株元に当たるようにして，発根や萌芽をうながす。また，株元に施肥し，畝間を深耕する(注13)。

### 5 品種

サトウキビ品種の命名は，国際甘蔗糖技術者会議（ISSCT）で国際的な慣例で決められている。品種の育成地（国，都市名など）の頭文字と，交配採種した試験場（国，都市名など）の頭文字を組み合わせて表記する（表2-Ⅲ-1）(注14)。

サトウキビの育種は，種間や属間での交配，また，γ線などによる突然変異なども利用されるが，基本的には品種や系統間での交配による(注15)。育成地で優れた特質をもつ個体が選抜され，普及しようとする地域で栽培して，優良な特性が認められると苗が配布される。

最近，飼料用の品種や，黒糖用の極早生品種も育成されている。

〈注13〉
機械収穫では，踏圧で土がかたくなり根の発達がさまたげられるので，サブソイラなどで心土破砕を行なう。

表2-Ⅲ-1　世界のサトウキビ品種の略号と育成地，採種地の例

| 略号 | 品種の育成地 | 品種名の例 |
|---|---|---|
| B | バルバドス（Barbados） | B62163 |
| Co | コインバートル（Coinbatore），インド | Co6914 |
| CP | カナルポイント（Canal Point），アメリカ | CP72-2086 |
| F（旧） | フォルモーサ（Formosa），台湾 | F177 |
| ROC（現） | 中華民国（Republic of China） | ROC10 |
| M | モーリシャス（Mauritius） | M52-78 |
| N | ナタール（Natal），南アフリカ | N27 |
| Ni | 日本（Nippon）／日本育成農林登録品種 | Ni9，Ni13 |
| POJ（旧） | 東ジャワ糖業研究所 | POJ2725 |
| Ps（現） | パスルアン（Pasuruan），インドネシア | Ps41 |
| Q | クイーンズランド（Queensland），オーストラリア | Q102 |
| Tn | 台湾糖業研究所（台南市） | NiTn20 |

〈注14〉
たとえば，「NiN2」は南アフリカのナタール州で交配採種され，日本で選抜，育成された品種であることを示す。「Ni9」は交配採種から選抜まで全て日本で行なわれたことを示す。

〈注15〉
現在の製糖用品種のほとんどは，S. officinarum と野生種の交配の後代（S. spp. hybrids）で，野生種由来の遺伝子が含まれている。

## 4 生産量

世界のサトウキビの生産量と収穫面積は増加傾向にあり（図2-Ⅲ-6），最近の50年間で生産量は約4倍，収穫面積は約3倍に増えた。2013年の世界のサトウキビ生産量は生重量で19億1,118万tで，国別では最近の増加がいちじるしいブラジルがもっとも多く，次いでインドである（図2-Ⅲ-7）。日本のサトウキビ生産は，1989年に268万tを記録したが，最近は減少傾向にあり，2013年では119万tである。県別にみると沖縄県57％，鹿児島県43％で，沖縄県では夏植え栽培，鹿児島県では株出し栽培の割合が多い（図2-Ⅲ-8）。日本は粗糖を138万t輸入しており，タ

図2-Ⅲ-6
世界のサトウキビの生産量，収穫面積の推移（FAO）

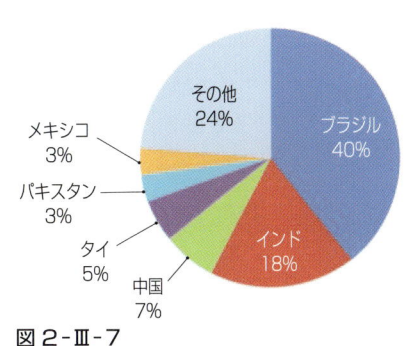

図2-Ⅲ-7
サトウキビの国別生産割合（2013年，FAO）

イがもっとも多く51％，次いでオーストラリア33％である（2013年）。

## 5 加工と利用

　原料糖の生産は，圧搾工程からはじまり，清浄，濃縮，煎糖，分蜜の諸工程を経る。圧搾工程では，原料茎を10～20cmに裁断し，シュレッダーで細裂して圧搾機で搾汁する。このとき出る搾り粕（バガス）は製糖するときの燃料や製紙用パルプの原料にする。

　搾汁液（混合汁）にはタンパク質や還元糖などショ糖以外の物質が含まれているので，石灰を加えて沈殿させて除去し，清浄汁にする（清浄工程）。沈殿をろ過した残渣（フィルターケーキ）は飼料や肥料にする。

　清浄汁を濃縮して濃縮汁にし（濃縮工程），種糖を加えてショ糖の結晶を成長させ（煎糖工程），ショ糖結晶と糖蜜が混合した白下をつくる。これを遠心分離してショ糖結晶と糖蜜とに振り分け（分蜜工程），原料糖にする。糖蜜は発酵原料やバイオエタノール原料などに利用される (注16)。

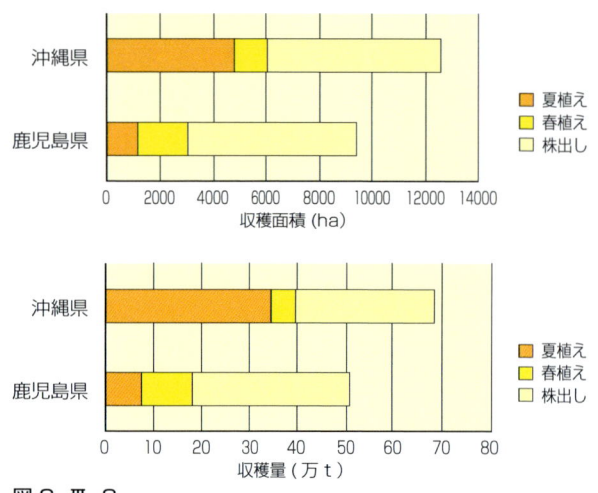

図2-Ⅲ-8
日本のサトウキビ主産県の作期別収穫面積，収穫量（2013年）

〈注16〉
世界的には，サトウキビからエタノールを生産する場合には糖蜜だけが利用されているが，ブラジルでは糖蜜と搾汁液とを混合して利用している。

# Ⅳ　テンサイ（甜菜，sugar beet）

## 1 起源と種類

　テンサイ（*Beta vulgaris* L. var. *rapa* Alef.）はアカザ科の2年生作物で，起源地は地中海沿岸 (注1)。肥大した根から糖をとる。18世紀末にプロイセン（現ドイツ）で飼料用ビートから選抜された (注2)。日本には明治初期に北海道に導入され，砂糖大根ともよばれる。

## 2 形態と生育

### 1 1年目の生育とショ糖の蓄積

　テンサイは涼しい気候に適する作物で，夏期の気温20～25℃が生育に望ましいとされている。日本では，北海道で栽培されている（図2-Ⅳ-1）。

　最低発芽温度は4～8℃，適温は25℃。春に播種する。出芽後，子葉を展開し，5/13の葉序で次々と本葉を展開する。7月ころからひらく葉は，それまでの葉より大きく，11月ころまでに50～60枚の葉が出る。

　7月中旬ころから根が肥大しはじめ，9月ころになると根の肥大とショ

〈注1〉
*B. vulgaris* にはテンサイのほかに次の3変種がある。①フダンソウ（var. *cicla*）(leaf beet)：根部が肥大せず葉を食用とする，②カエンサイ（var. *esculenta*）：テーブルビート（table beet）ともよばれ，肥大した赤い胚軸をサラダなどにして食べる，③飼料ビート（var. *alba*）：根の上部と胚軸が大きく肥大し円筒形になる。テンサイを含めた4変種は全て2n=18で，交雑が可能で，野生種の *B. maritima* L. から分化したと考えられている。

図2-Ⅳ-1
北海道でのテンサイ栽培

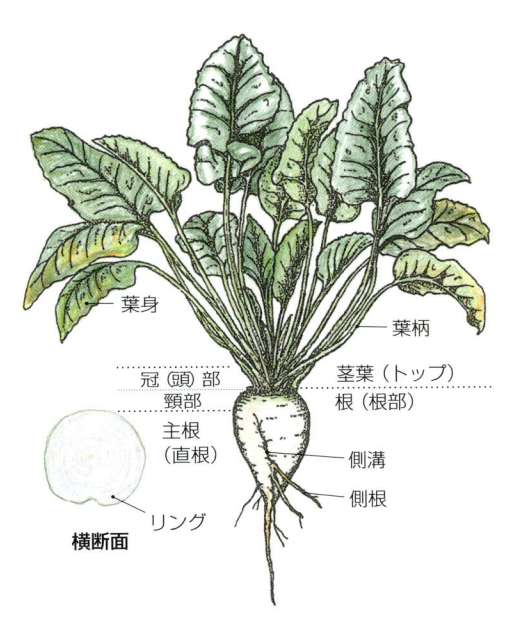

図2-Ⅳ-2 テンサイの各部の名称（左）と主根肥大期の姿（右）
最盛期の8月には，葉数30枚程度，葉長約40cmになる（左／津田周彌，1983年を改）

糖の蓄積がすすみ，11月ころには根部の糖含量は15～20％になる。このように，播種された年（1年目）は，「葉部発育期」から「根部形成期」となり，さらに根部にショ糖が蓄積される「登熟期」をむかえる。

## 2 葉，茎，根の形態

長い葉柄をもつ多数の葉がつく平たい円錐形の茎を冠部（crown）とよび（図2-Ⅳ-2），地下の部分は，胚軸が肥大した頸部（neck）で，主根（tap root，直根）につながっている。主根の側溝からは側根が伸びる。

主根は2m以上になることがあるが，地下30cmほどまでが肥大する。主根の横断面は，維管束群が同心円状の輪となりリングとよばれる（リングの数は8～12）。リング間の柔組織細胞の液胞にショ糖が蓄積する。ショ糖の濃度は，リングに近い細胞ほど高く，また根全体でみると中央付近でもっとも高く，上下になるほど低くなる傾向がある。

## 3 2年目の生育と抽苔

糖料作物としては1年目の晩秋に収穫するが，そのまま生育させると，冬期の低温でバーナリゼーションを受け，2年目の春に生殖成長にはいる。

晩春から初夏に，根に蓄積された糖分を使って花茎が伸びる（抽苔）。花茎からは多くの分枝が出て，各節に密集して花が咲く（団集花序）。花は無柄で，5枚の緑色の花被をもつ。成熟期には花茎は2mほどの高さになる。風媒花で，自家不和合性の他殖性作物である。

## 4 たね

テンサイのたねは，種球あるいは多胚種子とよばれる（図2-Ⅳ-3）。植物学的には複数の果実が融合した集合果（多胚果実）であり，果実には黄褐色の乾燥したかたい果皮があり，そ

〈注2〉
1747年にドイツのマルグラーフが，ビートにショ糖が含まれることを発見した（生重量当たり1.6％）。その後，研究を引き継いだアハルドは糖含量の高い個体を選抜し（White Silesian Beet, 5～7％），テンサイ糖の製糖工場を建設した。1852年には銀塊法（silver ingot method）という根部に含まれるショ糖含量の測定法が開発され，選抜効果が高まった。

図2-Ⅳ-3 テンサイの種球
（左：多胚種子，右：単胚種子）
スケール：1cm

図2-Ⅳ-4　テンサイの多胚種子（縦断面①）と単胚種子（横断面②，縦断面③）
スケール：1mm

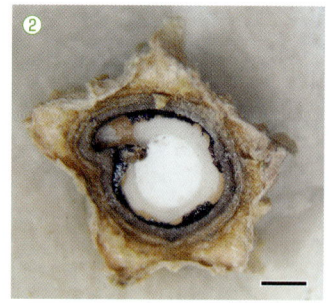

図2-Ⅳ-5
テンサイのペレット種子
（写真提供：伊藤博武氏）

のなかの空間（種子腔）に茶褐色で扁平な腎臓形の種子（真正種子）が1個つくられる（図2-Ⅳ-4）。

1つの種球には2～5個の真正種子ができ，そのまま播種すると密集して発芽するため，間引きが必要であった。その後，遺伝的に1種球に1果実をつける単胚種子（注3）が発見され，現在ではそれを用いた品種が育成され，広く世界に普及し，間引き作業の省力化に貢献している。

## 3　栽培と品種

### 1　育苗・移植

世界では直播栽培が行なわれているが，雪解けが遅い北海道では，おもに移植栽培を行ない，生育期間を長くして収量の向上がはかられてきた。

3月中下旬ころに，育苗用の土を詰めた紙筒（ペーパーポット）（注4）に播種し（注5），ビニールハウス内で本葉が2～4枚展開するまで育苗する（35～45日）。この間に，複数の芽が出た場合には1本に間引き，徒長を防ぐために紙筒から出た根を切り，1冊分ずつ苗を横に動かす（苗ずらし）。4月下旬から5月上旬に移植機（ビートプランター）で紙筒ごと移植する。最近，より生産コストの低減が求められるようになり，ペレット種子への殺虫剤添加や直播栽培も一部で行なわれている。

### 2　栽培管理

春の移植前か前年の秋に深耕しておく。栽植密度は畝間60cm，株間20～25cm。施肥量は10a当たり窒素14～15kg，リン酸18～20kg，カリ14～16kg。窒素成分が多すぎると，根部は肥大するが単糖類が多くなり，ショ糖でみる根中糖分が低下する。土壌pHが低いと初期生育が抑制されるため，pH5.8以上になるように石灰質資材で調整する。

葉が畝間をかくすまで，除草をかねて中耕を3～5回行なう。夏が高温（とくに夜温）だと，呼吸による糖分の消耗が大きく減収する。9月中旬以降に降雨が多いと根重は増えるが，糖分は減る。連作すると収量が低下するので輪作する（注6）。根重を増やすと全糖量は増えるが，含糖率は下がる。

おもな病害には，葉に褐色の斑点ができて枯れる褐斑病や根が叢生して肥大しない叢根病，苗立枯病，根腐病などがあり，害虫にはヨトウガなど

〈注3〉
植物学的には単胚果実。1948年に，サビツキイが約30万個体（ミシガン・ハイブリッド18）から単胚種子をつける5個体の突然変異体を発見した。そこから出た系統（SLC101）が，現在のテンサイ種子の単胚性の遺伝資源として使われている。単胚種子は劣性ホモ（mm）の遺伝子型。Mmの個体は多胚種子だが，MMよりも種球当たりの果実が少ない。

〈注4〉
直径19mm，長さ130mmでふたや底がない筒を1,400本合わせて1冊としている。10a当たり約6冊必要で，面積は2㎡になる。

〈注5〉
最近は，単胚種子を各種資材でコーティングし，球形に加工したペレット種子が多く使われている（図2-Ⅳ-5）。

〈注6〉
テンサイーマメ類ージャガイモー小麦ーテンサイなどのような輪作体系をとる。

がいる。病害抵抗性品種が育成されている。

### 3 収穫

10月中旬〜11月上旬に収穫する(注7)。収穫時の主根は直径7〜12cm，長さ15〜20cm（収穫部分，全長は約1.5m），重さ0.6〜1.2kgになる。茎葉部を切り落とし(注8)，地下部を収穫する。近年は，この工程を一度にできるビートハーベスターの利用が多い。収穫した根は工場の集積所にあつめる。

北海道では積雪などのため短期間で収穫するので，運び込まれた原料の多くは，乾燥と凍結を防ぐためシートで被覆して屋外で貯蔵する(注9)。貯蔵中，呼吸によるショ糖減少と放熱による貯蔵温度の上昇，還元糖の増加，細菌数の増加，凍結などによる腐敗がおこる。最適貯蔵温度は0〜5℃である。

### 4 品種

他殖性作物のテンサイは，前述した単胚性品種を基本に，倍数性や雑種強勢を利用した育種によって収量がいちじるしく向上した。

**倍数性の利用**：コルヒチン処理で4倍体をつくり，これに2倍体を交雑させてできる3倍体は，両親よりも収量が優れていることが明らかとなり(注10)，ヨーロッパでは，2倍体，3倍体，4倍体の種子が混ざっている混倍数体合成品種(注11)が開発されている。

**雑種強勢の利用**：1942年にアメリカのオーエン（Owen）が，テンサイの細胞質雄性不稔（cytoplasmic male sterility）を発見し，これをもとに雑種強勢を利用した品種が開発されている。テンサイのおもな一代雑種品種には，種子親に単胚性で2倍体の細胞質雄性不稔系統を用いて交雑した2倍体品種や3倍体品種があり，優れた品種の育成がつづいている。

テンサイ品種は，根部の重さとショ糖含有率のバランスから，根重型，高糖型，中間型に分けられる。現在の糖分取引制度が導入されてからは，高糖型や中間型の品種が多く栽培されている。

## 4 生産量

世界のテンサイの生産量は2億4,652万tで（2013年，FAO），国別ではロシアが16％でもっとも多く，次いでフランス14％，アメリカ12％で，67％がヨーロッパで生産されている。

収穫面積は減少傾向にあるが単位面積当たりの収量が向上しており，生産量は生重量で2.5億t前後で推移している（図2-Ⅳ-6）。

日本では北海道で栽培され（図2-Ⅳ-7），2013年の

〈注7〉
アメリカのカリフォルニアなどでは，秋に播種して翌年の春または夏に収穫する冬作物として栽培される。

〈注8〉
冠部にはショ糖の結晶化をさまたげる有害性非糖分（カリウムやナトリウム，アミノ態窒素など）が多いため，収穫前に切除する。

〈注9〉
収穫された根部全量を処理するには，翌春までかかる。

〈注10〉
3倍体品種の育種は，1941年に世界に先駆けて日本で行なわれ，優良品種が育成されたが，根中糖分が低く採種作業も複雑で普及しなかった。

〈注11〉
細胞質雄性不稔による育種が開発される前は，3倍体だけからなる種子を生産できなかったため，2倍体と4倍体の自然交雑からできる3倍体が多くなるような品種が開発された。

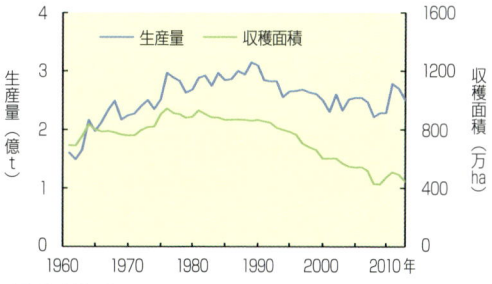

図2-Ⅳ-6
世界のテンサイの生産量，収穫面積の推移（FAO）

図2-Ⅳ-7
北海道でのテンサイの作付面積，生産量の推移

Ⅳ テンサイ

甜菜糖の生産量は 55 万 t である。

## 5 加工と利用

### 1 加工

収穫にあわせて 10 月中旬ころから製糖工場が稼働する。運び込まれた根を洗浄し，約 5 mm 角で細長く裁断して浸出塔に送り，温水（75～80℃）でショ糖を抽出する。

ショ糖抽出液は，清浄工程で石灰・炭酸処理によりタンパク質や還元糖などの不純物を除去する。

次に，軟化処理でカルシウム塩を除き濃縮する（濃縮工程）。濃縮液に種晶（ショ糖の結晶）を加えて白下をつくり，これから糖蜜を分離して（分蜜）白糖を得る（煎糖・分蜜工程）(注12)。

### 2 利用

甜菜白糖にはグラニュー糖と上白糖がある。ショ糖のほか微量のオリゴ糖（ラフィノース，raffinose (注13)）も含まれ，健康面から注目されている。

ショ糖抽出後の残渣（ビートパルプ）は，圧搾，乾燥されておもに乳牛用の栄養価の高い飼料として使われる。ビートパルプから得られるビートファイバーは，水に不溶性の食物繊維で，整腸作用のある食物繊維として特定保健用食品の素材として認められている。

製糖過程で出る廃糖蜜は，工業用アルコール原料やイースト菌の培地などに利用されるが，最近，バイオアルコール原料としても注目されている。

収穫時に切り取られた茎葉（ビートトップ）は，緑肥として土壌にすき込んだり，家畜の青刈飼料として利用される。

〈注 12〉
テンサイでは直接白糖を生産する（耕地白糖）のが一般的である。日本で生産されている白糖は 41 万 t，原料糖は 14 万 t（2013 年）。

〈注 13〉
ショ糖にガラクトースが結合した三糖類のオリゴ糖で，テンサイの根部に微量含まれている。整腸効果があり，特定保健用食品の素材に認定されている。その他，アミノ酸の一種で水産加工食品の呈味増強剤や化粧品の保湿剤として利用されているベタイン，ビタミン B 群の 1 つであるイノシトールなども含まれている。

# V スイートソルガム

（砂糖モロコシ，sweet sorghum）

## 1 起源と種類

スイートソルガム（*Sorghum bicolor* Moench var. *saccharatum*）は，イネ科の 1 年生作物で，アフリカ原産（『作物学の基礎 I - 食用作物』「モロコシ」参照）の $C_4$ 植物。

外観はトウモロコシに似るが（図 2-V-1），茎は多汁質でショ糖中心の糖類を多く蓄積する。搾汁液には，サトウキビやテンサイにくらべブドウ糖や果糖などの還元糖が多く含まれ，タンパク質も多いので結晶化し

図 2-V-1　スイートソルガム

くい。アメリカなどでは現在でもシロップ生産用として栽培されている(注1)。世界的にはおもに飼料作物として栽培されているが，最近ではバイオエタノール原料としても注目されている。

## 2 形態と生育

草丈は2〜5m，晩生品種には6mをこすものもある。葉身は長さ1m前後，茎は充実した多汁質で，太さは2〜4cm（図2-V-2）。茎の柔組織細胞の液胞にショ糖などの糖類を蓄積する（図2-V-3）。種子根は1本。茎の地中部分の各節から冠根が出るが，地ぎわ近くの節からも支持根が出る。深根性で0.9〜1.5mにもなり，耐旱性がきわめて強く，トウモロコシ栽培がややむずかしい程度の乾燥でも栽培が可能である。

穂は円錐花序である。子実収量は，グレインソルガムなど他のS. bicolorの変種より少ない。

気候への適応性が大きく，熱帯や亜熱帯から北海道のような寒冷地まで栽培できる。短日植物で日長に反応するが，同時に温度にも反応する。

図2-V-2
スイートソルガムの茎の縦断面

〈注1〉
アメリカでは1854年に南アフリカから導入し，南部を中心にテーブルシロップの原料として1960年ころまで利用していた。しかし，サトウキビ砂糖の普及で衰退し，現在では飼料作物としての栽培が中心である。日本でも1877年に導入されたが，台湾でサトウキビ産業が発達したため，自家用の甘味料としてわずかに栽培されただけであった。

## 3 栽培と品種

### 1 栽培

播種適期は平均気温が約15℃のころ。畝間60〜90cmで条播か点播する。出芽後，1株1本に間引き，株間を15cm前後にする。施肥量は，窒素，リン酸，カリを各10kg/10a程度が目安である。

トウモロコシより種子が小さく，初期生育が劣る。間引きや除草が遅れると，茎が細くなり減収する。膝高期（草高40cm前後）前に除草をかねて中耕培土を行なうと倒伏防止効果が期待できるが，この時期を過ぎると根を切断し生育に悪影響を与える。茎の糖濃度は，出穂期以降に急激に増える。

収穫適期は穎果が色づいた完熟期のころで，早いと搾汁液に葉緑素が多くはいり，シロップの品質を低下させる。収穫時に葉や穂などを取り除き，呼吸による損失やショ糖の転化を避けるため，ただちにロールなどの圧搾機で搾汁する。搾汁液のBrix値が20％をこす品種もある。

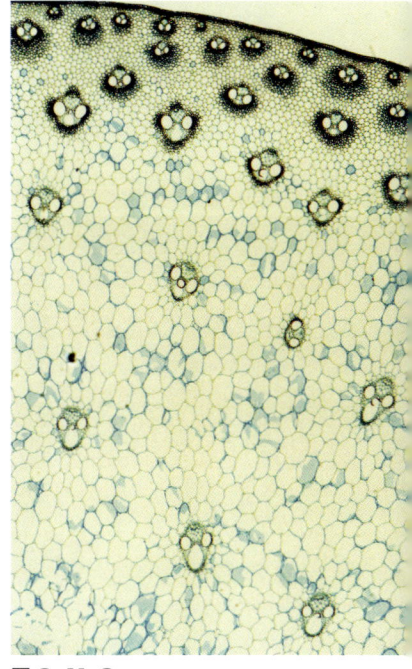

図2-V-3
スイートソルガムの茎の横断面

### 2 品種

アメリカに最初に導入されたスイートソルガム品種は'Chinese Amber'であるが，1854年に'Sumac'などの品種が南アフリカから導入され，栽培が本格的になった。その後もアフリカから多くの品種が導入されたり，

交配育種によって品種改良が行なわれ，さまざまな品種が育成された。

導入当初は耐病性や耐倒伏性などの向上を目的に育成されてきたが，最近ではアメリカをはじめインド，中国，日本などで，バイオエタノール原料として，より糖収量の多い高糖性品種の育成に焦点があてられ，糖蓄積についての遺伝解析もすすめられている。

## 4 加工と利用

アメリカでの搾汁液からのシロップ製造では，まず，搾汁液をろ過してゴミを取り除き，タンクで数時間静置する。その上澄み液を煮詰めるが，緑色のアクやゴミが浮いてくるので取り除く。適度に煮詰まったら，仕上げ用の平鍋に移し，108℃まで温度を上げて煮詰めつづける。この過程で，Brix は 76～78％になり，スイートソルガムシロップ特有の香りがつく。最後にフィルターを通してビンに詰める。品質の高いシロップは透明感のある琥珀色で，甘い香りと高い粘性がある（図 2-V-4）。

デンプンは，シロップ製造過程で焦げの原因になるなど品質を低下させるので，搾汁液にデンプンが多く含まれているときは，十分に沈殿させて取り除くとともに，ジアスターゼなどデンプン分解酵素を加える。有機酸は糖の結晶化をさまたげるが，カルシウムマグネシウム塩で沈殿させて取り除けば，上質の砂糖（ソルガム糖，ロゾク糖）が生産できる (注2)。

搾り粕（バガス）は飼料や燃料，紙原料のパルプになる。

図 2-V-4
スイートソルガムシロップ

〈注2〉
ショ糖含量の多い Rio や Brawley などの品種は砂糖生産に適している。

# VI ヤシ類 （palms）

## 1 ヤシ類の分類と糖利用

### 1 分類

ヤシ科植物（Arecaceae）は木本性の単子葉植物で，世界に広く分布し約 200 属 2,600 種あると推定されている。永年生の常緑樹で，多くは熱帯に分布している。熱帯では，ヤシ科植物は古くから糖やデンプンをとり，繊維や木材としてさまざまに利用してきた重要な作物である。

ヤシ科植物の形態は多様であるが，葉の形からみると，葉軸が伸びずに掌状複葉（palmate compound leaf）になる fan palm と，葉軸が伸びて羽状複葉（pinnate compound leaf）になる feather palm があり，クジャクヤシ（*Caryota* spp.）は二回羽状複葉となる（図 2-VI-1）。

太く直立した 1 本の幹になる solitary palm，基部から複数の幹が伸びて藪状になる clumping palm，幹が分枝する branching palm などのほか，幹が細長く，葉鞘表面やつる状になった葉先に無数のトゲがつき，ほかの

図 2-VI-1 クジャクヤシ
（スリランカの紅茶園で）

樹に寄りかかって伸長するcliming palm（籐, rattan）などがある。

### 2 糖, デンプンを生産するヤシ

糖やデンプンをとるために利用しているヤシを表2-Ⅵ-1に示した。糖生産量が多く，広く利用されているのはサトウヤシ（*Arenga pinnata*），パルミラヤシ（*Borassus flabellifer*），クジャクヤシ（*Caryota urens*），ココヤシ（*Cocos nucifera*），ニッパヤシ（*Nypa fruticans*），ナツメヤシ（*Phoenix dactylifera*）である。どのヤシでも，花序を切除し，切り口から糖を含んだ樹液を集め，煮詰めてヤシ糖をつくる。

1つの花房から長期間樹液をとりつづけるには，採液する前に花序をゆらしたりたたくことが必要で，やり方や期間，開始時期などは樹種や地域でちがう。採液期間中は，毎日切り口を薄く削るなどのメンテナンスも必要で，高木から樹液を集めるのは労力のかかる危険な作業でもある（図2-Ⅵ-2）。

ヤシ糖についての詳細な統計はないが，熱帯各地域では古くから日常的に利用されており（図2-Ⅵ-3），かなりの量が生産されていると考えられる。

表2-Ⅵ-1
糖, デンプンを生産できるヤシ科植物

| 種 | 生産物 |
|---|---|
| *Arenga microcarpa* | デンプン |
| *Arenga pinnata* | 糖, デンプン |
| *Borassus aethiopum* | 糖 |
| *Borassus flabellifer* | 糖 |
| *Borassus madagascariensis* | 糖 |
| *Caryota mitis* | デンプン |
| *Caryota no* | デンプン |
| *Caryota rumphiana* | デンプン |
| *Caryota urens* | 糖, デンプン |
| *Cocos nucifera* | 糖 |
| *Corypha umbraculifera* | デンプン |
| *Corypha utan* | 糖, デンプン |
| *Elaeis guineensis* | 糖 |
| *Eugeissona brachystachys* | デンプン |
| *Eugeissona utilis* | デンプン |
| *Jubaea chilensis* | 糖 |
| *Hyphaene compressa* | 糖 |
| *Hyphaene coriacea* | 糖 |
| *Mauritia flexuosa* | 糖 |
| *Metroxylon sagu* | デンプン |
| *Nypa fruticans* | 糖 |
| *Phoenix acaulis* | デンプン |
| *Phoenix canariensis* | 糖 |
| *Phoenix dactylifera* | 糖 |
| *Phoenix jorinife* | デンプン |
| *Phoenix loureirii* | デンプン |
| *Phoenix reclinata* | 糖 |
| *Phoenix rupicola* | デンプン |
| *Phoenix sylvestris* | 糖 |
| *Raphia taedigera* | 糖 |
| *Raphia vinifera* | 糖 |
| *Wallichia disticha* | デンプン |

図2-Ⅵ-2
クジャクヤシの採液
高い位置での危険な作業

図2-Ⅵ-3
クジャクヤシの樹液でつくったシロップ（上）と結晶化した糖（jaggery）（下）（スリランカ）

### 2 ココヤシ （第1章Ⅳ項参照）

十数年以上の樹が採液に適している（図2-Ⅵ-4）。花序が苞からあらわれる直前に，ひもなどで花序全体を苞の上から巻きつけてかたくしばって，花序全体を棒などでたたく。さらに先端部をたたいてつぶし，ナイフで切り落とし，壺などをつけて採液する。その後は，朝と夕方の1日2回切り口を薄く削って（花序の切りもどし）（図2-Ⅵ-5），樹液をとる。樹液を煮詰めて，型に流して固めココヤシ糖をつくる（図2-Ⅵ-6）。

図2-Ⅵ-4　ココヤシの樹間にロープを張って渡る
採液時に上り下りをする労力を軽減するが，風でゆれるので危険でもある（スリランカ）

図2-Ⅵ-5
ココヤシからの採液（インドネシア）
採液前に花序の切り口を薄く削る

図2-Ⅵ-6　ココヤシ糖づくり（インドネシア）
樹液を煮詰め（左），木枠に流して成型する（右）

## 3　サトウヤシ（sugar palm）

### 1　起源と種類

サトウヤシ（*Arenga pinnata* Merr.）は，東南アジアからパプアニューギニアまでに分布する常緑高木樹（図2-Ⅵ-7）。花序を切除して採液し，糖をとったり，ヤシ酒などをつくる。幹に多量のデンプンを蓄積するため，サゴヤシのように切り倒して幹からデンプンをとることもある。

### 2　形態と生育

樹高は10～20m，幹は直径40～60cm。葉は羽状複葉で葉身長は6～10m，小葉は80～130枚。葉柄基部に長い黒色の毛が密生する(注1)。3～5年間の茎が伸びないロゼット期があり，その後5～10年間幹が伸びる。

1年に3～6枚の葉が展開し，2枚の葉が同時に出るころが花芽分化期とされている(注2)。雌雄同株で，まず幹の先端付近から長さ2mほどの雌性花序が抽出し，下に向かって順に幹の葉腋から花序があらわれる（図2-Ⅵ-8）。2～5番目までは雌性花序で，それ以下は雄性花序になる。雌性花序は数千の果実をつける。開花から成熟までは約1年で，成熟した果実は球形で黒色，直径5～8cm，1果実当たり2～3個の種子がはいる。

### 3　収穫と利用

おもに，雄性花序の花茎を切って樹液をあつめる。採液1～2週間前に，木槌や棒で花茎をたたいたり，花序全体をゆらしたりする（図2-Ⅵ-9）。この前処理の期間や強度は，地域によっていろいろであるが，長期間採液するためには必要である。

前処理後，花茎を切って樹液をとりはじめる。1日約20ℓの樹液がとれ，5～21%のショ糖が

図2-Ⅵ-7　サトウヤシ
（マレーシア）
ヤシ酒用に採液するためのやぐらが組まれている。採液している壺の中で発酵し，翌日，壺を下ろすときには酒ができている

〈注1〉
マレーシアやインドネシアではこの繊維をイジュク（ijuk）とよび，ロープやほうき，屋根ふき材などに使う。長いものでは2mほどになる。

〈注2〉
最後に展開した葉より上位に分化した葉は，葉原基の段階で成長を止め，ほどなく成長点は木化する。

図2-Ⅵ-8
サトウヤシの雌性花序と雄性花序

図 2-Ⅵ-9
サトウヤシの花茎をたたく
樹液をとりはじめる前に行なう。幹の右側の竹は，幹に登るためのもの

図 2-Ⅵ-10
煮詰めたサトウヤシの樹液を竹でつくった容器に流し込み，型をとる

図 2-Ⅵ-11
未熟種子の胚乳（コランカリン）とバナナにココナッツミルクのデザート（インドネシア）

含まれている。採液期間中は1日2回，切り口を薄く切って樹液を出やすくする。厚く切るとより多くの樹液がとれるが，落葉が早くなり，多くの果実が落果するようになる。遮光のため切り口に葉などをかぶせる。あつめた樹液は煮詰めてヤシ糖にする（図2-Ⅵ-10）。

インドネシアでは未熟種子の胚乳を食用にする。コランカリン（kolang kaling）とよばれ，砂糖で甘く煮たりしてデザートにする（図2-Ⅵ-11）。

## 4 パルミラヤシ（オウギヤシ, palmyra palm, toddy palm）

### 1 起源と種類

パルミラヤシ（*Borassus flabellifer* L.）は，インドから東南アジア，北オーストラリアにかけて，比較的乾燥した地域に分布する常緑高木樹（図2-Ⅵ-12）。アフリカ起源の *B. aethiopum* が祖先種と考えられている。花序を切って樹液をあつめ，煮詰めてヤシ糖をつくったり，発酵させて酒をつくる。

### 2 形態と生育

高いものは樹高40mになる。幹は基部で直径60〜90cm，高さ4m程度までは徐々に細くなるが，それより上は直径40〜50cmの円筒状になる。葉は，40枚前後つき，葉身は直径1〜1.5mほどの掌状（注3）。

図 2-Ⅵ-12　パルミラヤシ（インドネシア　バリ島）

〈注3〉
古代インドでは，パルミラヤシの葉を短冊状に切って，紙のかわり（貝多羅葉）に使われていた。

図 2-Ⅵ-13
パルミラヤシからの採液
左：雄性花序，葉でつくったバスケットを使っている
右：雌性花序

図2-Ⅵ-14
パルミラヤシの果実
成熟すると暗紫色〜黒色になり，大きなものでは生重2kg以上になる。1果実に3種子がはいる

〈注4〉
樹高が高くなりすぎると，採液に多くの労力がかかり，転落の危険も高まる。雨期は幹に登るときにすべりやすいので，採液はおもに乾期に行なう。

〈注5〉
雄株よりも雌株の出液量が多いといわれている。また，昼間よりも夜間のほうが出液量が多い。

左：回収した樹液を煮詰める
右：葉で編んだ筒に糖をいれて販売する

図2-Ⅵ-15　パルミラヤシ糖づくり（インドネシア）

　花序は各葉の葉腋につくられ，雌雄異株だが，雌雄どちらの花序でも採液できる（図2-Ⅵ-13）。雄性花序は大きいものでは約2mになり，8本ほどに分枝し，各分枝は3本ほどの小枝梗に分かれる。小枝梗は約30cmで，多数の無柄の花がつく。雌性花序は多く分枝し，各分枝に1個の無柄の花がつく。果実は直径15〜20cmの球形になる（図2-Ⅵ-14）。
　年平均気温30℃，年降水量500〜900mmの乾燥地域に適し，耐乾性がきわめて強い。種子繁殖し，苗の移植はむずかしい。発芽後，12〜20年で開花・結実し，そのころから採液する。葉は年に8〜14枚展開する。
　寿命は150年以上といわれるが，経済的な利用は80年ほどである（注4）。

### 3 収穫と利用

　雄性花序は，花序が伸びたら，前処理として，花序を包んでいる苞葉を取り除いて花序を乾かし，分枝を部分ごとに何本かまとめてしばり，木の棒ではさんで1日1回，3日間ほどしごく。先端を切り樹液をとる。樹液が出つづけるように，切り口を毎日薄く切り落とす。
　雌性花序では，花序の主軸を棒でたたいて柔らかくし，先端を切除して樹液をとる。採液期間中は，朝，樹液を回収し，同時に花序の切りもどしを行なう。夕方は花序を薄く切るだけで，樹液は回収しないことが多い。
　採液はじめは出液量は少ないがしだいに増え，1日当たり約2ℓとれる（注5）。樹液には，ショ糖が13〜18％含まれ，ほかにアミノ酸，ミネラル類，ビタミンなども含まれる。気温が高く，採液後，短時間で発酵がはじまるため，糖をとるには樹液を回収してすぐ加熱する（図2-Ⅵ-15）。
　採取した樹液を半日自然発酵させると，アルコール濃度約6％のヤシ酒（Toddy）ができる。これを蒸留するとアラック（Arrack）とよばれる蒸留酒になる。ヤシ酒を酢酸発酵させて酢もつくられている。

## 5 ニッパヤシ（nipa palm）

### 1 起源と種類

　ニッパヤシ（*Nypa fruticans* Wurmb.）は，赤道を中心に，スリランカから東南アジア，北オーストラリアに分布し，自生地の北限は日本の西表島（天然記念物指定）である。おもに河川の汽水域に自生する（図2-Ⅵ-16）。最古の被子植物の1つで，現存するヤシ科植物ではもっとも古い種と考えられている。野生のヤシの株元から出る花序の花茎を切って樹液を

図2-Ⅵ-16
汽水域の川辺に自生するニッパヤシ（マレーシア　サラワク州）
マングローブのなかで唯一のヤシ科植物

図2-Ⅵ-17
河川沿いの湿地帯に大群落をつくるニッパヤシ

図2-Ⅵ-18　ニッパヤシの花序
左：株元の葉腋から出現，右：開花した花序

図2-Ⅵ-19
ニッパヤシの果実（左）と縦断面（右）

図2-Ⅵ-20
ニッパヤシの球状の集合果
30kgの重さになるものもある

図2-Ⅵ-21　花序柄と幼芽が出た果実

あつめ，煮詰めてヤシ糖にする。

## 2 形態と生育

　茎は地中をほふく成長し，茎先端部から出た3～5枚の葉が地上に展開する。茎は扁平で長径50cm前後，一定期間ほふく成長して二股に分岐する成長をくり返し，湿地帯に大群落をつくることがある（図2-Ⅵ-17）。葉は羽状複葉で葉身5～14m，葉柄約1.5mである。

　雌雄同株で，花序は株元の葉腋から出る。花茎が伸びて1.5～2mほどになり（図2-Ⅵ-18），先端だけが雌性花序になり，あとは多数の雄性花序になる。果実は長さ10～15cmで（図2-Ⅵ-19），100個前後あつまった直径40cmほどの球状の集合果になる（図2-Ⅵ-20）。果実は5～9カ月で成熟するが，花序柄についているときから発芽をはじめる（胎生種子）（図2-Ⅵ-21）。

　果実は水に浮き，河川や海を浮遊し，流れついた場所に定着する。生育初期に，茎は地中1mほどの深さまで斜め下に向かって伸び，その後，横にほふくする。汽水域の塩分濃度が高い，粘土質の堆積土壌を好む（注6）。

## 3 収穫と利用

　糖をとるのは自然林を使うが，群落内部まで光がはいるように，葉や株

〈注6〉
植物体にも塩分が含まれており，乾燥した葉柄や葉軸を焼いて灰にし，それを水にいれてかき混ぜて煮詰め，塩をあつめることができる。

図2-Ⅵ-22　ニッパヤシの採液（上，下左）と採液中の花茎の切り口（下右）
皮をはいで採液に使用する竹筒は，燻蒸のススで黒くなっている

図2-Ⅵ-23　ニッパヤシ糖づくり（マレーシア　サラワク州）
①：集めた樹液をネットでろ過しながら鍋にいれる
②：吹きこぼれ防止のため，鍋に木枠を置く
③：木枠をとり，煮詰める
④：柄杓でかき回しながら冷却する

を軽く間引くことが多い。採液をはじめる2～3週間前から，花茎をゆらしたりたたいたりする。その後，集合果を切り落とし，花茎から樹液をとる（図2-Ⅵ-22）。夕方に竹筒をつけて翌朝回収し，樹液を煮詰める（図2-Ⅵ-23）。夕方の装着時と朝の回収時に花茎の切り口を鋭利なナイフなどで薄く切る。

一晩で花茎1本から約1ℓの樹液が得られる。樹液の糖度は15～19%で，塩分も含まれる。日中は気温が高く発酵しやすいことなどから，採液しない場合が多い。竹筒中ですでに発酵ははじまっており，加熱しなければアルコールになる。発酵させてアルコールや酢をつくることもある。

葉は屋根ふき材などに利用し，抽出したばかりの若い葉は，タバコの巻紙代用や餅菓子などの包みに使う。未熟種子の胚乳はデザートなどにする。

# Ⅶ　サトウカエデ（砂糖楓，sugar maple）

## 1　起源と種類

サトウカエデ（*Acer saccharum* Marsh.）はカエデ科の落葉高木。アメリカ北東部からカナダ南東部にかけて分布（図2-Ⅶ-1）。春に樹に穴をあけて樹液をあつめ，煮詰めてメープルシロップやメープルシュガーをつくる(注1)。

図2-Ⅶ-1　サトウカエデ

## 2 収穫と利用

樹高20～30m, 幹の直径60～90cmで, 葉身は5裂片のものが多く, 濃緑色で長さ8～13cm(注2)。幹が細いと穴あけによる損傷が大きいため, 直径30cm以上の樹が採液の対象になる。

冬から早春にかけて, 最高気温が0℃以上になり樹体内部で樹液の移動量が多くなるころに採液をはじめ, 最低気温が0℃以上になり芽吹きが近づいたころに終了する。

ドリルで直径1.3cm, 奥行き6～8cmの穴をあける。樹1本当たりの穴の数は幹が太いほど多くできるが, 継続的な採液のためには多くても4穴かそれ以下が望ましい。また, 隣接する穴の位置が近すぎないようにする。穴に採液専用の器具（差し管）を取り付け, そこにたまった樹液を1日1回回収する。毎年, 新しい穴をあける必要がある。効率的に樹液を回収するため, 差し管にプラスチックチューブを取り付けて樹液を吸引し, 精糖所のタンクまで直接送るシステムも開発されている。

樹液の糖度は2～2.5%で, 糖度66～67%まで煮詰めて独特の風味のあるメープルシロップをつくる(注3)。フィルターを通して結晶化した砂糖を取り除き, ビン詰めにする。メープルシロップには, 亜鉛やマンガン, カルシウム, カリウムなども多く含まれている。

メープルシュガーはシロップの水分をさらに除去してつくられる。

図2-Ⅶ-2 イタヤカエデにドリルで樹液採集用の穴をあけている（写真提供：栗田和則氏）

〈注1〉
メープルシロップは, おもに品質, 収量とも優れているサトウカエデからつくられるが, クロカエデ（black maple, *A. nigrum*）, アカカエデ（red maple, *A. rubrum*）, ギンカエデ（silver maple, *A. saccharinum*）などからもつくられる。メープルシロップ, シュガー生産用のサトウカエデの群落はsugarbushとよばれている。日本に自生するイタヤカエデ（*A. mono*）からもつくることができる（図2-Ⅶ-2）。

〈注2〉
1965年から使用されているカナダ国旗には, 中央にサトウカエデの葉が描かれている。

〈注3〉
メープルシロップのグレードはおもに光の透過度で分類され, カナダ食品検査機関（CFIA, Canadian Food Inspection Agency）では, 色が薄いものから濃い順にCanada No.1（これをさらに, Extra Light, Light, Medium）, Canada No.2, Canada No.3, アメリカでは, Grade A（これをさらにLight Amber, Medium Amber, Dark Amber）, Grade Bに分類している。

# Ⅷ 糖類の多い芋をつけるキク科の特産作物

## 1 ヤーコン

ヤーコン（*Smallanthus sonchifolius* H. Robinson）は, ペルー, ボリビア原産の多年生作物。食用にする塊根にはフラクトオリゴ糖が多く蓄積され, さらに食物繊維やポリフェノールも豊富なので, 近年, 機能性食品として注目されている。

### 1 形態と生育

茎は中空で表面に毛が密生し, 葉の表面にも毛が密生する（図2-Ⅷ-1）。花序は, 小さいヒマワリのような頭状花序だが, 管状花は結実せず,

図2-Ⅷ-1 特産品として栽培されるヤーコン（山形県鶴岡市）

図2-Ⅷ-2　ヤーコンの塊茎と塊根

図2-Ⅷ-3　ヤーコンの塊茎群

図2-Ⅷ-4　収穫期のヤーコンの塊根
塊根の外観はサツマイモによく似ている

舌状花が結実する。胚の発達が不十分な種子が多く発芽率は低い。

地下部に塊茎と塊根をつくる（図2-Ⅷ-2）。塊茎は株元につくられ、多くの塊茎が集合した塊茎群になる（図2-Ⅷ-3）。1つの塊茎には2～10数個の芽があり繁殖に用いられる。塊茎の皮色は白から赤まで変異がある。食用にする塊根は紡錘形で（図2-Ⅷ-4），皮色は薄褐色で，肉色は白や淡黄，橙などがある。塊根には芽ができない。

日本では全国で栽培できるが，適地は寒地や寒冷地，暖地の中山間地域である(注1)。地温が10℃以上になると塊茎の芽が伸びはじめる。寒地や寒冷地では，9月ころに地上部が最大になり，塊根が急速に肥大しはじめる。霜などで，地上部が枯れるころが収穫適期である。

## 2　栽培と品種

塊茎群を分割して種イモにする。これを直接圃場に植付ける方法と，ポリポットに植付け，ビニールハウスで育苗してから定植する方法がある(注2)。育苗期間は30～45日ほどで，20～25℃を目安に管理する。

肥沃で排水がよく，保水力のある土壌が適する。滞水すると塊根が腐敗しやすいので，水田転換畑では高畝にする。畝間1m，株間40～50cmで，基肥は，10a当たり窒素10～20kg，リン酸とカリは窒素と同量以上を目安に施す。黒ポリマルチ被覆は初期生育を促進させ，増収に結びつく。

11～12月が収穫適期であるが，温暖地で塊根が凍結しなければ年を越しての収穫が可能である。塊根は折れやすいので，一般には手掘りする。ヤーコンの塊根は水分が多く，乾燥すると品質が低下するので，湿度を保って貯蔵する。貯蔵適温は5～10℃。

塊根にはデンプンはほとんどなく，おもに果糖，ブドウ糖，ショ糖，フラクトオリゴ糖(注3)が蓄積される。貯蔵中にフラクトオリゴ糖は分解され，単糖類や二糖類が増えて甘味が増す。低温で貯蔵すると分解が抑制される。

## 3　利用と加工

収穫後，フラクトオリゴ糖は急速に分解するため，利用する場合は，収穫後すぐに低温室にいれる。フラクトオリゴ糖には腸内菌叢を改善したり食後の血糖値の急激な上昇を緩和する効果がある(注4)。

ヤーコンを果物のように味わうには，収穫後に追熟させた甘いものを使い，料理には甘味の少ない収穫後すぐのものや低温貯蔵したものがよい。加工してきんぴらやサラダ，漬物，菓子などにする。

ヤーコンの茎葉の抽出物には，食後の血糖値の上昇を抑制する機能や，

〈注1〉
販売を目的とした栽培は，おもに日本とブラジルで行なわれている。

〈注2〉
種イモから育苗するほか，塊茎群のまま出芽させて（1塊茎群当たり50～60本），2～4枚葉が出たころに塊茎基部を含むように苗を切り取り，ポットに挿し木して育苗する方法もある。

〈注3〉
ショ糖に果糖が1～8個結合したオリゴ糖で，肥大がすすむにつれて含量とともに，より多くの果糖が結合したフラクトオリゴ糖が増える。甘味度は0.3。

〈注4〉
ヤーコンの塊根，とくに皮層部にはクロロゲン酸などのポリフェノール類が多く含まれている。ポリフェノールには抗酸化作用があり，動脈硬化の予防効果があり，発ガン予防の効果も期待されている。

脂質代謝を改善する作用があることが報告されている。

## 2 キクイモ（菊芋，Jerusalem artichoke）

キクイモ（*Helianthus tuberosus* L.）は，北米北東部原産の多年生作物。日本には江戸時代末期に伝わり，明治初期に飼料作物として再導入された。現在，各地に自生しているが，栽培はわずかである。

草丈は 1 〜 3 m，茎上部が分枝し直径 7cm 前後の頭状花序をつける（図 2-Ⅷ-5）。葉は下位では対生，上位では互生する。地下部の茎から長い根茎を出し，その先端に塊茎をつくり（図 2-Ⅷ-6），開花期以降に急速に肥大する。塊茎には，多糖類のイヌリン（inulin）(注5) が 13 〜 15% 含まれている。

環境適応性が高く，日本全国で栽培が可能で，塊茎を春に植付ける。

塊茎中のイヌリンは成熟期以降減るため，塊茎を薄く切り低温で乾燥させて貯蔵するか，収穫後なるべく早く加工する。果糖製造やアルコール発酵原料として利用される。近年，イヌリンの一部が加水分解されてできる難消化性のイヌロオリゴ糖が，機能性の面から注目されている。

食用には，薄く切ってサラダにいれる。

図2-Ⅷ-5　キクイモの花

図2-Ⅷ-6　キクイモの塊茎

〈注5〉
ショ糖に果糖が約 30 個結合した物質。

# Ⅸ 甘味料作物ステビア
## ―日本で開発された甘味料

ステビア（*Stevia rebaudiana* Bertoni）はキク科ステビア属の多年生作物で，パラグアイの原産である（切り花用と区別するためにアマハステビアともいう）。1970 年ごろ天然甘味資源として日本に導入し，甘味成分ステビオサイドを甘味料として商品化した（1971 年）。

生育期間の平均気温は 15℃ 以上が適しており，根株の越冬限界地温は 0 〜 2℃ である。耐湿性が強く，水田転換畑でも栽培できる。一方，耐干性は弱く，干ばつ時には灌水する。繁殖には実生や挿し木，株分けによる方法がある。

2 年生以降の株では 1.5 〜 2m になり，多数の分枝が出る。葉は長さ 4 〜 10cm で，葉柄はほとんどなく茎に対生する。秋に枝先に白い小花が多数咲く（図 2-Ⅸ-1）。地ぎわから 15cm ほどで刈り取り，2 〜 3 日自然乾燥させた後，葉を茎から分離して利用する。

乾燥した葉には，ステビオサイドやレバウディオサイドAなどが 10% 前後含まれており，甘味度はそれぞれショ糖の約 300 倍，360 倍である。抽出・精製すると白い結晶になり，カロリーは砂糖の約 90 分の 1 である。甘味料として多方面に用いられている。

図2-Ⅸ-1　ステビアの花

# 第3章 デンプン料作物とコンニャク

## I デンプン料作物の生産と利用

　デンプン (starch) をとるために栽培する作物をデンプン料作物 (starch crop) とよぶ。多くの植物では，光合成でつくられた炭水化物は師管を通って転流し，種子や茎，根などにデンプンの形で蓄積する。デンプンは，多数のブドウ糖が結合した高分子の多糖類で，貯蔵組織の細胞内にあるアミロプラスト (amyloplast) にデンプン粒 (starch grain) として貯蔵される。

　デンプンは人類の主要な食料であるが，工業用原料としても重要である。各部位にデンプンをためる作物は多いが，デンプン料作物としては，デンプンを多量に，かつ安価に生産できることが求められる。

　デンプン粒は，細胞壁を破壊することによって取り出す。穀類やマメ類ではデンプンにタンパク質や脂質が密着しており，アルカリや酸でこれらを除去し，デンプンの純度を高めることもされている。

### 1 作物の種類とデンプンの特性・用途

#### 1 デンプンの特性

●糊化（α化）と粘度の変化

　デンプンを水中で懸濁し加熱すると，デンプン粒はしだいに吸水，膨張して透明になり，粘度が高くなって糊状になる。この現象を糊化（α化）という（注1）。さらに加熱すると，デンプン粒が崩壊，分散して粘度が低下する（ブレークダウン）。糊化によるデンプンの粘性の変化をとらえる方法の1つとしてアミログラフ（注2）が広く使われている（図3-I-1）。この装置によって，デンプンの粘度が急激に高まるときの温度（糊化開始温度），ピーク粘度（最高粘度）とこのときの温度，ブレークダウン粘度（注3）などが測定でき，各作物のデンプンの糊化特性を知ることができる（注4）。

　たとえば図3-I-1から，粒が大きいジャガイモデンプンは，糊化開始温度が低く，ピーク粘度は高く，ブレークダウンが大きいという特徴がみられる。一方，粒が小さいトウモロコシデンプン（コーンスターチ）は，糊化開始温度が高く，ピーク粘度は低く，冷却時の粘度が高くなる特徴が

〈注1〉
このときできたデンプンをαデンプンといい，アミラーゼの作用を受けやすく消化しやすい。

〈注2〉
ドイツの Brabender 社の Viscograph という装置のことで，一般にアミログラフとよばれている。加える水の量や加熱方法などによって粘度がちがうので，測定条件をそろえて比較する必要がある。

〈注3〉
ピーク粘度になったあとの保温時の最低粘度。

〈注4〉
アミログラフの測定では，使用するデンプン量が多く時間もかかるので，少ない試料で短時間に測定できるラピッド・ビスコ・アナライザー（RVA）が開発され，使用されている。

わかる。

●老化（β化）と老化防止

αデンプンを冷却するとしだいに白濁し，水を分離して元のデンプン（βデンプンともいう）に近い密な構造になる。これを老化（β化）という。冷めたご飯がボソボソした食感になるのはデンプンの老化による。

αデンプンを高温のまま乾燥，あるいは急速に冷凍して脱水すると，老化を防止できる。多くのデンプン食品（アルファー米，インスタント食品，せんべいなど）の製造にこの老化防止の原理が使われている。

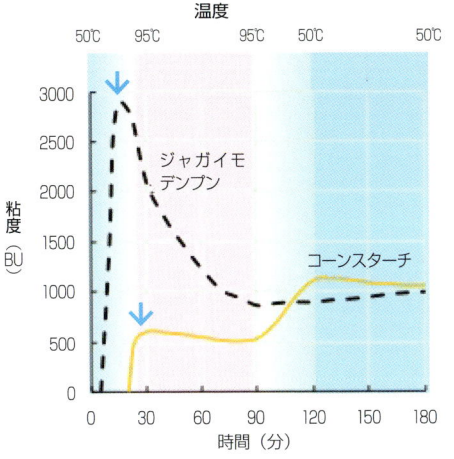

図3-I-1 各種デンプンの粘度曲線
デンプン濃度5％の液を，50℃から加熱して95℃で60分温度を保ち，その後冷却，さらに50℃で60分保ったときの，時間経過と粘度との関係を示している
粘度はBU単位（ブラベンダーユニット）であらわされる
矢印はピーク粘度となったときを示している
（『でん粉製品の知識』（高橋礼治著,1996）より作図）

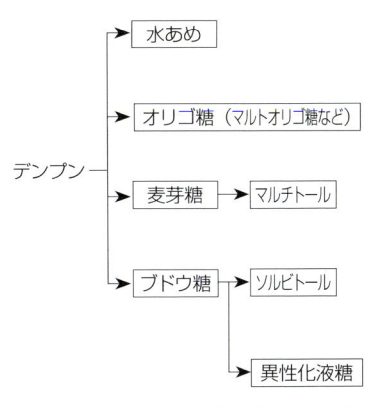

図3-I-2 おもなデンプン糖の製造

## 2 デンプンの用途

作物によってデンプン粒の形状や特性がちがうので，用途もちがう。とくに，高分子のデンプンのまま利用する場合は，糊化など物理的性質が重要になる。

食品用は水産練製品や畜肉加工品などのつなぎ，麺類や菓子類など，工業用は紙の印刷適性や強度を高める処理（サイジング），段ボールやベニヤ板製造の接着剤，洗濯糊などがある。

デンプンを糖化してブドウ糖や水あめなどのデンプン糖（starch sugar）（図3-I-2）にしての利用が多い。清涼飲料や菓子などの甘味料，医薬品，化粧品，発泡酒の原料や食品工業原料にする。

# 2 日本でのデンプン需給と生産

## 1 需給

日本でのデンプン供給量は264万tで，輸入トウモロコシから生産されるコーンスターチがもっとも多く86％，ジャガイモデンプン7％，輸入デンプン5％(注5)，サツマイモデンプン1％である（2013年）。ジャガイモデンプンとサツマイモデンプンは，国内産のイモを原料に生産される（図3-I-3）。

需要は，糖化製品原料が68％ともっとも多く，次いでデキストリンなど化工デンプンの原料が12％，繊維製品や段ボール製造などでの使用が7％，ビール原料としてが4％である（2013年）。

〈注5〉
輸入デンプンの82％がタピオカデンプン，10％がサゴデンプンである（2013年）。なお，原料を輸入して，日本でデンプンに加工するものは輸入デンプンには含まれない。

図3-I-3
サツマイモデンプンの原料として用いられるコガネセンガン（黄金千貫）

## 2 生産と利用

### ●イモ類のデンプン

イモ類は水分が多く腐敗しやすいため，収穫後すぐにデンプン製造工場へ搬入する。原料イモを十分に洗浄し，磨砕機で組織を細かく砕き，細胞内のデンプン粒を露出して水で洗い出す。次に，ふるいによってデンプン粒を含むデンプン乳と，繊維質が多いデンプン粕に分離する（篩別<sub>ふるいわけ</sub>）。分離したデンプン乳を精製，濃縮し，遠心脱水機で脱水してデンプン粒を取り出し，乾燥して製品化する。

ジャガイモデンプンは北海道で生産され，用途は片栗粉用がもっとも多く 24％，次いで糖化製品用 20％，化工デンプン用 16％である（2012 年）(注6)。サツマイモデンプンは鹿児島県や宮崎県で生産され，糖化製品用がもっとも多く 80％，次いで菓子類やめん類，水産練製品，調味料で 15％である（2012 年）。

### ●コーンスターチ

コーンスターチの原料には，おもに黄色デント種が用いられる。

トウモロコシからのデンプン製造（ウエットミリング，wet milling）は，まず，精製された穀粒を薄い希塩酸水溶液で約 2 日間浸漬して柔らかくし，粗粉砕して胚芽を分離する。それを磨砕してスクリーンで外皮（種皮など）を分離し，遠心分離機でデンプンとタンパク質に分離する。得られたデンプンを乾燥し，コーンスターチとして製品化する(注7)。

〈注6〉デンプン生産用のジャガイモとサツマイモの品種は『作物学の基礎Ⅰ-食用作物』参照。

〈注7〉胚芽はコーンオイルの原料，外皮はコーングルテンフィードとして配合飼料，タンパク質はコーングルテンミールとして配合飼料や醸造調味料原料などに利用する。浸漬液は濃縮してコーンスチープリカーとして，おもに栄養成分としてコーングルテンフィードに添加する。

# Ⅱ キャッサバ（木薯，cassava (注1)）

〈注1〉タピオカ（tapioca），マニホット（manihot），マンジョカ（mandioca）などともよばれる。

## 1 起源と種類

キャッサバ（*Manihot esculenta* Crantz）はトウダイグサ科の多年生作物。原産地は中央アメリカから南アメリカ北部。イモ（塊根）に多量のデンプンを蓄積する。16 世紀に西アフリカ，18 世紀後半にアジアに伝わった。

## 2 形態と生育

### 1 形態

2～3 m の低木で，茎の太さは 2～3 cm（図 3-Ⅱ-1）。葉序は 2/5。葉柄は細長く，葉身は掌状に 3～7 裂する。葉身の表面はほぼ無毛だが，裏面の葉脈上には細かい毛がある。若い葉は野菜として利用される。

雌雄異花で，雌花，雄花とも花弁がない。雄花は緑色の釣鐘状で花序内の上方につき，雌花は黄色～赤黄色の花弁

図 3-Ⅱ-1　キャッサバ

のような萼をもち，花序内の下方につく（図3-Ⅱ-2）。果実は球形の蒴果（さくか）で，3室に各1個の種子がある。

肥大した一部の不定根が塊根になる（図3-Ⅱ-3）。塊根は，長さ30～80cm，太さ5～10cmで，1個体当たり5～10本ほどつき，幹基部から放射状に，水平または斜め下方向に伸びる。外側から，外皮，皮層，髄部となり，外皮はコルク質で灰褐色や濃褐色，皮層は薄く白色か淡紅色である。髄部は塊根の大部分をしめ，白色のものが多いが，黄色や淡紅色のものもある。生イモの15～30％の重さのデンプンがとれる。

図3-Ⅱ-2　キャッサバの花

### 2　生育

生育適温は27～28℃で，年間平均気温が20℃以上になることが必要である。耐旱性が強く半年ほどの乾期にも耐えるが，耐湿性は弱い。

図3-Ⅱ-3　キャッサバの塊根

## 3　栽培と品種

繁殖は種子でも可能であるが，通常は成熟した幹を20～30cmに切って苗にして，2/3程度を地中に挿すか（図3-Ⅱ-4），幹を水平にして浅く埋め込む。

植付け後10カ月前後で収穫するが，品種によって幅があり，生育期間が長いほど生産量が多くなる。生育が旺盛で生産量も多いため，地力が減耗しやすく，施肥が重要になる。収穫後の塊根は腐敗しやすいので，すぐ乾燥チップにするなどの加工が必要である。

イモに含まれる有毒な青酸配糖体のリナマリン（linamarin）の含量が多い苦味種（bitter cassava）と，少ない甘味種（sweet cassava）がある。組織が傷つくと酵素によって青酸配糖体が分解され青酸ができるが，加熱や水洗で取り除くことができる。苦味種のほうが多収で，デンプン生産に適している。

図3-Ⅱ-4　キャッサバの挿した苗（左）と苗から出た新芽（右）
植付けは，腋芽を上に向けて（枝の上下は生育時と同じ）地面に挿す

## 4　生産量

世界のキャッサバ生産量は2億7,676万t，収穫面積は2,039万haで（2013年，FAO），近年増加傾向にある。

国別生産量ではナイジェリアがもっとも多く19％，次いでタイ11％（図3-Ⅱ-5）。地域別ではアフリカでの生産が57％，アジアが32％である。

日本はキャッサバデンプン（タピオカデンプン）を13.4万t輸入しており，93％がタイからである（2013年）。

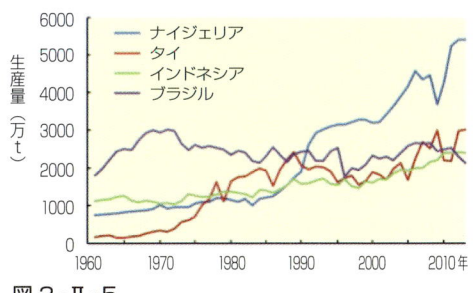

図3-Ⅱ-5
キャッサバの主要生産国の生産量の推移（FAO）

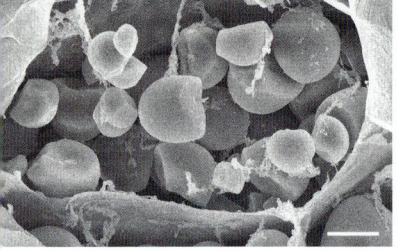

図3-Ⅱ-6
キャッサバの細胞内のデンプン粒
スケール：10μm
壁がやぶれていない細胞には，びっしりとデンプンがつまっている。イモ類のデンプンは『作物学の基礎Ⅰ-食用作物』参照

〈注2〉
形状によって，シードやパール（球形：直径1〜6mm），フレーク（薄片状）とよぶ。

## 5 加工と利用

デンプン粒は球形または半球形で，径は4〜35μmである（図3-Ⅱ-6）。アミロースが少なくアミロペクチンが多い。

イモを蒸かして食用にしたり（図3-Ⅱ-7），乾燥後，粉にして利用する。皮つきのイモを破砕して乾燥させたものをチップ，これを圧縮加工したものをペレットとよぶ。精製したデンプンを湿潤状態で加熱して半糊化し，これを乾燥，冷却したものをタピオカ（tapioca）とよぶ (注2)。糖化製品（ブドウ糖や水あめ），グルタミン酸調味料，アルコールなどの原料，製紙用接着剤などに使う。食用や飼料にもする。

図3-Ⅱ-7
蒸かして食用にするキャッサバ塊根

# Ⅲ サゴヤシ（sago palm）

## 1 起源と種類

サゴヤシ（*Metroxylon sagu* Rottb.）はヤシ科の作物（図3-Ⅲ-1），東南アジアからパプアニューギニアの熱帯湿地（低pH土壌）に分布している。古くから幹に蓄積したデンプンを食用に利用されている。近年，デンプン用にマレーシアやインドネシアなどで大規模に栽培されはじめている。

## 2 形態

葉は長さ10mほどの羽状複葉。葉柄の基部は広がって幹を巻き，両縁が融合して葉鞘になる。出たばかりの若い葉は，先のとがった棒状で，剣状葉や針状葉とよばれる。幹は直径40〜60cm，長さ10〜15m。ヤシ科は単子葉植物で形成層がなく二次肥大成長をしない。

花序は頂生の複総状花序で長さ5mほどになり（図3-Ⅲ-2），三次まで分枝し，三次枝梗に雄花と両性花が対になってつく。開花期間は約2カ月で，開花から果実が完熟するまで19〜23カ月かかる（図3-Ⅲ-3）。

図3-Ⅲ-1　サゴヤシ

図3-Ⅲ-2　サゴヤシの花序
蛾の触角のような花序がつく

第3章　デンプン料作物とコンニャク

## 3 生育と栽培

### 1 生育

種子から発芽して，4〜5年間は茎をあまり伸ばさず葉を展開し（ロゼット期），その後，茎を上に向かって伸ばし幹をつくる（幹立ち期）。幹は伸びるとともに，内部に多量のデンプンを蓄積する。やがて頂部で花芽が分化し，大きな花序を出して開花・結実し，その後，幹は枯死する（一稔性植物）。

幹の基部からサッカー（吸枝，sucker）とよばれる分枝を多数出し，いろいろな生育段階のサッカーからなる大きな株をつくる。

図3-Ⅲ-3　サゴヤシの果実
直径4cm前後

図3-Ⅲ-4　サゴヤシのサッカーコントロール
移植した茎は，はじめほふく成長する。この間，分枝（サッカー）を間引く

### 2 移植栽培

サゴヤシの繁殖は，おもにサッカーによって行なわれる。適度な大きさの健全なサッカーを切り取って移植するが，育苗して発根させると活着率が高くなる。移植した茎は，ほふく成長をしながらサッカー（分枝）を出すので，適当な密度になるようサッカーを除去する（サッカーコントロールとよぶ）（図3-Ⅲ-4）。

### 3 幹の成長と収穫

サゴヤシの葉や幹の大きさは，環境条件などで大きくかわり，個体間差も大きい。幹立ちしたころの葉長は10m前後，葉1枚当たりの小葉数は140〜180枚，幹立ち以降の出葉速度は1カ月に0.5〜1枚前後である。

幹が伸びはじめると，幹の下部からデンプンが蓄積され，順次上部へと蓄積していく。生育がすすむにつれて，樹幹内の部位によるデンプン含有率の差は小さくなる。播種あるいは移植後，10〜15年程度で幹頂部に花芽が分化するが，分化から開花まではさらに約2年かかる。花序や果実の発達で，幹に蓄積されたデンプンが急速に減るので，デンプン収量が最大になる花芽分化直前から花序抽出ころまでに収穫する。

図3-Ⅲ-5　サゴログ
切り倒され，出荷のために1mほどの長さに切断されたサゴヤシの幹をサゴログとよぶ。髄は白く，多量のデンプンが蓄積されている

## 4 加工と利用

収穫期に幹を切り倒し，約1mの長さに切って，水路を使って工場へ運搬する（図3-Ⅲ-5，6）。1本の幹から約300kgの乾燥デンプンが得られるが，800kgをこえるものもある。デンプンは，幹柔組織の細胞内に蓄積されている（図3-Ⅲ-7）。単粒デンプンで，粒径30〜50μmと大きい（図3-Ⅲ-8）。髄を粉砕してデンプンをとる。

日本はサゴデンプン（サゴスターチ）を1.6万t輸入しており，マレーシア76％，インドネシア24％である（2013年）。日本ではおもに麺の打ち粉として使われているが，サクサク粉の名前で流通しており，アトピー

図3-Ⅲ-6
水路を使ってはこばれるサゴログ
サゴログは水に浮くので，いかだを組んで工場へはこぶ（道路が整備された地域では，トラックで陸上輸送することもある）

Ⅲ　サゴヤシ　　63

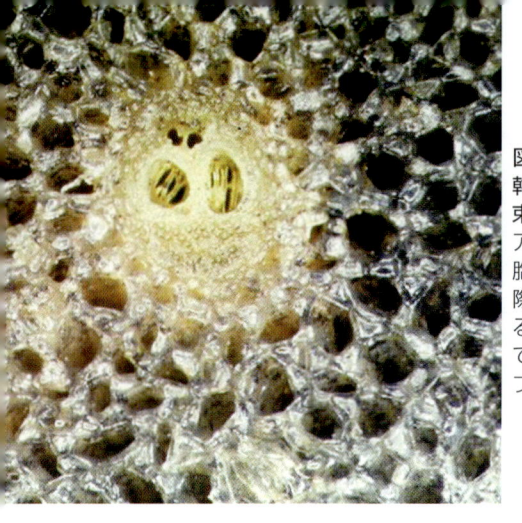

図3-Ⅲ-7
幹の内部組織（幹の断面）：維管束とデンプンを蓄積している細胞
アルコール保存試料のため，細胞が収縮し，細胞間の空隙が実際より大きく網目状になっている。ヨウ素・ヨウ化カリウム液で染色しており，細胞内のデンプンが黒く染まっている

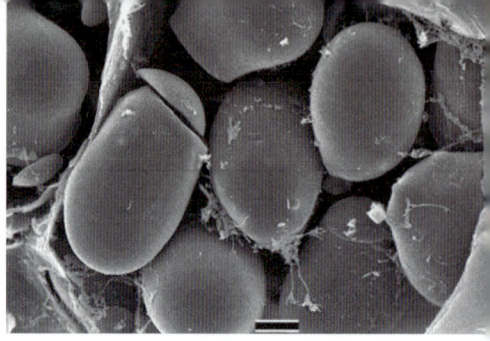

図3-Ⅲ-8　サゴヤシのデンプン粒
スケール：10μm

性皮膚炎などのアレルギー関連食品にも利用されている。発酵原料，ブドウ糖，糊，菓子などの原料にもされ，デンプン抽出残渣は飼料にも利用されている。

# Ⅳ　その他のデンプン料作物

図3-Ⅳ-1　クズウコン

〈注1〉
カリブ海のセントビンセント島（セントビンセントおよびグレナディーン諸島）での生産が多い。

## 1　クズウコン
（竹芋，アロールート，arrowroot, *Maranta arundinacea* L.）

　クズウコン科の多年生作物で，原産地は熱帯アメリカ（図3-Ⅳ-1）。デンプン生産では1年生作物として栽培される。草丈は0.6〜1.8m。地中に長さ20〜30cm，太さ3〜5cmの白い紡錘形の根茎をつくる。穂状花序で，花色は白色。

　生育適温は25〜30℃。年平均降水量1,500〜2,000mmで，1〜2カ月の乾期のあることが望ましい。耐湿性はあるが過湿条件では根茎の発育は不良になる。耐陰性が強く，50％の遮光でも顕著な減収はない。2〜4節ついた根茎の先（bits）を移植するが，移植前数カ月は保存が可能。植付け後10〜12カ月で収穫。生育期間が長いほうが多収になるが，繊維質が強くなり，デンプン抽出に労力がかかる。花が咲きはじめたら花序を切り取り，根茎への同化産物の転流をうながす。5〜6年ごとの輪作を行なう。

　根茎のデンプン含量は20％前後。アロールートスターチとよばれ，粒は小さく，良質で消化がよい。幼児食のビスケットなどに利用する〈注1〉。

## 2　ショクヨウカンナ（食用カンナ，Edible canna,
purple arrowroot, achira, Queensland arrowroot, *Canna edulis* Ker Gawl.）

　カンナ科の多年生作物で，中南米原産。熱帯や温帯で栽培されている。地下にできる根茎を，おもに加熱して食用にしたり，デンプンをとる。

　草丈1〜3mで，葉は茎に互生（図3-Ⅳ-2），総状花序。地下茎は，水平に分枝して多肉質の塊茎になる（図3-Ⅳ-3）。三倍体の多収品種も

図3-Ⅳ-2　ショクヨウカンナ
（写真提供：山本由徳氏）

ある。年間降雨量1,000～1,200mmが生育に適し，耐乾性は劣るが耐湿性がある。霜には弱く，10℃以上で生育可能。根茎を切って植付け，4カ月後から収穫できるが，8～10カ月後まで延ばすと収量が多くなる。植付け8カ月後の根茎収量は，45～50 t/ha。

根茎の可食部は水分75％，炭水化物22.6％で，炭水化物の90％以上がデンプンである。デンプン粒は不定形で大きく，可溶性で消化しやすい。

図3-Ⅳ-3
ショクヨウカンナの塊茎
（写真提供：山本由徳氏）

# Ⅴ コンニャク（蒟蒻, elephant foot, konjak）

## 1 起源と種類

コンニャク（*Amorphophallus konjac* K. Koch）は，サトイモ科の多年生作物で，原産地はインドシナ周辺。コンニャク属の種は100以上あり，日本にはヤマコンニャク（*A. kiusianus* Makino）が自生しているが，コンニャクマンナンが含まれておらず，食品の「こんにゃく」はできない。

コンニャクは日本には中国から伝来したと考えられているが，時期は縄文時代や奈良時代など諸説ある。江戸時代の1700年代後半に，イモから荒粉や精粉を加工する方法が考案され，全国的に栽培が広がった。

図3-Ⅴ-1
栽培しているコンニャク

〈注1〉
葉はほかの作物より蒸散速度が低いため，高温多照になると葉温が上昇しすぎて日焼け症をおこし，部分的に枯死することがある。

## 2 形態と生育

### 1 形態

葉身をもつ葉は1年に1枚だけ出て，直立した長い葉柄の先に大きな葉身がつく（図3-Ⅴ-1）。羽状複葉で，葉柄先端が3本の小葉柄に分かれ，それぞれの小葉柄がさらに分枝し多数の小葉がついている（図3-Ⅴ-2）(注1)。葉柄は多肉質の円柱形で，黒紫色の斑紋がある。小葉柄が葉柄先端から水平に広がる水平型，やや斜め上に広がる立型，中間型（半立型）の草型がある。

イモは，短い茎が肥大した球茎である（図3-Ⅴ-2）。上部中央のくぼみ（芽つぼ）には，主芽（頂芽）があり，芽苞が幼葉を包んで

伸びた葉柄の先端が3本の小葉柄に分かれる

小葉柄　葉柄

芽つぼ　主芽　新根　新球茎ができる位置

小葉

種イモ

図3-Ⅴ-2　葉身と球茎（種イモ）の形態

いる。球茎は，褐色の表皮，その内側にごく薄い層の皮層部，さらにその内側は球茎の大部分をしめる髄層部からなり，髄層部は白色で多量のマンナンを蓄積している。

### 2 球茎，生子，根の成長・肥大

植付けた球茎（種イモ）は成長とともに貯蔵養分が消費されてなくなるが，種イモの上にある若い茎が肥大して，種イモより大きな新しい球茎がつくられる。この過程で，主芽のまわりにあった側芽も伸びて吸枝になる。吸枝は，新しい球茎から伸び出したように発達・肥大し，生子（きご）になる（図3-V-3）。生子には，先端部分だけが肥大して球状になったものや，全体が肥大して棒状になったものなどがある（図3-V-4）。

茎から根が発生する。新球茎は茎の下部が肥大してできるため，新球茎の上部に多くの根があつまる。根は太く，地表面近くを横に伸びる。

### 3 花と果実

4～5年ほど生育すると，夏に花芽を分化し，翌春に花茎を伸ばし先端に花をつける（図3-V-5）。花はロート状の仏焔苞（ぶつえんほう）に包まれた肉穂花序で，下部に雄花，上部に雌花がつき，雌花着生部の上には大きな付属体がある。開花すると付属体から悪臭が発生する。受精後，成熟して赤橙色の果実ができ，1～4個の黒褐色の種子がはいる。花が咲くときは，新球茎も生子もできず，種イモは養分が消費されて小さくなる。

## 3 栽培と品種

### 1 栽培

春に生子を種イモとして植付け，秋に新球茎を掘って貯蔵し，翌春に植付けてさらにイモを肥大させる。これを，さらに1～2年くり返して栽培し収穫する（図3-V-6）(注2)。

●植付けと施肥

植付け時期は，平均気温12～14℃，最低地温10℃のころを目安にする。栽植密度は畝幅60cm，株間は種イモ3つ分（3年生以上は4つ分）あけ

図3-V-3　収穫時のコンニャクの球茎（3年生）と生子（あかぎおおだま）

図3-V-4　コンニャクの生子
左：在来種，右：あかぎおおだま

図3-V-5　コンニャクの花（左）と果実（右）

〈注2〉
春に植付ける生子を「1年生」，1年生を秋に掘取り翌年の春に植付けるのを「2年生」，2年生を秋に掘り取ったものを「3年生」とよぶ。また，「1年生」の生育期間を「1年生」というように，それぞれの生育期も同じようによぶ。

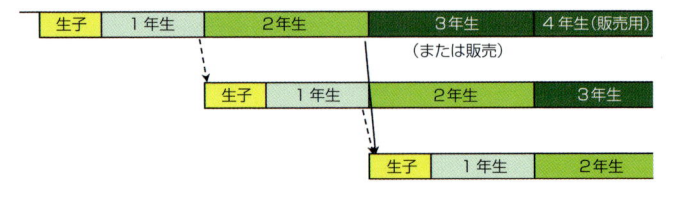

図3-V-6　コンニャク栽培と年生との関係

るが，立型は水平型よりもやや密植にする（注3）。

2年生からは，種イモをななめに植付ける。深さは，地表から芽の基部までが6cm程度にする。

肥料はおもに緩効性を用いる。生育期間の短い地域では植付け前に全面全量施用し，生育期間の長い地域や肥料が流亡しやすい砂壌土などでは，植付け前と培土時に半量ずつ施用する。施肥量は，1年生は窒素，リン酸，カリ，各10a当たり8〜10kg，2，3年生は10〜12kgである。

● 栽培管理

根が出はじめる6月上中旬に中耕・培土を行なう。遅れると根を切断して悪影響が出る。追肥する場合は，培土前に全面施用する。培土によって通気性が改善され，根の伸長が促進されるとともに排水性も高まる。

培土後に稲わらや麦わらを圃場全面に敷く。これは雑草防除のほか，土壌の乾燥や流出防止，膨潤維持，また地温上昇防止，腐敗病や葉枯病の発生防止などの効果がある。現在では，植付け前後にオオムギを播種し，座止したオオムギでマルチする方法が広く普及している（第14章 Ⅱ-3項参照）。

コンニャクのおもな病虫害には，腐敗病や葉枯病，乾腐病，白絹病，根腐病，ネコブセンチュウなどがある。

### 2 収穫と貯蔵

10月にはいると，葉が黄化し，葉柄がしおれて倒れはじめる。圃場全体の70〜80％の株が倒伏したころが収穫適期である（図3-Ⅴ-7）。収穫には掘取り機を使うことが多い。掘り上げ後，数時間天日干ししてから，生子や年生で選別する。種イモにするイモは予備乾燥してから貯蔵する。

種イモの貯蔵方法には，屋内貯蔵と土中貯蔵があるが，現在は屋内貯蔵がほとんどである。一定の温度と湿度を維持できる貯蔵庫にいれて保存する（図3-Ⅴ-8）（注4）。土中貯蔵には，秋に掘取らず冬を越させて春に掘取る越冬法と，条件のよい場所に生子を埋めて保存する土囲い法がある。

なお，省力化のために，冬の寒さがそれほど厳しくない地域では，生子を植付けた年には収穫せず，そのまま越冬させて次の年に生育させ，2年目の秋に収穫する方法などが研究されている。

図3-Ⅴ-7 収穫期のコンニャク圃場（上）と収穫作業（下）

図3-Ⅴ-8 生子の貯蔵

〈注3〉
種イモ植付け機や生子植付け機（球状生子専用）などがあり，植え溝切り，植付け，覆土を一度に行なうことができる。

〈注4〉
貯蔵温度は，球茎7〜10℃，生子10〜12℃前後が適当であり，湿度80％程度で管理する。

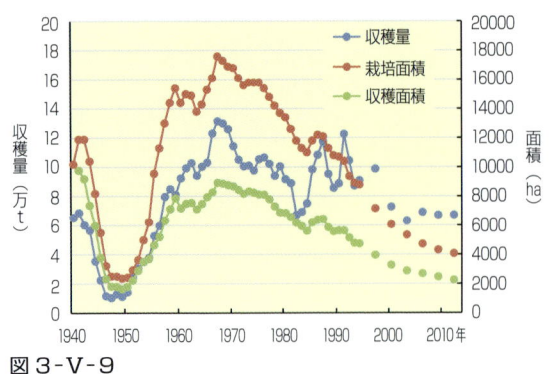

図3-V-9
日本でのコンニャクの栽培面積と収穫面積，収穫量の推移

### 3 品種

コンニャクの品種には，古くから栽培されてきた「在来種」や「備中種」，大正時代に中国から導入された「支那種」などがある。現在の品種は，群馬県で育成されている。交配した種子を利用する交配育種のほか，芽に放射線照射や薬剤処理をする突然変異育種や，コルヒチンなどで染色体数を増やす倍数体育種などの方法で行なわれている。

また，新品種を早期に普及するためには種イモを早く増殖することが重要であるが，その方法には分球増殖法と切断増殖法がある。

分球増殖法は，主芽を切除して頂芽優勢を解除し，貯蔵中に多数の側芽を伸ばす方法で，処理されたイモを植付けると5枚前後の葉が展開し，葉の数だけ種イモが得られる。切断増殖法は，主芽も含めて種イモを4～8個に切断する方法で，各片が1枚の葉を展開してイモをつくる。

## 4 生産量

日本のコンニャク収穫量は1967年に最大となり生重量で13.1万t，それ以降減少傾向にある（図3-V-9）。

2012年のコンニャク栽培面積は4,070ha，そのうち出荷するイモを栽培する面積（収穫面積）は2,240ha，収穫量は6万7,000tである。群馬県の収穫量は6万1,700tで全体の92%。

## 5 加工と利用

現在は食用利用が中心だが，昔は糊の原料としても使われていた。

イモを薄く輪切りにして乾燥させたものを荒粉，これを粉砕して，デンプンや夾雑物を除いてマンナン粒子のみに精製したものを精粉という。

主成分のコンニャクマンナン（konjak mannan）は，マンノースとグルコースを2:1の割合に含むグルコマンナン（glucomannan）で，アルカリ液を加えると固まり，弾性がある。生イモをすりおろしたものや精粉に水を加えると糊状となり，これに水酸化カルシウムなどのアルカリを加えて凝固させたものが食用にする「こんにゃく」である。

# 第4章 嗜好料作物

## I 嗜好料作物の生産と利用

　人の中枢神経や循環系，呼吸系を興奮させたり，気分をリラックスさせたりする目的で利用する作物を嗜好料作物（stimulating beverage and narcotic crop）という。ビールの風味にかかせないホップも嗜好料作物としてあつかわれる。嗜好料作物は古くから原産地を中心に利用されていたが（注1），大航海時代以降，新しい利用法が開発され，栽培技術も発達し，利用や栽培が世界各地に広がった。

### 1 特性

　嗜好料作物は，製品の品質や風味がとくに重視される。嗜好品の品質はさまざまな要素によって成り立っており，原料だけでなく製造工程によってもかわるので，品質の要素すべてを的確に評価することはむずかしい。
　ほとんどの嗜好料作物の共通性として，神経を刺激し，覚醒や興奮をおこす物質が含まれ，香気もある（注2）。

### 2 アルカロイド（alkaloid）

　刺激的作用をもつ物質の中心になるのがアルカロイドで，窒素原子を含む塩基性の天然物質であり，さまざまな生理作用をもつ（注3）。アルカロイドの一種のカフェインは多くの嗜好料作物に含まれ，さらに，タバコにはニコチン，カカオにはテオブロミンが多く含まれている。

#### 1 カフェイン（caffeine：$C_8H_{10}N_4O_2$）

　カフェイン（図4-I-1）は，白色針状結晶で苦味がある。覚醒，血管拡張，利尿などがおもな作用で，副作用として不眠やめまいをおこすことがある。カフェインになる前のテオブロミンもアルカロイドで，透明な結晶で苦味があるが，カフェインよりも

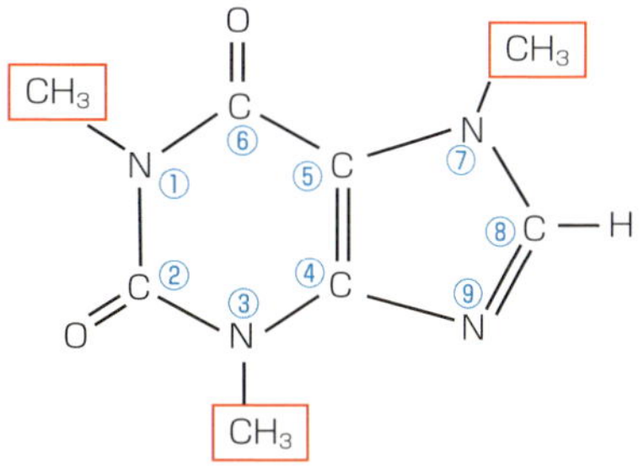

〈注1〉
初期には，宗教的儀式や薬物として使われることも多かった。

〈注2〉
刺激麻酔作用が強く，好まれる芳香性物質が含まれていないものは薬料作物，芳香性物質が豊富であるが刺激性物質が含まれていないものは芳香油料作物に分類される。

〈注3〉
植物がつくる有機化合物（代謝物）には，植物体を維持するのに必須な一次代謝物と，一次代謝系から派生してつくられ，植物体維持に必須ではない二次代謝物がある。アルカロイドは二次代謝物である。

図4-I-1
カフェイン（1,3,7-トリメチルキサンチン）の化学構造式

作用がおだやかである。いずれも過剰な摂取は健康に害をおよぼすことがある。

### 2 ニコチン（nicotine：$C_{10}H_{14}N_2$）

ニコチンは，無色油状液体で，刺激性がある有毒物質。抹消神経や中枢神経を刺激し，血管収縮や血圧上昇の作用がある。経口摂取すると，悪心，嘔吐，腹痛，下痢，動悸などの症状があらわれ，さらに失明やめまい，精神錯乱をおこし，筋肉衰弱から呼吸停止にいたる。

### 3 タンニン（tannin）

タンニンは渋味があり，タンパク質と反応して沈殿する性質（タンニン活性）がある。酸やアルカリ，酵素などで加水分解される加水分解性タンニンと，加水分解されない縮合型タンニンに大別される。

### 4 芳香物質

嗜好料作物からつくられた嗜好品は，それぞれ特有の芳香があり，アルコール類，アルデヒド類，ケトン類，エステル類などさまざまな物質が複雑に関与している。こうした物質は製造過程によっても，大きく変化する。

# II チャ（茶，tea）

## 起源，生産，成分

### 1 起源と種類

#### 1 起源と中国変種，アッサム変種

チャ（*Camellia sinensis* O. Kuntze）はツバキ科の常緑樹（2n=30, x=15）。起源地は，中国四川省から雲南省とする一元説と，その地域と中国東部から南東部にかけての地域の2カ所とする二元説がある。

チャには，耐寒性が強く灌木の中国変種（var. sinensis）と，耐寒性が弱く高木になるアッサム変種（var. assamica）がある。2つの変種は容易に交雑し，多くの中間型（アッサム雑種ともよばれる）がある。

中国変種：中国種や小葉種ともよばれる。樹高は約3mになる。葉は光沢があり暗緑色で互生し，長さ6

図4-II-1 一面に広がる茶園（鹿児島県南九州市知覧）

〜9 cm，幅3 cm前後。葉のタンニン含量が少なく，緑茶製造に適する。日本での栽培の中心である（図4-Ⅱ-1）。

**アッサム変種**：1823年にインドのアッサム地方で発見された変種で，アッサム種や大葉種ともよばれる。樹高18 mほどになり，葉の長さ15〜20 cm，幅約4 cm。タンニン含量が多く，紅茶製造に適する。

### 2 喫茶と茶の種類

紀元前から中国で利用され，日本には奈良時代ころに伝わった。喫茶の風習がヨーロッパに伝わったのは17世紀で，19世紀には植民地であったインドやインドネシアなどで大規模な栽培が行なわれるようになった。

葉が摘まれると，葉内部でカテキン類を酸化する酵素のポリフェノールオキシダーゼが働きはじめる。茶の製造では，この酵素の作用による化学的変化を発酵とよぶ。茶は，この発酵程度によって不発酵茶（緑茶など），発酵茶（紅茶など），半発酵茶（ウーロン茶など）の3種類に大別される(注1)。

〈注1〉
このほか，黒茶などの後発酵茶がある。これは，茶の製造工程に，40〜65℃で1週間〜1カ月間茶を積み重ねておく堆積工程をいれ，微生物による発酵をおこさせる。

## 2 茶の生産量

世界の茶生産量は535万t，収穫面積は352万haで，最近の50年間で生産量は5.2倍になった（2013年，FAO）。中国がもっとも多く36%，次いでインド23%，ケニア8%，スリランカ6%である。近年，中国での生産量が急増している（図4-Ⅱ-2）。世界の茶の輸出量は181万t（2012年，FAO）。もっとも多いのは中国で18%，次いでスリランカ17%，ケニアとインド13%。

日本の茶の輸入量は，紅茶1.6万t，緑茶4,900 t（2013年）。紅茶はおもにスリランカ（59%）とインド（20%）から輸入し，緑茶は中国（86%）から輸入している。なお，緑茶の輸出量は2013年には2,942tであった。

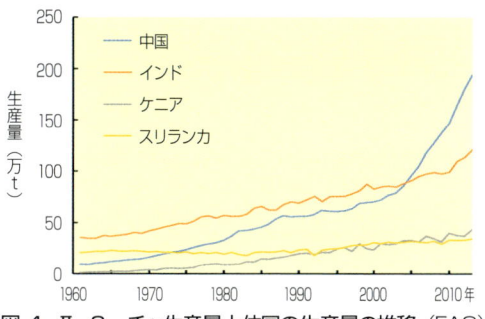

**図4-Ⅱ-2　チャ生産量上位国の生産量の推移（FAO）**

## 3 成分

茶はアミノ酸類やカテキン類などのバランスによって味が決まる。

### 1 アミノ酸類（甘味，うま味，酸味）

緑茶には全遊離アミノ酸の約50%をしめるテアニン（theanine）のほか，グルタミン酸やアスパラギン酸などが多く含まれている。これらのアミノ酸類は玉露や抹茶，上級煎茶に多く含まれる。葉位別にみると，心（展開中の若い葉）とそのすぐ下の葉に多く，下位の葉ほど少ない。茶期別では，一番茶に多く含まれる。

### 2 カテキン類（苦味，渋味）

緑茶ではタンニンの80〜95%がカテキン類である(注2)。茶に含まれ

〈注2〉
動物の皮をなめす性質のある植物成分を総称してタンニンとよんでいた。タンニンには渋味があったため，植物の渋味のある物質は総じてタンニンとよばれるようになったが，特定の化学構造の物質ではなかった。20世紀半ばになり，お茶のタンニンの大部分はカテキン類であることが判明した。

Ⅱ　チャ　71

るカテキンにはエピガロカテキンガレート（EGCG）など4種類あり（図4-Ⅱ-3），EGCGが50％をしめる。気温が高く，光量が多くなるほどカテキン類の生成量が多くなり，一番茶よりも三番茶のほうが多く，渋味が強くなる。カテキン類は細胞質で合成され，葉の柵状組織の液胞に貯蔵される。

カテキン類を酸化する酵素のポリフェノールオキシダーゼは，チャの葉の表皮と維管束系に含まれ，揉捻によって組織が破壊されると，カテキン類を酸化，重合し，テアフラビンやテアルビジンをつくり濃厚な赤色になる。アッサム種は，中国種より葉のカテキン類含量が多く酸化酵素も強いため良質な紅茶ができる。また，ウーロン茶や紅茶ではカテキン類が酸化されており，緑茶よりカテキン類が少ない。

カテキン類には，血中脂質や血糖，血圧などの上昇を抑制するなどさまざまな効果が報告されている。'べにふうき'には，抗アレルギー作用のあるメチル化カテキンが多く含まれていて注目されているが，この作用を活用するには緑茶として飲用するのがよい。

| 種類 | R1 | R2 | 分類 | 味 |
|---|---|---|---|---|
| （−）-エピカテキン（EC） | H | H | 遊離型 | 苦味 |
| （−）-エピガロカテキン（EGC） | OH | H | 遊離型 | 苦味 |
| （−）-エピカテキンガレート（ECG） | H | G | エステル型 | 苦味・渋味 |
| （−）-エピガロカテキンガレート（EGCG） | OH | G | エステル型 | 苦味・渋味 |

図4-Ⅱ-3 チャのカテキン類の構造と味成分
図に示したのが基本構造で，R1，R2がそれぞれのカテキン類で表のようになる

### 3 その他の成分

摘採直後の加熱処理でビタミンC酸化酵素が破壊されるため，緑茶ではビタミンCが多い。しかし，紅茶にはビタミンCは含まれない。

### 4 テアニンとカテキンの関係

緑茶に含まれるアミノ酸類を代表するテアニンは，おもに根でつくられ，新芽や新葉に移動する。葉にはいると，テアニンはカテキンへと代謝される（図4-Ⅱ-4）。この代謝は光が強く気温が高いほど促進される。緑茶の被覆栽培のような遮光条件では，光量が少なく気温も低下するためテアニンの代謝が抑制され，葉に含まれるテアニンは多く，カテキンは少ない。

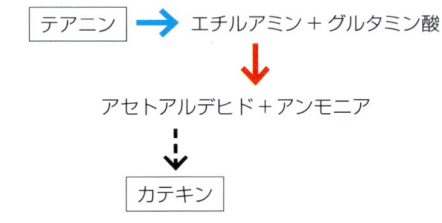

図4-Ⅱ-4 チャの葉でのテアニンのカテキンへの代謝

## 緑茶（green tea）

緑茶は，生葉を収穫してすぐ加熱し，酵素を失活させる不発酵茶である。日本で生産される茶のほとんどが緑茶である。

## 1 形態と生育

### 1 成長

　春になると冬芽から葉が開き，枝が伸びはじめる（萌芽）。これを春芽とよぶ。葉が5枚ほど開くと，葉の展開が止まり，枝の伸長も一時停止する(注3)。このときの状態を出開きといい，新葉のついた枝先を「出開き芽」という（図4-Ⅱ-5）。その後，再び葉が開き，枝の伸長がはじまる(注4)。このように，葉を開き枝を伸ばし，停止してまた開き伸ばすという周期性があり，日本では1年に3〜4回くり返される。葉は合計で10数〜20枚ほど展開し，枝は数十センチ伸びる。さらに，いくつかの腋芽が伸びて分枝になる。新芽が収穫されると，腋芽の萌芽が早まる。

### 2 花と根

　花は，枝の葉腋に1〜数個ずつつき，花弁は白色で5〜8枚，雄ずいは130〜250本，雌ずいは1本（図4-Ⅱ-6）。自家不和合性が強く，ほとんど他家受精である。果実は蒴果で，成熟するまで約1年かかる。
　根は深根性だが横方向にも広がる。根の生育は，地上部の生育が低下する時期に活発になり，秋から初冬にかけてもっとも旺盛になる。
　土壌pH 4〜5で排水性のよい土地が適している。

## 2 栽培（日本での栽培方法）

　日本のチャ栽培では，年平均気温13℃以上，年降水量1,300mm以上がよいとされている。また，昼夜の気温差が大きく，朝夕に霧が発生する山間部や川沿いで品質のよいお茶がとれる。低温にはそれほど強くない。

### 1 育苗

　挿し木によって苗をつくり移植する。春に生育した若い枝を，芽を摘まずにそのまま生育させ，6月ころに切り取り（挿し穂），葉を2枚つけて挿し木床に挿す（普通挿し，夏挿し）。約3カ月間遮光し，十分に灌水して発根させ，発根後に施肥する。
　挿し木して約9カ月間（1年苗）または約20カ月間（2年苗）育苗する。ペーパーポットを使うこともある。

### 2 移植

　新芽が萌芽する前の3月ころに移植する(注5)。あらかじめ，畝の位置に深さ50〜60cm，幅30〜40cmほどの溝を掘り，堆肥や乾燥鶏糞などを施用して土を柔らかく埋めもどしておく。平坦地では畝間1.8m，株間30〜50cmとする(注6)。
　移植後，葉からの蒸散抑制と分枝促進のため，少なくとも5〜10枚の葉を残し，地上15〜20cmの高さで枝を切る。2年苗を移植すれば，3年

図4-Ⅱ-5　葉が展開中の芽（左）と出開き芽（右）

〈注3〉
展開前の幼葉は心ともよばれる。展開葉が3枚，未展開葉が1枚（心）の状態は，3開葉期とか1心3葉期とよばれる。

〈注4〉
このときは約4枚の葉の展開で，前回よりも葉数が少なめになる。

図4-Ⅱ-6
チャの花（左）と果実（右）

〈注5〉
温暖地では9月に移植することも可能。寒冷地では移植直後の越冬が困難なので春の移植が一般的。

図4-Ⅱ-7
定植後2年のチャ'さえみどり'
（鹿児島県農業開発総合センター）

〈注6〉
傾斜地では畝間1.5mほどが適当。機械摘採の場合は2条で千鳥植えにし，条間は50cm前後にする（図4-Ⅱ-7）。

目から収穫（摘採）できる。

### 3 幼木期の管理

毎年，春に枝を深く刈り込む剪枝をして，生産性の高い樹形に仕立てる。剪枝によって分枝数が多くなり，芽の数が増え，根張りもよくなる。前年より5～6cmほど高い位置で剪枝するが，成園の樹高（70～80cm）に近づくにつれ上げ幅を小さくし，翌年伸びる分枝数や芽の数が少なくならないようにする。

樹形は，乗用型摘採機にあわせて，かまぼこ状にする（弧状仕立て）（図4-Ⅱ-8）(注7)。手摘みの被覆栽培（玉露や碾茶）では，摘採しやすさや大きな新芽を育てるために，生け垣のような縦長の樹形にする（自然仕立て）。定植後，暖地は5～7年，寒冷地は8～10年で標準的な収量になる。

### 4 整枝と更新

古葉や枝などが混入して品質が低下しないよう，摘採面の凸凹を整える整枝（株ならし）をする。温暖地では秋（秋整枝），冷涼地では春（春整枝）に行なうが(注8)，摘採後にも1～2回整枝する。被覆栽培では年1回春だけの摘採だが，摘採後に剪枝し，翌年に新梢を出す枝が充実するように管理する。

30～40年ほど経済的な栽培が維持できる。生産力が低下したら植え替える。地ぎわ近くで樹を切り取る更新処理でも，再び収量が上がる。

### 5 施肥

摘採や剪枝，整枝によって多量の茎葉が切り取られるため，比較的多くの施肥が必要である。年間の施肥量は10a当たり窒素50kg，リン酸20kg，カリ20kgを目安にするが，窒素は流亡しやすいので，生育にあわせて複数回に分けて畝間に施肥する。

具体的には，3月上旬に3要素を10kg施用後，4月上旬と一番茶，二番茶摘採後に窒素をそれぞれ5kg，10kg，10kgと施用し，秋に窒素15kg，リン酸とカリ10kgを施用する。

良質なお茶には窒素が多く含まれているので，過剰に施肥する傾向があったが，土壌が酸性化して根に悪影響があらわれたり，硝酸態窒素が地下水に混入するなどで環境問題になった。現在では，有機物施用による土づくりや土壌診断などが推奨され，より適正な施肥方法が開発されている。

### 6 防霜

晩春から初夏の遅霜は，一番茶にする新芽の萌芽や生育に大きな被害を与える（凍霜害）。

対策には，おもに送風法と散水氷結法がある。送風法はもっとも普及しており，夜間の放射冷却時に，防霜ファン（扇風機）で上方の暖かい空気を下方に送り，冷え込みを緩和する（図4-Ⅱ-9）。

散水氷結法は，遅霜の恐れのある夜にスプリンクラーで継続して散水し，

図4-Ⅱ-8　弧状仕立ての茶畝

〈注7〉
乗用型摘採機の場合，摘採面はR3000（弧状の半径の大きさが3,000mm），可搬型ではR1200が多い。

〈注8〉
静岡では10月上中旬，南九州では10月上～下旬が秋整枝の適期。秋整枝をすると，春整枝より萌芽が早まりそろいがよく，新芽の数も多くなるが，芽は小さくなる（芽数型）傾向がある。

図4-Ⅱ-9　茶園内に設置された防霜ファン

水の氷結時の放出熱を利用して葉面を0℃に維持する方法である。しかし，一晩に大量の水を必要とするため実施できる地域は限られる。

## 7 摘採

チャでは収穫することを摘採や茶摘み（plucking）とよぶ。春に萌芽した新芽を摘採したお茶を一番茶，摘採後，整枝したあとに残った頂芽や腋芽から伸びた新芽のお茶を二番茶とよぶ (注9)。西日本の平坦地では年3回，南九州では年4回摘採できるが，冷涼地や山間地では年2回である。一番茶がもっとも品質がよく収量も多い。

出開きした新芽は急速に木質化して品質が低下するため，摘採適期は出開度（全芽数に対する出開き芽の割合）50〜80％のころを目安にする。かつては手摘みであったが，はさみの片側に袋がついた茶摘みばさみが考案され，現在では摘採機が開発されている。摘採機には，可搬式や乗用型（図4-Ⅱ-10，11），レール式などがある。可搬式は小型エンジンがつき，茶畝をはさんで2人で持って摘採する。

## 8 被覆栽培

茶樹をこもや寒冷紗などで遮光して栽培するのを被覆栽培や覆下栽培といい，かぶせ茶や玉露，碾茶（抹茶の原料となる）がつくられる。

玉露や碾茶は，葉が約2枚展開したころに遮光（遮光率約70％）をはじめ，約10日後から遮光を強くし（遮光率95〜98％）さらに約10日間遮光をつづけた後，手摘みする。遮光下で成長した葉は，柔らかくて薄く，濃緑色になり，葉に含まれるテアニンなどのアミノ酸類が増え，カテキン類が減るため，茶の品質が向上する。

かぶせ茶は，遮光率50〜70％で約1〜2週間遮光する（簡易被覆）。玉露や碾茶は，常設された棚に被覆資材をかけて栽培するが，かぶせ茶は，茶樹に直接かけることが多い。

# 3 品種

かつては種子で増殖され，各個体の形質が不均一であった。明治時代になり，一部の篤農家が優良な系統を選抜して使うようになった。現在，全栽培面積の約76％をしめる品種'やぶきた'（茶農林6号）は，明治末から大正時代に静岡の杉山彦三郎が多数の在来茶樹から選抜した系統「藪北」がもとになっている（分離育種）。

その後，国公立機関で多くの優良品種が交雑育種で育成されている。チャは，交配してから品種登録まで20年以上かかる。

'やぶきた'は収量も品質も優れた品種であり，急速に普及した。しかし，この1品種にかたよったため，摘採の時期が重なって作業が集中し，製茶工場が増設された結果，稼働率が低下するなど問題点が多く出ている。現在，早晩性を組み合わせた他の優良品種の普及も行なわれはじめている。

〈注9〉
各地域によって摘採期はちがうが，全国的な標準茶期区分として以下の期間が示されている（農水省）。
一番茶：3月10日〜5月31日，二番茶：6月1日〜7月31日，三番茶：8月1日〜9月10日，四番茶：9月11日〜10月20日，秋冬番茶：10月21日〜12月31日，冬春番茶：1月1日〜3月9日

図4-Ⅱ-10
**乗用型摘採機による摘採**
摘採機にはバリカンのような刈刃があり（下），刈り込まれた葉は送風装置で後ろの収容コンテナに送られる。回転刃式の摘採機もある

図4-Ⅱ-11
**摘採後（左）と摘採前（右）の茶畝**

## 4 緑茶の種類と加工（製茶）

### 1 緑茶の種類

緑茶は，摘採後すぐに加熱処理をするが，蒸気で加熱する蒸し茶と，釜で炒って加熱する釜炒茶に大別される（図4-Ⅱ-12）(注10)。

〈注10〉
日本ではほとんど蒸気で加熱してつくる（蒸し製，日本式）が，中国ではほとんど釜で炒ってつくる（釜炒り製，中国式）。

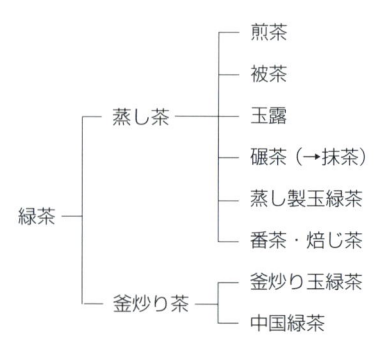

```
            ┌── 煎茶
            ├── 被茶
      ┌蒸し茶┼── 玉露
      │     ├── 碾茶（→抹茶）
緑茶 ──┤     ├── 蒸し製玉緑茶
      │     └── 番茶・焙じ茶
      └釜炒り茶┬── 釜炒り玉緑茶
              └── 中国緑茶
```

図4-Ⅱ-12　緑茶の区分

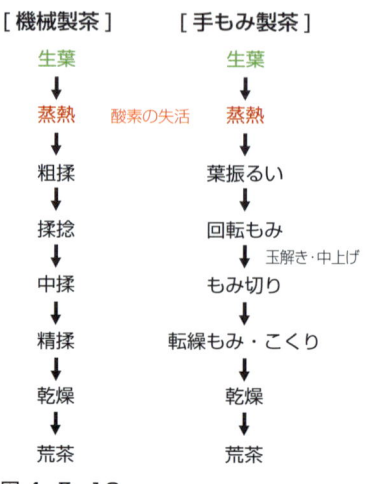

```
[機械製茶]           [手もみ製茶]
  生葉                  生葉
   ↓                    ↓
  蒸熱  酸素の失活      蒸熱
   ↓                    ↓
  粗揉                 葉振るい
   ↓                    ↓
  揉捻                 回転もみ
   ↓                    ↓ 玉解き・中上げ
  中揉                 もみ切り
   ↓                    ↓
  精揉               転繰もみ・こくり
   ↓                    ↓
  乾燥                  乾燥
   ↓                    ↓
  荒茶                  荒茶
```

図4-Ⅱ-13
機械製茶と手もみ製茶の緑茶（煎茶，かぶせ茶，玉露，番茶）の荒茶製造工程の比較

蒸し茶では，煎茶がもっとも多くつくられている。深蒸し煎茶は蒸す時間が通常より長い。蒸し時間が長いと香りは弱いがこくがあり，水色が濃くなる。蒸し製玉緑茶は精揉工程がなく茶葉が丸味をおびている。大正末期にロシアへの輸出用につくられた茶で，その形から「グリ茶」ともよばれている。

番茶はかたい葉や茎などを原料にし，焙じ茶は番茶を焙じたものである。釜炒り玉緑茶には，嬉野茶（佐賀）や青柳茶（宮崎・熊本）などがある。

### 2 緑茶の加工（製茶）

古くから手もみによる製茶が行なわれてきたが，現在では機械による製茶が中心である。緑茶の荒茶生産工程を図4-Ⅱ-13に示した。

● 機械による荒茶製造工程

蒸熱は摘採した生葉を蒸気で蒸し，酵素を失活させることで，粗揉は熱風乾燥機（粗揉機）で葉を撹拌しながら水分約50％まで乾燥させることである（図4-Ⅱ-14）。揉捻は葉をもむことで，葉の組織が破壊されて，成分が浸出されやすくなる。中揉は回転する円筒ドラムの中で再び葉をもみながら熱風乾燥することで，精揉は葉を乾燥しながら針状に形を整えることである。最後に通風乾燥機で水分約5％まで乾燥して荒茶が生産される(注11)。荒茶は，さらに火入れ（加熱乾燥）や選別（茎，粉などの除去），合組み（品質保証のための配合操作）の再製工程を経て，仕上茶として消費者に販売される。

● 手もみによる荒茶製造工程

伝統的な製法は，まず，生葉を蒸してから助炭（加熱した和紙）の上で，

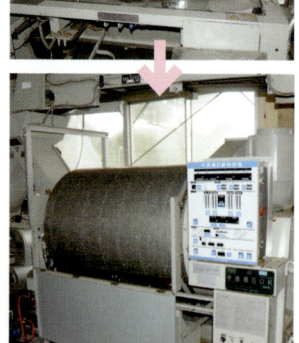

図4-Ⅱ-14
荒茶生産に使う粗揉機（左），揉捻機（右上），中揉機（右下）
矢印の順に製造がすすむ

〈注11〉
荒茶には茎や粉，大きな葉などが混在しており，水分含量も長期保存には適さない。

両手で葉をもちあげては振るい落とし，葉の水分を均一に蒸発させる（葉振るい）。次に，茶をひとまとめにして体重をかけて回転させてもみ（回転もみ），その茶のかたまりを助炭からかごに移して広げて冷ます（玉解き・中上げ）。再び助炭の上で葉をはさんでよりがつくようにすり合わせて乾かす（もみ切り）。葉を針状に伸ばし（転繰もみ），強くにぎって形を整え光沢を出す（こくり）。最後に助炭の上に薄く広げて乾かす（乾燥）。

● 抹茶の製造

蒸した茶葉をもまずに冷却散茶機で冷まし，碾茶機で乾燥する。乾燥後に裁断し，茎や枝，葉脈を除去し，石臼で挽いて抹茶にする。

## 5 生産量

日本の荒茶生産量は，2004年に約10.1万tになったが，その後は減少傾向にあり，現在8.5万t（2013年）。栽培面積は4.5万haである。都府県別荒茶生産量は静岡県がもっとも多く38％，次いで鹿児島県30％，三重県8％。茶期別にみると，一番茶がもっとも多く，次いで二番茶で，一番茶と二番茶を合わせると，荒茶生産量の約7割近くをしめる。

# 紅茶 (black tea)

## 1 紅茶の産地

紅茶は，葉を十分に発酵してつくる発酵茶である。紅茶に適したアッサム種は耐寒性が弱く，紅茶生産はおもに熱帯で行なわれる（図4-Ⅱ-15）。

世界の紅茶産地は，インドでは東部の高温多湿地域のアッサム，ヒマラヤ山麓高地のダージリン，南部のニルギリなどがあり，そのほかスリランカのウバやディンブラ，中国のキーモンなどがある。

図4-Ⅱ-15 インドネシア・チアンジュールの茶畑（上）と茶摘み（下）

## 2 栽培

おもにアッサム種を使うが，ダージリンなどの高地では耐寒性のある中国種やアッサム雑種を使う。紅茶では，窒素を多用すると品質が低下することと，経済的な問題から施肥量は少ない。熱帯では一年中摘採でき，1心2葉や1心3葉の若芽を手摘みする。

## 3 紅茶の製造

生葉を萎凋させた後に揉捻して葉の組織を破壊し，発酵を促進させ，茶葉が黒褐色のころに加熱して発酵を止めてつくる。当初，中国でつくられていたが，イギリスにより茶葉を揉捻機でもむオーソドックス製法が開発され，さらに茶葉をより微細にするCTC製法が開発され

[オーソドックス製法]　[CTC製法]

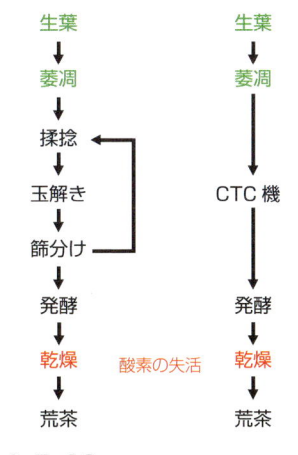

生葉　　　　　生葉
↓　　　　　　↓
萎凋　　　　　萎凋
↓　　　　　　↓
揉捻　　　　　CTC機
↓　　　　　　↓
玉解き
↓
篩分け
↓
発酵　　酸素の失活　発酵
↓　　　　　　↓
乾燥　　　　　乾燥
↓　　　　　　↓
荒茶　　　　　荒茶

図4-Ⅱ-16
紅茶のオーソドックス製法とCTC製法

図4-Ⅱ-17
オーソドックス製法の紅茶（上）
とCTC製法の紅茶（下）
スケール：1cm

風乾 → 揉捻1 → 選別1 → 揉捻2 → 選別2 → 砕く1 → 選別3 砕く2 → 静置 → 高温乾燥 → 選別4 → 選別5（風選）→ 袋詰め → 出荷へ

図4-Ⅱ-18　オーソドックス製法による紅茶の製造工程（インドネシア）

### 日本の紅茶の歴史

　明治政府は外貨獲得のため，生糸に次いで輸出額の多かった緑茶の輸出促進をはかったが，輸出先がおもにアメリカであり，市場も小さかった。そこで，より需要の多い紅茶を生産して茶産業を振興させようとした。1876年（明治9年），明治政府は多田元吉らをインドに派遣して，紅茶の生産や栽培方法などの知見をあつめ，また種子を収集した。このあと，国内各地で紅茶生産が増えたが，日清戦争（1894年）や日露戦争（1904年）で生産と輸出が減った。世界大恐慌（1929年）で紅茶の需要が激減し価格も下落したので，インド，セイロン，ジャワの3カ国が5年間の輸出制限協定を結んだ（1933年）。そのため世界的に紅茶の在庫が少なくなり，日本紅茶に注目があつまり，日本紅茶の需要が増え，1937年（昭和12年）には約6,400tの紅茶が輸出された。

　第二次世界大戦で紅茶の輸出量は激減したが，戦後の復興とともに紅茶生産が増え，1955年（昭和30年）には約8,500t生産され，そのうち約5,200tが輸出されるまでになった。しかし，1971年の紅茶の輸入自由化により，国内の紅茶産業は衰退した。

　最近，国産紅茶の品質が国内外で高く評価され，注目されはじめている。

た（図4-Ⅱ-16，17）。

　均一に発酵させるためには葉を細かくする必要があり，オーソドックス製法では，はじめの揉捻で細かく破砕できなかった葉をふるいでより分けて再度揉捻する。揉捻後，20～25℃で高湿の発酵室で2～3時間静置し発酵させ，紅茶特有の香りや色を出す。その後，90～100℃の熱風で乾燥して発酵を停止させる（図4-Ⅱ-18）。

　CTC製法では，3台連結したCTC機に軽く萎凋した茶葉をいれてつぶし（crush），引き裂き（tear），直径1mmほどの粒状に丸め（curl）てから発酵させ，発酵が完了したら乾燥する。オーソドックス製法より香りが劣るが濃厚な水色がすぐに得られるので，ティーバックやブレンド用に利用される（注12）。

## ウーロン茶（烏龍茶，oolong tea）

　ウーロン茶は，葉を中程度に発酵させてつくる半発酵茶である（図4-Ⅱ-19）。生葉を日なたや室内で広げて萎れ（しお）させて柔らかくした（萎凋（いちょう））のち，撹拌，静置をくり返す。

　その後，葉にすり傷を生じさせて酵素反応を促進させ，葉の3割程度が赤色になったころに加熱して発酵を止めて製造する（注13）。萎凋工程や撹拌工程，発酵程度の強度や組み合わせなどさまざまである。

〈注12〉
世界の紅茶生産量の約62%がCTC製法によって生産されている（2009年）。

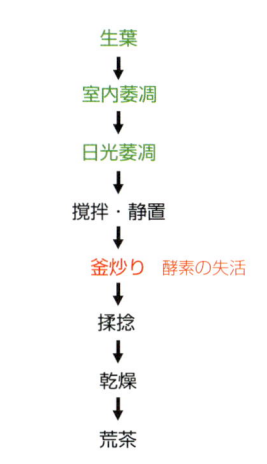

生葉
↓
室内萎凋
↓
日光萎凋
↓
撹拌・静置
↓
釜炒り　酵素の失活
↓
揉捻
↓
乾燥
↓
荒茶

図4-Ⅱ-19
ウーロン茶の荒茶製造工程

〈注13〉
台湾や中国の福建省，広東省などで伝統的に生産される。さまざまな発酵程度の茶があり，発酵程度の低いものから順に，緑茶（リュウチャ）（不発酵茶），白茶（バイチャ）（弱発酵茶），黄茶（ファンチャ）（弱後発酵茶），青茶（チンチャ）（半発酵茶），紅茶（ホンチャ）（発酵茶）となる。

# Ⅲ コーヒー（珈琲，coffee）

## 1 起源と種類

コーヒー（*Coffea* spp.）はアカネ科の常緑樹（図4-Ⅲ-1）。果実中の種子がコーヒー豆（coffee bean）である。エチオピア南東部原産で4倍体のアラビカ種（*Coffea arabica* L., 2n=44, X=11）と，コンゴ原産で2倍体のロブスタ種（*C. canephora* Pierre, 2n=22）（カネフォラ種ともよばれる），リベリア原産で2倍体のリベリア種（*C. liberica* W. Bull., 2n=22）がある。

古くは果実を食用にしていたが，14世紀ころに種子を焙煎，粉砕し，湯で抽出して飲むようになった。15世紀にはイエメンでコーヒーが栽培され，その後，ヨーロッパの植民地政策とともに世界各地に広まった(注1)。

アラビカ種は品質がもっとも優れ，世界のコーヒー豆生産量の70％以上をしめる。次いでロブスタ種の生産が多く，リベリア種は約1％にすぎない。

図4-Ⅲ-1 コーヒーの樹

〈注1〉
当時，イエメンは植物としてのコーヒーの持ち出しを禁じていたが，オランダ人が持ち出して世界に広まった。このコーヒー（アラビカ種，自家受粉）が世界で栽培されているコーヒーのもとになっているため，アラビカ種の遺伝的背景はせまい。

〈注2〉
多肉質で多くの果汁を含んだ果実のこと。

## 2 形態と生育

### 1 アラビカ種

樹高は10mほどになるが，摘心して2～3mの高さで栽培されることが多い。主幹の各節のすぐ上に数個の腋芽が分化する。最上位の腋芽が横方向に伸びて側枝（第1結果枝）になる。側枝の各節にも数個の腋芽が分化し，第2結果枝や花房ができる。葉は対生で長さ7～10cm（図4-Ⅲ-2）。

播種後3年ほどで果実をつけ，6～8年で成木になり，30～40年ほどコーヒー豆を生産しつづける。花は白色でジャスミンのような芳香がある（図4-Ⅲ-3）。開花前に自家受粉し，7～9カ月で果実（漿果(注2)）が成熟する（図4-Ⅲ-4）。成熟期には濃赤色または黄色になり，コーヒーチェリーとよばれる。

果実の構造は，外側に薄い果皮（外果皮）があり（図4-Ⅲ-5），その内側が中果皮

図4-Ⅲ-2 枝に対生する葉

図4-Ⅲ-3 コーヒーの花

図4-Ⅲ-4 葉腋についたコーヒーの果実

（果肉，pulp）で，そのなかに繊維質の内果皮（羊皮，パーチメント，parchment）に包まれた種子が通常2個はいる。種皮は種子の最外層で銀皮（silver skin）ともよばれる。

2個の種子は半楕円体で，平面で向かい合わせになっている。平面の中央には深い溝（センターカット）がある。果房先端の果実などでは，種子が1個で楕円体になっておりピーベリー（peaberry）とよばれる。種皮を取り除いた種子が，コーヒー豆として出荷される。生育適温18～22℃，年間降水量1,400～2,400mmで，平均して雨の降る地域が適している。

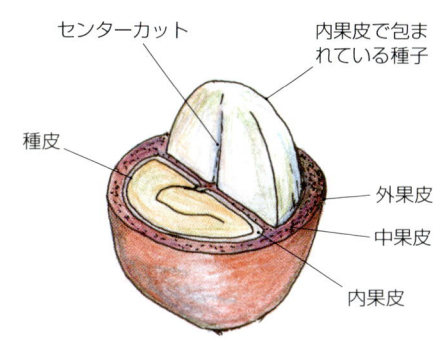

図4-Ⅲ-5　コーヒー果実の構造

## 2 ロブスタ種

おもに風媒による他家受粉で，開花から果実の成熟まで8～11カ月かかる。果実はアラビカ種より丸く，種子も卵形でアラビカ種より小さい。

生育適温は22～30℃で，浅根性で耐湿性があり，年間降水量2,000～3,000mmの地域が適する。しかし，開花期には降雨がないほうが望ましい。

# 3 栽培と品種

## 1 栽培

### ●適地と栽培方法

アラビカ種は緯度が南北25°の範囲（コーヒーベルトとよばれる）で栽培され，赤道付近では標高1,200～2,200mの高地で栽培される。低温には弱く，霜で大きな被害を受ける。ロブスタ種よりさび病などの病害に弱い。

ロブスタ種は緯度が南北15°の範囲の標高300～800mの平地で栽培され，アラビカ種よりも耐暑性や耐病性，生産性が優れている。

最適発芽温度は30～32℃。苗床やポリバックなどで育苗し，苗丈20～40cmのころに移植する。播種後数カ月間は50％遮光する。

隔年結果による減収の軽減や側枝の成長をうながすため，せん定（pruning）を行なう。栽培地の気候や労働力にあった樹形 (注3) に仕立てる。

### ●収穫・調製

果実が赤く色づき，光沢が出てかたくなったころが収穫適期。機械で一度に収穫する方法と，成熟した果実のみを手摘みする方法がある (注4)。果実から種子を取り出す方法には，乾燥式と水洗式がある。

乾燥式は，洗浄し選別した成熟果実を約4週間天日で干して，水分含有率12％まで乾燥させた後，機械で一度に種皮まで除去する。ほとんどのロブスタ種と一部のアラビカ種で行なわれている。

水洗式は，まず果実を水槽にいれて洗浄し，精選して，機械で果肉を粗く除く。次に発酵槽で発酵させ，果肉を完全に洗い流す。その後，水分含有率12％まで乾燥して，内果皮がついた状態で貯蔵する (注5)。

最後に内果皮，種皮を除いて出荷する。この方法は大量の水と専用の機械が必要であるが，高品質のコーヒー豆が生産できる。多くのアラビカ種

〈注3〉
摘心などで1株から複数の幹に仕立てる方法や，1株1本に仕立てる方法などがある。

〈注4〉
前者は一度に収穫できるが未熟果も多く含まれ，また，機械がはいれる平地でしか利用できない。後者は品質はよいが多大な労力がかかる。

〈注5〉
内果皮がついている種子をパーチメントコーヒーという。傷みにくく保存性がよい。

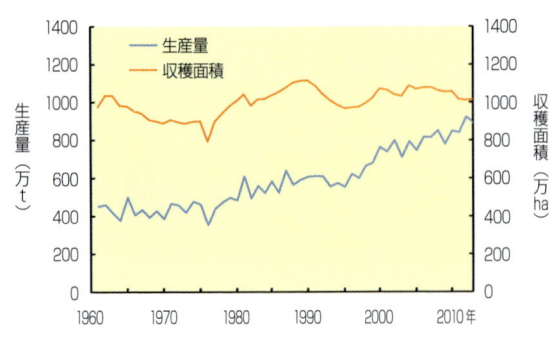

図4-Ⅲ-6
世界のコーヒー豆の生産量，収穫面積の推移（FAO）

〈注6〉
苦味成分のカフェインの含有率は，アラビカ種で1.0〜1.5%，ロブスタ種で2.0〜2.5%である。

〈注7〉
2012年の世界のコーヒー豆（生豆）の輸出量は715万t（FAO）。ブラジルはおもにアラビカ種，ベトナムはおもにロブスタ種を輸出している。

〈注8〉
なままめ（green coffee bean）とも読む。

で行なわれている。

## 2 品種

アラビカ種にはブラジル中心に栽培される'ブルボン'（Bourbon）など200以上の品種がある。アラビカ種は酸味が強く香りがよいのに対し，ロブスタ種は苦味があり渋味も強い (注6)。

アラビカ種とロブスタ種の種間雑種もある。市場では産地や積み出し港の名がついた銘柄で流通している。

## 4 加工と利用

世界のコーヒー豆生産量は892万t，収穫面積は1,014万haで（2013年，FAO），生産量は増加傾向にある（図4-Ⅲ-6）。国別ではブラジルがもっとも多く33%，次いでベトナム16%，インドネシア8%，コロンビア7%とつづく。輸出はベトナム24%とブラジル21%である (注7)。

種子には，炭水化物約60%，油脂約13%，タンパク質約13%，不揮発性酸（クロロゲン酸など）約8%，カフェイン約1〜2%などが含まれる。

種子（生豆） (注8) の大きさや銘柄，好みなどでちがうが，基本的には200〜230℃で10〜15分程度焙煎する。この過程で，デンプンが加水分解し，糖がカラメル化したり，各種のカルボニル化合物ができるなど，コーヒーの味と香りがつくられる。

インスタントコーヒーは，熱湯で抽出されたコーヒーを噴霧乾燥，または凍結乾燥して粉末，顆粒状にしたもので，おもに苦味物質であるカフェインの多いロブスタ種が用いられる。

# Ⅳ カカオ（cacao）

## 1 起源と種類

カカオ（*Theobroma cacao* L.）はアオギリ科の常緑半高木。原産地はアマゾン川およびオリノコ川流域で，有史以前に中央アメリカまで広まり，マヤ族によって栽培化された。

種子（カカオ豆，cacao bean）はカフェイン類似物質で苦味成分のテオブロミン（theobromine）を含み，ココアやチョコレートの原料にする。19世紀にカカオ豆の脱脂技術が確立してココア製造法が開発され (注1)，ココアが世界中に広まった。

〈注1〉
1828年にオランダのヴァン・ホーテン（Van Houten）社により圧縮脱脂法が開発された。

## 2 形態と生育

### 1 幹，枝，花

　樹高は6～10mになるが，3～5mにせん定して栽培する（図4-Ⅳ-1）。生育初期は，幹は分枝せず上に伸びる。1年前後で樹高1～1.5mになったころ，幹の伸長が止まり，頂部から3～5本の分枝が放射状に伸びる。しばらくすると，分枝のすぐ下から，1本の分枝が新たに上に伸びる。その伸長が止まると，再び放射状に分枝が出る。こうした分枝パターンをくり返しながら，階層構造の樹冠をつくる。葉序は3/8で，葉の長さは20～40cm。

　花は木化した幹につく（注2）（図4-Ⅳ-2）。萼片は淡紅色で5枚，花弁は白く5枚。自家不和合性で，虫媒で他家受粉する。結実率は1～5％と低い。開花のピークは地域によってちがうが，年1～2回ある。

図4-Ⅳ-1　カカオの樹（インドネシア）

〈注2〉
このような花を幹生花（cauliflory）とよぶ。

### 2 果実と種子

　カカオの果実はポッド（pod）とよばれ，円筒形や紡錘形で，成熟時の長さは15～40cm，直径10cmほどで縦溝がある。果皮は肉質で厚く，なかに約20～60個の種子がはいる（図4-Ⅳ-3）。各種子は，パルプ（pulp）とよばれる白色で甘く柔らかい粘質性の物質で覆われている。

　種子は扁平な長卵形で，胚と2枚の子葉，それらを包む種皮からなる。休眠性がなく，収穫期には果実内で発芽することもある。原料に発芽種子が多いと，品質が低下する。

図4-Ⅳ-2
枝についたカカオの花と幼果

### 3 生育

　生育適温は15～32℃で，年間降雨量1,500～3,000mmの地域で生育がよく，熱帯の高温，多雨に適している。

　このため，赤道をはさんだ南北緯20°の範囲はカカオベルトともよばれている。低温や乾燥に弱い。

　移植後4年前後で結実しはじめる。果実は受精後5～6カ月で成熟し，緑色から黄色や橙色，赤色，深紅色などになる（図4-Ⅳ-4）。

図4-Ⅳ-3
成熟したカカオの果実とパルプに包まれた種子（カカオ豆）

## 3 栽培と品種

### 1 栽培

　種子から苗をつくる。ある程度の遮光条件で4～5カ月育苗して，雨期のはじめに苗木を移植する。樹などで遮光し，生育とともに日陰をつくる樹を徐々に除いて遮光を弱くする。

　せん定して樹高をおさえる場合は，上に伸びる枝だけを切り取る。

### 2 収穫と調製

　雨期終期からの数カ月間が収穫期である。収穫適期は果実の色で判断す

図4-Ⅳ-4
橙色に成熟した果実

Ⅳ　カカオ

る。収穫し，果実を割って種子を取り出し，木箱などにいれて3〜7日間，自然発酵させる（図4-Ⅳ-5）。発酵熱で種子の発芽能力が失われる。同時にパルプが分解され，アルコールや酢酸がつくられるなど複雑な化学変化がおこるが，このときチョコレートの風味や香りができる。

その後，水分含量が約7％になるまで天日や機械で乾燥して発酵を止め（図4-Ⅳ-6），精選して袋詰めしココア豆（cocoa bean）(注3)として出荷する。

図4-Ⅳ-5
木箱にはいった発酵中のカカオ種子（上）と発酵後の種子（下）

### 3 品種

カカオは，形態的特徴などから，3つの大きなグループに分けられる。

**クリオロ（Criollo）**：古くから中央アメリカを中心に栽培されてきたグループで，おもに中米や南米北部で栽培されている。成熟果は黄色や赤色で果皮が薄く，10本ほどの深い縦溝があり，先端がとがっている。1果に20〜30の種子がはいる。種子は丸味があり大きく，子葉は白色か青紫色。病気には弱く収量も低いが，渋味が少なく，香りもよく，品質がもっとも優れている。

**フォラステロ（Forastero）**：耐病性があり生育旺盛で多収。世界で広く栽培され，カカオ全生産量の約8割をしめる。成熟果は黄色が多く，果皮は厚くてかたく，表面がなめらかで先端が丸く縦溝が浅いのが特徴である。種子は扁平で，子葉は紫色でポリフェノールが多い。2系統あり，Lower Amazonはアマゾン川流域で栽培され，アフリカに最初に導入された。Upper Amazonは遺伝的多様性が大きく，育種素材として重要である。

**トリニタリオ（Trinitario）**：本来，ベネズエラ北東沖のトリニダード島特有のカカオであった。クリオロとフォラステロのLower Amazonが交雑した系統で，形態などの変異が大きい。現在，コロンビアや中米で栽培されているが，フォラステロに近い形質のものは世界中で栽培されている。

図4-Ⅳ-6
天日干しによる種子の乾燥

〈注3〉
基本的には，植物の種子をさす場合はカカオ豆，発酵過程を経て乾燥した種子をココア豆とよぶが，カカオをココアとよぶ場合もある。

〈注4〉
カカオバターはココアバターともよび，融点は32〜36℃で口溶けがよく，座薬などにも用いられる。

## 4 加工と利用

世界のカカオ豆生産量は459万t，収穫面積1,001万haで（2013年，FAO），生産量，収穫面積ともに増加傾向にある（図4-Ⅳ-7）。

国別ではコートジボアールがもっとも多く32％，次いでガーナ18％，インドネシア17％とつづき，アフリカ諸国で66％をしめる。輸出はコートジボアールがもっとも多い。

ココア豆の成分は，脂肪（カカオバター）50〜57％(注4)，炭水化物24〜38％，タンパク質11〜19％で，テオブロミン1.0〜1.6％である。

ココア豆を焙煎するとチョコレートの風味が増す。焙煎後，粗く粉砕して種皮と胚芽を除いたものがカカオニブで，磨砕するとペースト状のカカオリ

図4-Ⅳ-7
世界のカカオ豆の生産量，収穫面積の推移（FAO）

カーができる。これを冷却したのがカカオマスで，圧搾してカカオバターの一部を除いたのがココアケーキで，これを粉砕したのがココアパウダーである。

チョコレートは，カカオマスにカカオバターや砂糖，香料などを加えて練って固めたものである。最近，ココアに含まれる抗酸化作用のあるココアポリフェノールが注目されている。

# V タバコ（tobacco）

図4-V-1 タバコ
ポリエチレンフィルム被覆によるマルチ栽培

図4-V-2 タバコの花

## 1 起源と種類

タバコ（*Nicotiana tabacum* L.）はナス科の多年生植物（2n=48）であるが，栽培では1年生作物としてあつかう（図4-V-1）(注1)。

原産地はボリビアからアルゼンチン北部。葉にはニコチンが含まれ，たばこ（煙草）の原料にする。南北アメリカでは古くから吸われ，ヨーロッパに伝わった。日本には，16世紀中ごろ以降に九州に伝わり，その後，各地に喫煙とタバコの栽培が広がった(注2)。

## 2 形態と生育

葉は長さ60cmほどで，直立した茎にらせん状につく。葉の両面には表皮細胞から分化した毛茸が密生する。毛茸の多くは先端が球状の腺細胞になり，粘性のあるヤニ（テルペン化合物）を分泌する(注3)。

集散花序で，上から下へと咲く。花は約5cmの管状花で，花弁の先が5裂する（図4-V-2）。栽培されているタバコの多くは，短日条件で開花が促進される短日植物である(注4)。果実は蒴果で，1,500粒ほどの種子がはいる。種子は赤褐色か黒褐色で，長さ0.6～0.8mm，千粒重は80mg程度。

光発芽種子で，光の要求度は品種でちがう。生育適温は28℃前後。ニコチンは根で生合成され，道管で若い葉に運ばれ細胞の液胞中に蓄積する。

## 3 栽培(注5)と品種

### 1 育苗，移植，管理

育苗：播種はハウス内の播種床（親床）にするが，種子が微細なため，水に種子をいれて撹拌しジョウロで播種するか，砂などと混ぜて播種し，

〈注1〉
マルバタバコ（*N. rustica* L.）も喫煙用に栽培されるが，インドやパキスタンなど一部の地域にかぎられる。タバコよりニコチン含有量が多い。

〈注2〉
江戸時代の日本での喫煙は，きざんだ葉たばこを煙管に詰めて吸っていた。大正時代に紙巻たばこ（シガレット）が普及し，たばこ産業が発展した。

〈注3〉
腺細胞をもつ毛茸は腺毛とよばれる。葉を乾燥させるとテルペン化合物から香喫成分になる物質ができる。

〈注4〉
ただし，タバコ品種のなかには，日長に関係なく開花するものや，長日条件で開花が促進されるものもある。

〈注5〉
日本でタバコを栽培する場合は，日本たばこ産業株式会社（JT）と売買契約をする必要がある。

⟨注6⟩
低温では最終的な葉数が減るので、寒冷地では畝に穴をあけて移植し、その上から被覆する方法も行なわれ、葉がフィルムに接触するころに切開する。

⟨注7⟩
喫煙したときの香りや味わいのよさ。ソラノンやノルソラナジオンなどの香喫味成分が多いほど、香喫味がよい。

図4-V-3 収穫期のタバコ
下位の葉から数枚ずつ収穫する

⟨注8⟩
緩和補充料ともよばれ、製品の火もちや張りをよくする。味と香りは淡泊でくせがない。

図4-V-4
ハウス内でのタバコ(バーレー種)の乾燥

覆土はごく薄くする。3週間ほどして5～6枚の葉が展開したころ、苗床(子床という)に5×5cmの間隔に移植して育苗する。

**移植**：苗床に移植してから約20～25日後、9～10枚の葉が展開した苗を圃場に移植する。九州では3月中下旬、東北では4月下旬ころが移植適期。初期生育促進のため、高畝をつくりポリエチレンフィルムなどで被覆し、あけた穴の底部に移植する⟨注6⟩。

**施肥**：10a当たり窒素8～12kg、リン酸8～24kg、カリ16～24kg程度。窒素は葉面積の拡大に重要だが、多すぎると葉が薄く充実度が低下し、香喫味⟨注7⟩が下がる。カリウムは葉たばこの燃焼をよくするが、塩素は吸湿性を高めて燃焼しにくくするので、カリウム肥料には塩化カリを使わない。

**摘心**：25～35枚程度の葉をつける。茎先に蕾がみえると7～10日後に開花がはじまるので、このころ花序を切除する(摘心)。摘心後に伸びるのを防ぐため腋芽を除去するが、一般にはわき芽(腋芽)抑制剤の散布が行なわれる。これらの作業で、葉が厚く充実し、含まれるデンプン量が増え、ニコチン濃度が高まる。摘心から収穫終了までの期間は、成熟期とよばれる。

## 2 収穫

移植時には第10葉まで展開しているが、収穫対象になるのはそれより上位で、圃場で展開した葉である。葉はついている位置で、上位から上葉、本葉、合葉、中葉の4つに区分する。

摘心後、成熟のすすんだ下位の葉から、5～7日おきに順次収穫(葉かき)していく(図4-V-3)。

中位の葉の収穫が終わるころになると、上位の葉はほぼ同時に成熟するので、黄色種では残った葉を一度に収穫し、バーレー種や在来種では上葉と本葉をつけたまま茎ごと刈取る(幹刈り)。

## 3 乾燥・調製

収穫した葉をすぐに施設に運び、乾燥(curing)する。

**黄色乾燥**：シガレットの香喫味成分になる黄色種の乾燥法で、葉かき収穫した葉を乾燥機のある乾燥室で送風乾燥する。最初の40時間は30～40℃に保ち、酵素によるデンプンの糖化と葉の黄化を促進させ、その後40時間は段階的に温度を上げて脱水し、酵素の働きを止め、葉色を黄色に固定する。さらに20時間は70℃にして黄色の乾葉に仕上げる。

**空気乾燥**：緩和料⟨注8⟩にするバーレー種や在来種の乾燥法。ハウスなどで3～4週間かけて乾燥し、褐色の乾葉に仕上げる(図4-V-4)。葉かきした葉は、なわなどに編み込んでつり下げ、幹刈りは茎を逆さにつるす。

**調製**：乾燥した葉たばこは、圧縮して梱包し、JT(日本たばこ産業株式会社)の鑑定員によって格付けされ売りわたされる。JTでは、加湿、加熱して柔らかくしてから、葉脈を取り除き(除骨)、均一な原料にする

ためブレンドする。水分を調整した後，ケースに詰めて1年以上貯蔵して熟成させる。

### 4 品種

タバコには，黄色種，バーレー種，オリエント種と，各地で古くから栽培されてきた在来種がある。黄色種はバージニア種ともよばれ，世界でもっとも広く生産されている。葉の糖含量が高く，乾燥すると黄色～橙色になる。バーレー種は黄色種に次いで生産され，乾葉には芳香がある。糖含量が低く，乾燥前の生葉の色は淡緑色で乾葉は褐色になる。オリエント種はおもにトルコなどの地中海性気候の乾燥した地域で栽培され，トルコ種ともよばれる。ニコチン含有率は他種より低い。

日本では，黄色種とバーレー種，松川やだるまなどの在来種が栽培されている。2012年の栽培契約面積の割合は，黄色種が65％，バーレー種が34％，在来種が1％である。黄色種は関東以西，バーレー種は東北地方に多い。

## 4 生産量

世界のタバコ生産量は7,435万t，収穫面積は4,238万haである（2013年，FAO）。生産量は1997年をピークに減少したが，最近やや増加傾向にある。国別では中国42％，ブラジルとインドが11％。日本のタバコの生産量と収穫面積は徐々に減っている（図4-V-5）。都道府県別では熊本県14％，青森県12％，岩手県11％，沖縄県10％である（2012年）。

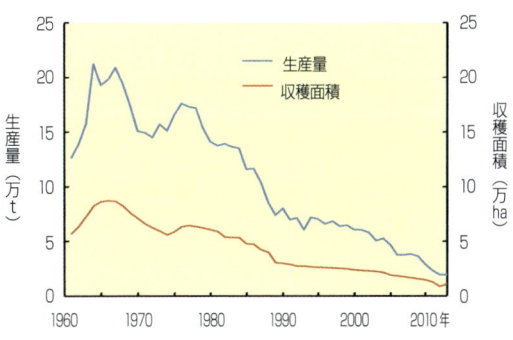

図4-V-5
日本での葉たばこの生産量，収穫面積の推移（FAO）

# VI ホップ（西洋唐花草，hop）

ホップ（*Humulus lupulus* L.）はアサ科のつる性多年生作物で，雌雄異株。雌性花序をビール醸造に使うため，雌株だけを栽培する。

冷涼な気候に適し，生育期間の平均気温約15℃，降水量400mm前後が適地である。年に8mほど伸び（図4-VI-1），秋につるは枯れるが基部は越冬し，翌春再び萌芽して，つるを伸ばす。雌性花序は約40個の雌花からなり，開花はじめに柱頭が花序から出る（その姿から毛花とよばれる）。その後，花序が肥大して，約20枚の外苞と約40枚の内苞からなる松笠状の球花（毬花）になる（図4-VI-2）。

成熟期には外苞と内苞の基部に多数の黄色いルプリン粒（lupulin）ができ，これに含まれるフムロン酸がビール醸造工程でイソフムロン酸に変

図4-VI-1　ホップ栽培

わり，ビールに特有の芳香と苦味を与える。

　世界のホップ生産量は 11 万 t，収穫面積は 7.6 万 ha（2013 年，FAO）。国別生産量割合はアメリカとドイツが 25％，エチオピア 20％。

図 4-Ⅵ-2　ホップの雌株についた毬花

# Ⅶ　マテ（mate）

　マテ（*Ilex paraguayensis* A. St. Hil.）はモチノキ科の常緑樹で雌雄異株（図 4-Ⅶ-1）。アルゼンチン北部からブラジル南東部，パラグアイにかけての山岳地帯が原産地。南アメリカでは，古くから葉や小枝をマテ茶としてきた。

　樹高は 15 m 以上になるが，栽培では摘採しやすいよう 3 m 程度にする。葉身は約 5 cm で倒卵形，縁には鋸歯がある。

　冬期に摘採する。摘採後 24 時間以内に約 400℃ のロータリーオーブンで 30 秒ほど直火にあてて葉の酵素を失活させ，その後，水分含有率約 5％ まで乾燥して，袋に詰めて貯蔵し熟成させる。約 1 年後，選別し，ブレンドして出荷する（グリーン）。焙煎して出荷するもの（ロースト）もある（図 4-Ⅶ-2）。

　マテ茶には鉄分やマグネシウム，カルシウムなどのミネラル分やポリフェノールが多く含まれている。最近，肥満防止効果や抗酸化作用などがあることが報告され，機能性が注目されている。

　世界のマテ生産量は 85 万 t（2013 年，FAO）。国別生産割合はブラジル 61％，アルゼンチン 29％，パラグアイ 10％。

図 4-Ⅶ-1　マテ（写真提供：日本マテ茶協会）

図 4-Ⅶ-2　マテ茶（左：グリーン，右：ロースト）
（写真提供：日本マテ茶協会）

# Ⅷ その他の嗜好料作物

　世界に広く普及していなくとも，一部の国や地域では，重要な位置づけになっている嗜好料作物もある。そのなかでも主要なものを，表4-Ⅷ-1にまとめた。

図4-Ⅷ-1　ビンロウ（右：果実）

図4-Ⅷ-2　キンマ *Piper betle* L.
コショウに似るコショウ科のつる性植物

表4-Ⅷ-1　地域で栽培される嗜好料作物

| 作物名・学名 | 特　徴 |
|---|---|
| ガラナ<br>guarana<br>*Paullinia cupana* H. B. et K. | ムクロジ科ガラナ属の木本性つる植物。アマゾン流域原産。葉腋から出た花軸に穂状に花をつけ，房状に果実が稔る。成熟すると赤い果皮が裂開して，直径約8mmの光沢のある黒い種子があらわれる。種子には2～4.5%のカフェインが含まれる。種子を乾燥させたあと粉にして抽出物を得る。ブラジルではおもに飲料として利用されているが，最近，日本でもガラナを用いた飲料が広まりつつある |
| コーラ<br>cola<br>*Cola nitida* Schott et Endl. | アオイ科コラノキ属の常緑高木樹で8～15m。熱帯の西アフリカ原産。果実に5～9個の種子（kola nutとよばれる）があり，カフェインの一種のコラチンが2～2.5%含まれる。乾燥した種子を粉にして水に溶かすなどして飲用する |
| ビンロウ<br>areca nut palm, betel palm<br>*Areca catechu* L. | ヤシ科ビンロウ属の高木樹で20mほどにもなる（図4-Ⅷ-1）。雌雄同株。インドまたはマレーシア原産。果実は長さ3～5cmの卵形で，熟すと橙色になる。種子（ビンロウシ，檳榔子ともよばれる）にはアルカロイド（アレコリンなど）が含まれ，種子を細かく切ったりすりつぶしたものをコショウ科のキンマ（図4-Ⅷ-2）の葉に石灰と一緒にくるんで噛む。口の中に赤や黄色くなった唾液がたまり，はき出す。薬用としても利用される |

# 第5章 繊維作物

## I 繊維作物の生産と利用

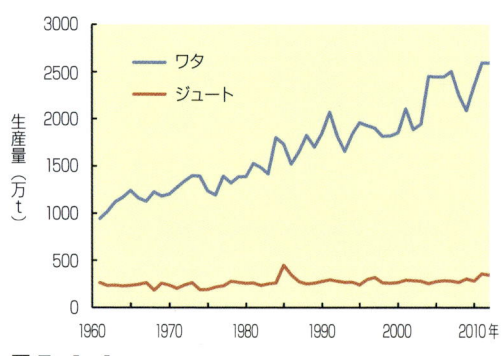

図5-I-1
おもな繊維作物の世界の生産量の推移（FAO）

　茎，葉，果実，種子から繊維をとるために栽培する作物を繊維作物（fiber crop）という。植物繊維はセルロースなどの炭水化物であるが，羊毛や絹など動物性繊維はタンパク質が中心で，熱によって変性する。

　繊維作物は古くから衣料などに利用され，重要な作物であった。20世紀中ごろから化学繊維(注1)が安価で大量に生産されると，多くの繊維作物の栽培は減ったが，ワタのように増えているものもある（図5-I-1）。2012年の世界の繊維作物の生産量は，ワタがもっとも多く2,600万t，次いでジュート346万t，アマ24万t，サイザル22万tである（FAO）。

〈注1〉
化学繊維は，レーヨンなどの再生繊維，アセテートなどの半合成繊維，ポリエステル，ナイロン，アクリルなどの合成繊維に大別される。

〈注2〉
おもに二次師部であるが，樹皮の内側で形成層より外側の部分を漠然とさす。

### 1 種類と分類

#### 1 利用部位による分類

　**種子繊維**（seed fiber）と**果実繊維**（fruit fiber）：種子繊維にはワタの種子表面の長い繊維（表皮繊維）が，果実繊維にはココヤシ果実の中果皮の繊維などがある。

　**靱皮繊維**（bast fiber）：双子葉植物の茎の靱皮（bast）(注2)の師部繊維だが，まわりの皮層や一次師部にある繊維も含む。ジュート，アマ，ラミー，タイマなど，いわゆる「麻」の茎から容易に取り出すことができる。それほど木化（リグニン化）していない比較的柔らかい繊維で，軟質繊維ともよばれる。

　**組織繊維**（hard fiber）：単子葉植物の葉の維管束をそのまま繊維に利用する。アバカ（マニラアサ）やサイザルなどの葉から，葉肉を機械的に取り除いて維管束を取り出す。木化してかたい繊維なので硬質繊維ともよばれる。

## 2 用途による分類

**紡織用繊維**：取り出した繊維をより合わせて糸を紡ぎ（紡績），織って布やひもなどにする。強い糸を紡げる繊維で，繊維細胞が長くそろっていること，細くて太さが均一であること，繊維細胞同士がよく絡みつくことが重要である。ワタ，ジュート，アマ，タイマなど（注3）。

**組編用繊維**：繊維を含む原料をそのまま，あるいは細く割って編む繊維。比較的柔らかいものでは，帽子にするムギ類の稈（わら）や，畳表にするイグサなどがあり，かたいものでは，編んでかごにするタケ，イスやテーブルなどにするトウ（籐，rattan，ヤシ科トウ（*Calamus*）属）（図5-I-2）などがある。

**ブラシ用繊維**：強くて弾力がありブラシやほうきにする繊維。たわしやマットなどをつくるココヤシ中果皮の繊維，ほうきをつくるヤシ科植物の葉鞘の繊維（本章XIII項表5-XIII-1参照）やホウキモロコシの穂の繊維などがある（図5-I-3）。

**充填用繊維**：枕やクッションなどの充填材にする繊維。軽くて弾力性と保温性のある繊維が適している。

**製紙用繊維**：紙の製造に利用する繊維。和紙にはミツマタやコウゾなどの靱皮繊維，洋紙にはエゾマツなど木材の木部繊維が用いられる。また，紡織に使えない短い繊維なども製紙用にする。

## 2 繊維の構造

繊維になるのは，肥厚した細胞壁をもつ厚壁細胞である。

### 1 細胞壁 (cell wall)

植物細胞の細胞壁の主成分はセルロース（cellulose，繊維素）で，そのほかヘミセルロース（hemicellulose）やペクチン（pectin）などがある。セルロースは，多数の$\beta$-ブドウ糖がグルコシド結合（$\beta$-1, 4結合）した直鎖状の高分子である（図5-I-4）（注4）。

細胞壁では多数のセルロース分子が平行に束状にならんでミセル（micelle）をつくり，さらに多数のミセルが束状にならんでミクロフィブリル（microfibril，微小繊維）をつくっている（図5-I-5）。

細胞分裂が終わってすぐできる細胞壁は一次壁（primary wall）とよばれる。一次壁は伸縮性があり，細胞の拡大成長によって広がる。細胞の成長が終わるころ，多くの細胞では一次壁の内側にさらにミクロフィブリルが沈着して二次壁（secondary wall）がつくられる（注5）。二次壁は一次壁よりも強固で可塑性が低く，セルロース含量が多い。

ミクロフィブリルは，一次壁では細胞の長軸方向に直角にならんでいる。二次壁では外層，中層，内層の3層になっていることが

**図5-I-2 自生しているトウ（左）と，その茎（右）**
茎はトゲの密生する葉鞘に包まれている。トウはほかの樹木に寄りかかりながら成長する。茎は軽くて強靱，太さは均一で，長いものは200 m近くにもなる。絶滅に瀕している種もある

〈注3〉
ジュート，タイマ，アマなど麻類では，繊維細胞があつまった状態（維管束）のまま，よられて糸が紡がれる。

**図5-I-3**
枝梗が長いホウキモロコシの穂（左）とホウキモロコシでつくられたほうき（右）

〈注4〉
デンプンは，$\alpha$-ブドウ糖が$\alpha$-1, 4結合したらせん状の構造であるが，セルロースは直鎖状である。ヨウ素溶液を滴下すると，デンプンではヨウ素分子がらせんのなかにはいり，青紫〜赤褐色になってヨウ素デンプン反応を示すが，セルロースは反応しない。

〈注5〉
柔細胞などでは一次壁の形成だけで成長が終わる。

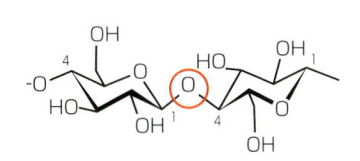

**図5-I-4 セルロースの化学構造式**

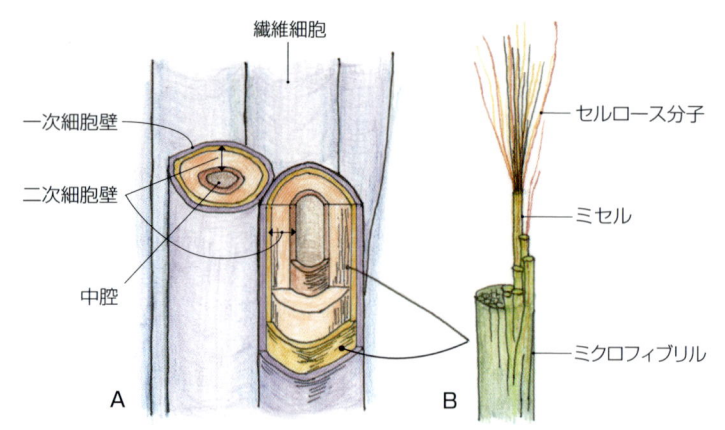

**図5-Ⅰ-5　繊維細胞の細胞壁とミクロフィブリルの模式図**
Aのミクロフィブリルは，ならぶ方向性を示すため極端に太く示した

多く，ミクロフィブリルは細胞の長軸方向にそれぞれ直角，平行，直角にならんでいる。

### 2 厚壁細胞（sclerenchyma cell）

厚壁細胞は，生育がすすむにつれて二次壁が厚くなり，リグニン（lignin）が蓄積して木化（lignification）し，成熟すると原形質が失われて死細胞になる。二次壁の肥厚がいちじるしいと，細胞内のほとんどが二次壁でしめられる。厚壁細胞からなる厚壁組織は，植物体を機械的にささえる役割がある。

厚壁細胞で，きわめて細長いものを繊維（fiber，繊維細胞），短くさまざまな形のものを厚壁異形細胞（sclereid）とよぶ。繊維には，木部を構成する木部繊維（xylem fiber）と，木部以外の組織にある木部外繊維（extraxylary fiber）がある。木部外繊維には，師部繊維（phloem fiber）などがある。

## 3 靱皮繊維の調製

アサ類の靱皮繊維は茎の皮から取り出す。茎の基部を折り，先端に向かって引いて茎の皮をはぐ（剝皮）。皮の靱皮繊維束には，ペクチンによって木部などが付着しているので，これを除去するために精練する。

カビなどの微生物によってペクチンを分解するのが発酵精錬で，ため池などに1～2週間浸けて自然界の微生物で発酵させる自然発酵精錬と，ペクチン発酵菌を培養して接種し発酵させる純粋発酵精錬がある。また，1～2％水酸化ナトリウム溶液や1％硫酸水で煮沸してペクチンを溶解する，化学精錬もある。

自然発酵精錬は簡易だが，時間がかかり，品質の低下や発酵中の悪臭などの問題がある。化学精錬は短時間で処理ができるが，反応が早く分解が過度になる危険がある。

## 4 再生繊維

再生繊維とは，天然の繊維を一度溶かし，再び繊維として再生させたもので，植物のセルロースや海藻（注6），また，動物由来のタンパク質（注7）を原料にする。セルロースからの再生繊維には，木材パルプやタケなどを原料にするレーヨンと，ワタから綿毛をとったあとに残った短い繊維を原料にするキュプラがある。レーヨンは強い光沢があり発色性に優れ，おもにレースや刺繍糸など，キュプラはおもに高級裏地などにする。

〈注6〉
海藻に多く含まれる多糖類のアルギン酸を原料にした繊維は，アルギン酸繊維とよばれる。

〈注7〉
牛乳のタンパク質のカゼインを原料にした繊維は，カゼイン繊維とよばれる。

# II ワタ（棉，cotton）

図5-II-1 インドでのワタの栽培

## 1 起源と種類

ワタ（*Gossypium* spp.）はアオイ科の多年生植物であるが，栽培では1年生作物としてあつかわれる（図5-II-1）。栽培種には4種ある。

旧大陸で栽培化されたのがキダチワタ（*G. arboreum* L.）とシロバナワタ（*G. herbaceum* L.）で，アジア棉（Asiatic cottons）ともよばれる(注1)。新大陸で栽培化されたのがリクチメン（*G. hirsutum* L.）とカイトウメン（*G. barbadense* L.）である(注2)（表5-II-1）。アジア棉は2倍体（2n=26）でAゲノム，リクチメンとカイトウメンは4倍体（2n=52）でADゲノムである(注3)。

## 2 形態と生育

### 1 葉，茎，根

草丈は1～1.5 mほど。子葉2枚が展開後，ハート形の第1本葉が展開する。本葉には長い葉柄があり，第2本葉以降の葉身は裂片数3～5の掌状で，葉序は3/8。根は1本の直根が深く地中にはいり，多くの側根が出る。

主茎の葉がつくところの上方に2つの腋芽（主腋芽とその上方の副腋芽）がつく。主腋芽は発育枝（vegetative branch）に，副腋芽は果実をつける結果枝（fruiting branch）に発達するが，発達するのは2つの腋芽のどちらかである。発育枝は，主茎同様に葉を展開しながら上方へ伸びる(注4)。結果枝は，ななめ上方に伸びて頂芽が花芽になり，その後，花序近くの副

〈注1〉
木偏の「棉」は植物のワタを，糸偏の「綿」はワタからとれる繊維をあらわす。

〈注2〉
旧大陸で栽培化されたワタ（アジア棉）を old world cotton，新大陸で栽培化されたワタを new world cotton とよぶこともある。new world cotton は，Aゲノムをもつ *G. herbaceum* とDゲノムをもつ野生種との交雑で誕生したと考えられている。

〈注3〉
*Gossypium* 属の基本ゲノムには，A～GとKの8種類ある。

〈注4〉
発育枝は，1つの茎頂分裂組織が茎葉を分化して成長する。こうしてできる茎軸を単軸（monopodium），成長様式を単軸成長（monopodial growth）という。

表5-II-1 ワタの栽培種と特徴

| 種類 | 特徴 |
|---|---|
| リクチメン<br>（陸地棉，upland cotton） | 中米から南米北部で栽培化され，7系統ある。現在，世界でもっとも生産されているワタで，世界の生産量の90％以上をしめる。綿毛の長さは約20～30mm |
| カイトウメン<br>（海島棉，sea island cotton） | ペルーで栽培化された。おもにアメリカ，中国，インド，エジプトで栽培され，リクチメンに次いで生産量が多い。収量はリクチメンに劣るが，綿毛の長さは30～60mmでもっとも長く，綿毛は強くて白く光沢があり，高品質である。var. *barbadense* と var. *braziliense* の2変種がある。高品質で有名なエジプト棉やピーマ棉も，カイトウメンの系統である |
| キダチワタ<br>（木立棉，tree cotton） | 本来は木本性で高さ3mほどにもなる。アジアで広く栽培されていたが，多くはリクチメンにおきかわり，現在はインドやパキスタンの乾燥地に残る程度である。果実が小さく，綿毛は長さ25mm以下と短いが，細胞壁が厚く強い。布団綿などに用いるデシ綿はこの種の系統で，インドなどで栽培されている。かつて日本でも栽培され，各地に在来種が残る。江戸時代には栽培がさかんであったが，その後衰退し，第二次世界大戦後の化学繊維との競合，昭和36年の綿花の輸入自由化でほとんど消滅した。なお，日本の在来種からつくられた綿は，和綿とよばれている |
| シロバナワタ<br>（白花棉，Levant cotton） | アフリカからアラビア半島で栽培される。綿毛の長さは10～25mmで，あらい |

⟨注5⟩
ワタの結果枝のような茎軸を仮軸 (sympodium)，成長様式を仮軸成長 (sympodial growth) という。主茎や発育枝は1本のまっすぐな茎であるが，結果枝はジクザクした枝になる。

⟨注6⟩
カイトウメンには，花弁の基部に赤や紫色の斑点（眼点ともいう）がある。

腋芽が伸びて，再び頂芽が花芽になる。これをくり返して，1本の結果枝が伸びつづけたような枝になる(注5)。

## 2 花序と花

花序は，3枚の苞葉 (bract) に包まれている。苞葉の鋸歯状の切り込みはアジアメンでは浅く，リクチメンやカイトウメンで深い。苞葉の内側に小さな杯型の萼がある。花弁は5枚で，リクチメンはクリーム色，カイトウメンは深黄色(注6)，アジアメンは白色や黄色，紫色などである（図5-Ⅱ-2）。

雄しべは100本ほどで花糸が管状にあつまって花柱を囲み，多数の葯が花柱の側面を覆っているようにみえる。雌しべは1本で子房は3〜5室。おもに自家受粉する。果実（蒴という，boll）は卵形で緑色か暗緑色（図5-Ⅱ-3）。

## 3 毛と種子

開花後，胚珠の表皮細胞の一部が伸び，毛（繊維細胞）になる。長い毛を綿毛 (lint)，短い毛を地毛とか短毛という。成熟すると，蒴内は綿毛で充満する（図5-Ⅱ-4）。蒴が褐色に完熟すると，裂開して綿毛が外に出る（開絮）（図5-Ⅱ-5）。綿毛細胞は急速に脱水されて死に，綿毛はらせん状によれる。綿毛のよれは糸を紡ぐときの重要な性質で，よれの数が多いほど品質がよく，カイトウメンがもっとも多い。次いでリクチメンで，アジアメンがもっとも少ない。色は白色のほか，茶色や濃緑色，赤褐色などがある（図5-Ⅱ-6）。

綿毛で覆われた種子を実綿 (seed cotton)，綿毛を綿花 (cotton lint) または繰綿，綿毛を取り除いた種子を棉実 (cotton seed) という。棉実は卵形で，アジアメンやリクチメンでは地毛が種子を覆い白くみえるが（白種），カイトウメンでは地毛が少なく，黒くみえる（黒種）。

## 4 綿毛の発達

種子の表皮細胞（綿毛）は，開花後に伸びはじめ，25〜30日で最終的な長さになる。伸長が終わるころから一次壁の内側にミクロフィブリル

図5-Ⅱ-2 開花したワタの花
白黄色の花も，咲いた翌日には紫色になる

図5-Ⅱ-3 苞葉に覆われた蒴

図5-Ⅱ-4 開く前の蒴の横断面
蒴内は綿毛をもった種子がつまり，水分を多く含んでいる

図5-Ⅱ-5 収穫期の開絮した蒴 (open balls)

（本章Ⅰ-2-1項参照）が沈積しはじめ，細胞の内側に向かって二次壁が肥厚し，中腔の円筒状の綿毛になる（注7）。

ミクロフィブリルの沈積は，昼に密，夜は疎なので，綿毛細胞の横断面は二次壁が20～25層の輪層になる。また，沈積する方向が部分的にかわるので，綿毛が乾燥するとよれができる。

綿毛が伸びる時期に，低温や養水分不足になると，短く弱くなる。生育が阻害されて二次壁が発達しなかった綿毛（死綿）は，乾燥してもよれない。中位の結果枝につく蒴の綿毛が長い傾向にある。

### 5 生育

熱帯から温帯で栽培できる。生育には年平均気温15℃以上が必要とされ，霜に弱い。年間降雨量は500mm以上，生育期間の40％以上が晴天であることが望ましい。エジプトなどの一部の乾燥地域では，灌漑で産地をつくっている。酸性土壌に弱いがアルカリ性土壌に強く，耐塩性は比較的高い。

花芽は，出芽して約30～35日後に最下位の結果枝にあらわれ，その約3週間後に開花する。開花，受精してから約3週間で蒴の大きさが最大になり，さらに約4～5週間で成熟し開裂する。開裂直前に種子が成熟する。花芽の35～45％が成熟した蒴になる。

ワタの開花期間は6～8週間におよぶ。良好な環境条件であれば，1本の結果枝は最基部の節で開花した後，約6日おきに順次上位の節で開花する。また，約3日おきに順次上位の結果枝の同じ節位で開花する。結果枝の最基部につく蒴が収量に大きく貢献する。

基本的に永年生植物であるワタは無限成長性で，栄養成長と生殖成長が同時におこるが，開花が頂部に近づくと蒴に同化産物をより多く分配し，栄養成長が止まる。花の発育も停止し，若い蒴は落下する。この現象をcutoutとよび，収穫できる蒴数が決定する時期である。

## 3 栽培と品種

**播種**：種子は，綿毛をとっても，地毛で覆われていて取り扱いにくいため，播種前に濃硫酸などで地毛を溶かして取り除き，水洗しておく。平均地温が15℃になったころを目安に播種する。アメリカでは，一般に，畝間1m，深さ3cmで播種し，株間は8～20cmにしている。

**管理**：播種前に除草剤を散布するほか，生育初期の雑草防除として中耕し，生育にあった除草剤を畝間に散布する。地域によっては，根腐病などの土壌病害を軽減するために，トウモロコシやグレインソルガム，コムギ，ライムギなどとの輪作が行なわれている。

**収穫**：手摘みと機械による摘採（picking）がある。手摘みは，早く開裂した蒴から順に数回に分けて摘採する。蒴の殻がついたまま摘採すると夾雑物がはいり品質が低下するため，蒴の中から実綿のみをとる。

アメリカでは機械摘採が行なわれ，開裂した蒴の実綿のみを摘採するタ

図5-Ⅱ-6
白綿（上）と茶綿（下）

〈注7〉
綿毛（繊維細胞）には約94％のセルロースが含まれ，リグニンは含まれない。

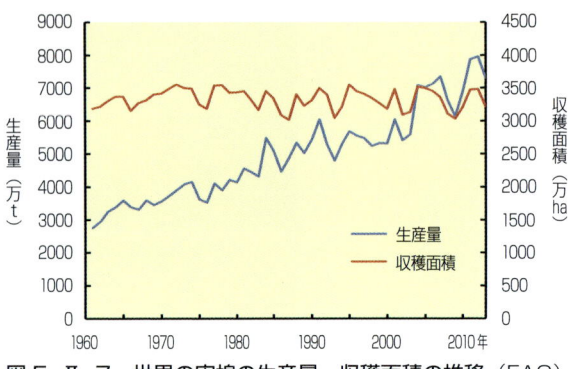

図5-Ⅱ-7 世界の実棉の生産量，収穫面積の推移（FAO）

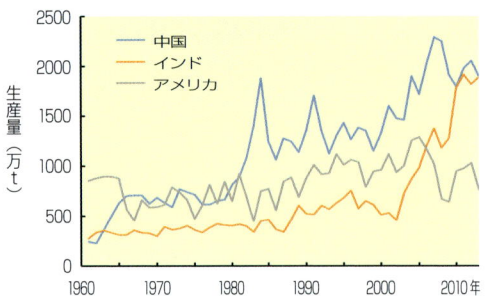

図5-Ⅱ-8 実棉生産主要国の実棉の生産量の推移（FAO）

イプと，開絮にかかわらず全ての蒴を一度に摘採するタイプがある。機械収穫の効率を上げるため，収穫前に落葉剤などを散布する。

**品種**：雑種強勢や種間雑種の品種，また，遺伝子組み換えで除草剤耐性や病虫害耐性をもたせた品種など，多くの品種が育成されている。

## 4 生産量

世界の実棉の生産量は7,305万t，収穫面積は3,217万ha（2013年，図5-Ⅱ-7），繰棉（綿花）の生産量は2,454万tである。

実棉の国別生産量は中国とインドが26%，アメリカ10%，パキスタン9%である。近年，インドで生産量の増加がいちじるしい（図5-Ⅱ-8）。

世界の繰棉輸出量は967万tで，アメリカがもっとも多く29%，次いでインド20%，オーストラリア13%で，輸入量は中国がもっとも多く55%（2012年，FAO）。

## 5 加工と利用

**加工**：収穫した実棉を繰棉工場に運び，水分含量5%にまで乾燥させ，さらに蒴の殻などのゴミを取り除いた後，綿繰り機にかけて綿花と棉実に分ける。綿繰り機には，縁が鋸歯状で高速で回転する多数の円盤があり，その刃で綿毛を引っ張り種子と分け，隣接する回転ブラシで円盤に絡みついた綿毛をとる。ゴミを取り除いた後，プレスされて梱包される（原綿）。

**品質**：綿花の品質は，グレードや繊維の長さ，強度，均斉度，繊度（繊維の太さ），成熟度，天然より，柔軟性などによって格付けされる。グレードは，繊維の色合いや葉などのゴミの混入度で決める。繊維の長さ(注8)は，短繊維綿（20.6mm未満）と中繊維綿，中長繊維綿，長繊維綿，超長繊維綿（34.9mm以上）の5つに分類される(注9)。均斉度は，繊維の長さのばらつき程度で，平均繊維長を繊維長で割った比率（%）であらわされる(注10)。

**利用**：ワタの繊維は中空なので，保温性や吸湿性があり，衣料の素材として優れている。綿毛は，綿糸や綿織物などにする紡織用と，布団綿などにする製綿用，フェルトなどの原料にするが，紡織用が9割以上である。短毛は，包帯や紙，レーヨン，詰め物などにする。

かつて日本でも生産されたキダチワタは，繊維が短く紡織には向かないが，弾力や強度があり布団の中綿などに利用する。カイトウメンの繊維は，長くてよりが多くシルクのような風合いがあり，高級衣料素材になる。

〈注8〉
1つの綿花の全て繊維を長い順に平行にならべたものをダイヤグラムといい，平均繊維長よりも長い繊維を取り出し，それらの平均値を繊維長とする（upper half mean length）。

〈注9〉
アジアメンは短繊維綿，アメリカのリクチメンは中繊維綿か中長繊維綿，カイトウメンは長繊維綿か超長繊維綿に分類される。

〈注10〉
全ての繊維が同じ長さの場合，均斉度は100（%）とあらわされる。この数値が低いほど短い繊維の割合が高く，品質が劣る。

# III ジュート（黄麻, jute）

## 1 起源と種類

ジュート（*Corchorus* spp.）はシナノキ科の1年生作物。原産地は中国。栽培種には，*C. capsularis* と *C. olitorius* があるが（注1），*C. capsularis* が繊維作物として広く栽培されている。

## 2 形態と生育

### 1 形態

*C. capsularis*（ツナソ，綱麻）：草丈は1.5〜3.5m。茎は直立し，先端付近で分枝する（図5-III-1）。葉は互生し，葉身は先の尖った披針形で長さ5〜13cm，周縁は鋸歯状で，基部に細長い葉耳がある。葉柄長は4〜8cmで，基部に2枚の托葉がある。葉のつけ根に1〜5個の花がつく。花は，黄色の花弁が5枚，雄しべが20〜30本。果実（蒴果）は径が1〜5cmの球形で，縦方向にひだがあり，35〜50粒の種子がはいる。根はそれほど深くないが，側根が多い。繊維は白色。

*C. olitorius*（タイワンツナソ（台湾綱麻），シマツナソ（縞綱麻））：草丈は1.5〜4.5m。茎はよく分枝し繊維の質は劣る。葉身は長さ7〜18cmで葉柄は4〜9cm。葉は野菜（モロヘイヤ）としても使う。花の大きさはツナソの2〜5倍で，花弁は黄色で5〜6枚，雄しべは30〜60本（図5-III-2）。蒴果は先端がとがった細長い円筒形で，長さ6〜10cm，径0.3〜0.8cm。1蒴果に125〜200粒の種子がはいる。深根性で側根が少ない。繊維は黄褐色〜灰色。

図5-III-1 ジュート（上）と畑での栽培（下）
（写真提供：小泉製麻（株））

図5-III-2
*C. olitorius* の花
葉身基部の毛のような細長い葉耳が特徴

〈注1〉
商取引上，*C. capsularis* はホワイトジュート（white jute），*C. olitorius* はトッサジュート（tossa jute）とよばれる。

### 2 繊維の特徴

繊維細胞は長さ2〜5mmでほかの麻類より短い。繊維細胞の成長が終わると，ヘミセルロースやペクチンによって8〜20個ほどの細胞が接着して1本の繊維束をつくる（図5-III-3）。

茎の横断面をみると，繊維束はリング状に

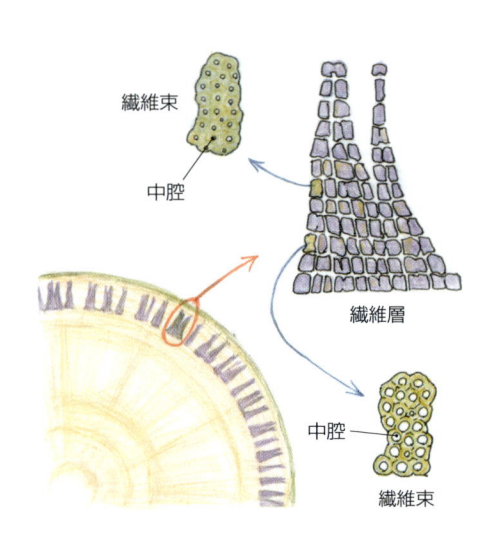

図5-Ⅲ-3
茎横断面（左下）で繊維束（左上，右下）が重なる繊維層（右上）の模式図

ならんで維管束を大きく囲み，同心円状に何重にもかさなって層状になる（繊維層）。茎の内皮から師部にかけての靱皮部に多数の繊維層がつくられる。生育がすすむにつれ，より内側に繊維層がつくられて増えるので，茎の基部では繊維層は10層以上になるが，上部では少ない。茎が太いほど，繊維層が多く繊維束も多い。

ほかの麻類の繊維とちがい，繊維細胞の中腔(ちゅうこう)の大きさは不均一であり，繊維の表面に光沢があるが，強度や耐久性，耐水性は劣る。また，木化程度が大きく，リグニン含量が約40％にもなる。

### 3 生育

熱帯や亜熱帯の湿潤な気候に適している。*C. capsularis* は耐水性が高く湛水条件でも生育できるが，*C. olitorius* は耐水性が劣るので排水のよい高地で栽培される。両種とも耐乾性が低く，干ばつにあうと繊維が粗剛になるので，乾期には灌漑する必要がある。

## 3 栽培と生産量

播種は，ドリル播きでは畝間20〜30cm，株間10cm程度とする(注2)。施肥量は，*C. capsularis* では窒素，リン酸，カリそれぞれ10a当たり4〜8kg，4〜5kg，6〜8kg，*C. olitorius* ではその半分程度。

花芽形成期ころは繊維の質はよいが収量が低いため，開花期〜蒴果形成初期が収穫適期である。地ぎわで刈るか，湛水しているときは根ごと引き抜く。収穫後，数日圃場に放置して葉を落とし，その後，直径20〜25cm程度の束にして10〜20日間ほど水に沈める（浸水精錬）。精錬後，収穫する皮をはぎ，水洗して竿などにかけて乾燥する。

世界のジュート生産量は342万 t，収穫面積は152万 ha で（2013年，FAO），国別生産割合はインド57％，バングラディシュ41％である。日本では，第二次世界大戦中に九州地方などで栽培されたが消滅した。

## 4 加工と利用

ジュート繊維の品質はほかの麻類より劣り，衣料には適さないが，安価で広く利用されている。ジュートの糸を平織りにした厚地の布(黄麻布)(おうまふ)(注3)は，包装用の布やバック，カーペットの基布(きふ)(注4)などに使われる。また，適度な吸湿性や断熱性があるため，穀類，綿花，コーヒー豆などを梱包する袋（麻袋）としても使われる。そのほか，畳表の縦糸やロープなどに用いられる。

麻ひも（図5-Ⅲ-4）は，農業ではコンバインの結束ひもなどに利用されるが，切れ端などを圃場に放置しても腐るので使い勝手がよい。

〈注2〉
インドでは6〜9月がモンスーンの雨期なので，生育初期が湛水時期にあたらないよう，低地では2月，中高地では3〜4月の播種が推奨されている。

〈注3〉
上質のジュートで平織りされた布はヘシアンクロス (hessian cloth)，それより下級の原料でつくられた布はガンニークロス (gunny cloth) という。

〈注4〉
カーペットの裏面をつくる材料のこと。

図5-Ⅲ-4
ジュートによる麻ひも

# IV アマ（亜麻，flax）

## 1 起源と種類

アマ（*Linum usitatissimum* L.）はアマ科の1年生作物。長日植物。茎の靱皮繊維を紡織用繊維にし，種子から油をとる。祖先種は *L. bienne* Mill.（*L. angustifolium*）(注1)である。

紀元前6000年には地中海東岸の近東ですでに栽培されており，衣料にしたもっとも古い繊維作物である(注2)。ヨーロッパでは古くから使われてきたが，ワタが普及して生産は減少し，化学繊維が開発されてからは激減した。

繊維をとる繊維用品種（fiber flax）と油をとる油料用（種子用）品種（seed flax）（第1章XI-6項参照）がある。繊維用品種は，草丈が高くて分枝が少なく，種子が小さい。アマの繊維からつくられた糸や織物は，リネン（linen）またはリンネルとよばれる。

## 2 形態と生育

### 1 形態

草丈は1mほどで，茎の太さは1～2mm。茎の上部で3～5本に枝分かれする（図5-IV-1）。葉には柄がなく，葉身は長さ2～5cmの披針形。葉は茎の基部では対生するが，第4節から上では互生し，主茎だけで50～70枚の葉をつける。

根は主根から多くの分枝根が発生し，地下約50cmまでに根系をつくる。花は主茎と分枝の頂部につき，花弁は5枚で淡青色や白色など（図5-IV-2）。雄しべは5本，雌しべは1本。午前中に開花し，自家受精が多い。

果実は球形の蒴果で（図5-IV-3），5室に分かれ，各室に2個の種子がはいる。種子は扁平な卵形で，長さ3.5～5mm，千粒重は3.8～7g。

〈注1〉
アマと同じ2n=30で，アマと容易に交雑し稔実する。分枝が発達し，花は青色で，果実は裂開性があり，湿潤な場所に生育する。

〈注2〉
エジプトで発掘されたミイラは，亜麻布で覆われていた。

図5-IV-1　開花期のアマ

図5-IV-2　アマの花

図5-IV-3　登熟期のアマの蒴果

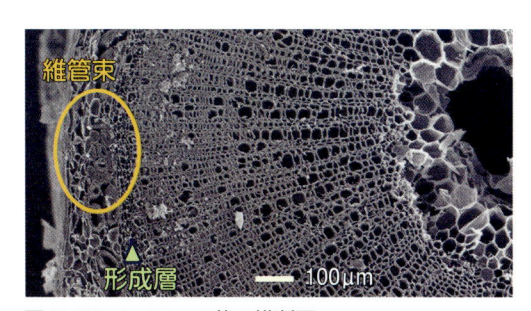

図5-IV-4　アマの茎の横断面

## 2 繊維の特徴

アマの師部繊維は，形成層の外側の師部に繊維細胞の束（繊維束）になっている（図5-Ⅳ-4）。茎には24〜35本の繊維束があり，長さは30〜90cm。アマの繊維細胞は，原生師部の初期に発生し，通道組織としての役割を終えたのちに繊維として成熟する(注3)。先端のとがった長い円筒形で，長さ9〜70mm，太さ12〜25μm。表面は平滑で二次壁が厚く発達し中腔は小さい。

〈注3〉アマの繊維は，一次師部繊維（primary phloem fiber），または原生師部繊維（protophloem fiber）とよばれる繊維である。

## 3 生育

湿潤で冷涼な気候に適し，排水性がよく肥沃な土壌を好む(注4)。生育期間中に高温で乾燥すると，不ぞろいで短く，弾力のとぼしい繊維になり，排水不良だと生育が不ぞろいで，倒伏して繊維の収量や品質が低下する。

〈注4〉ヨーロッパの産地では，播種期の平均気温は7℃前後，収穫期は17℃前後である。

## 3 栽培と生産量

4〜5月に条播または散播する。初夏に開花し，7〜9月に収穫する。収穫適期は，開花後約1カ月，花が落ちて茎の下半分が落葉し，蒴果が暗緑色から褐緑色になるころで，収穫が早すぎると繊維の発達が不十分で収量が少なく，遅すぎると繊維が粗剛になり，繊維の分離が困難になる。

アマは立枯病の被害が大きく，6〜7年あける輪作とする。

世界でのアマ繊維生産量は30.3万t，収穫面積は20.8万haで減少傾向にあり（図5-Ⅳ-5），国別生産割合はフランスがもっとも多く27％，ベラルーシ15％，ロシア13％，中国8％である（2013年，FAO）。

日本では，繊維を目的としたアマの栽培は，かつて北海道で行なわれ，復活を目指す動きもある。第二次大戦終了までは，アマの繊維は，軍事用のロープやトラックの幌，テント，軍服などに使われ，昭和20年に約4万haの作付けがあった。

終戦後激減し，1968年には北海道最後の繊維工場が閉鎖された。北海道には'あおやぎ'などの奨励品種があった。

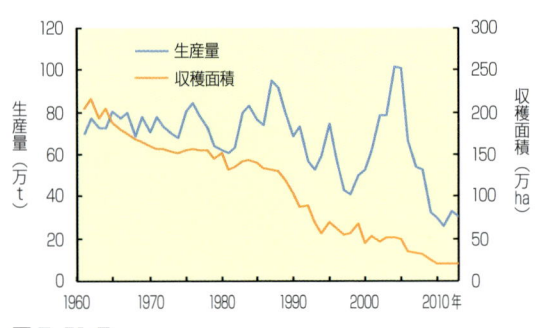

図5-Ⅳ-5 世界のアマ繊維の生産量，収穫面積の推移（FAO）

## 4 加工と利用

〈注5〉精錬中，茎を浸水すると発酵による悪臭と汚水が発生するため，ヨーロッパでは水発酵は禁止されている。そのため，アマを引き抜き圃場にならべて，カビによる土発酵で繊維以外の部分を分離する。均一に発酵するように，ときどき茎を裏返して3週間ほどおき，回収して繊維をとる。

加工：収穫後，繊維にする靱皮部と不要な表皮や木質部を分離しやすくするために，発酵処理（精錬）をする。精錬は，河川や池で茎を約2週間程度水に浸け，繊維以外の部分を腐らせる（浸水精錬）(注5)。茎が光沢のある銀ねずみ色になり，乾かしたものが乾茎である。数カ月貯蔵したのち，乾茎から繊維を分離する。アマの繊維は美しい光沢のある黄色（亜麻色）だが，白くするために日光にさらしたり，漂白して利用する。

利用：アマの繊維は，柔軟で光沢がありワタより強い。リネンは，通気

性がよく，吸湿や乾燥が早いので清涼感があり，夏用の衣服に適している。シーツやカーテン，キャンバスなどのほか，紙幣などの紙の原料にもする。

# V タイマ（大麻, hemp）

## 1 起源と種類

タイマ（Cannabis sativa L.）は，アサ科の1年生作物で，以前はたんにアサ（麻）とよばれた (注1)。起源地は中央アジア。日本には，縄文時代に中国から伝わり，チョマとともに重要な紡績用繊維であった。

## 2 形態と生育

草丈は1〜5mほど（図5-V-1）。茎は四角柱状，太さ4〜20mmで中空（図5-V-2）。葉は，細長い小葉が5〜9枚掌状にあつまる複葉で，縁は鋸歯状。葉柄は下位葉で長く，上位葉で短い。茎の上部で分枝するが，疎植すると下位からも枝が出る。直根は2m以上になることもあり，側根も多く出る。

雌雄異株 (注2)の風媒花で，雌株は茎上部の葉腋に短い穂状花序をつける。雌花は花弁がなく，子房は1枚の萼で包まれ，くちばしのような先端の割れ目から長い花柱が2本出る。雄株では茎の頂部や上位の葉腋に多数の雄花からなる円錐花序をつける（図5-V-3）。雄花は花弁がなく，萼5枚，雄しべ5本で葯が大きい。雌株は種子が成熟した後に枯死するが，雄株は花粉を放出するとすぐに老化，枯死する。果実は痩果でかたく，やや扁平な卵円形で，種子が1個稔実する（図5-V-4）。

〈注1〉
「麻」は，タイマのほか，双子葉植物で靭皮繊維をとるアマ，チョマ，ジュート，ボウマ，ケナフなどと，単子葉植物で組織繊維をとるマニラアサ，サイザルなどの繊維作物やそれらの繊維を漠然とさすこともある。
日本では，繊維製品品質表示規程で，「麻」（指定用語）と表示できるのは亜麻と苧麻のみで，これ以外の「アサ」を用いた場合は「指定外繊維（○○）」と表示する必要がある。

〈注2〉
不良環境条件下では，雌雄同株になることもある。

図5-V-3 タイマの雄花

図5-V-4
タイマの果実（苧実）
スケール：1cm

図5-V-2 タイマの茎

図5-V-1 タイマ

果実は長さ3～6mm，厚さ2.5～4mm，暗灰色～淡褐色で表面に網目の模様がある。

茎は，外側から順に，表皮，皮層，内鞘，師部，形成層，木部とつづき，その内側は中空になる。繊維は内鞘に発達する（靱皮繊維）。繊維細胞の長さは5～55mm，直径16～50μm。

タイマは環境適応性が高いが，適度な降雨がある温帯で生育がよい。幼植物は，軽い霜には耐えられるが，繊維生産には約4カ月の無霜期間が必要である。排水性がよく，肥沃な土壌に適する。

## 3 栽培と品種

### 1 栽培 (注3)

**播種と管理**：3月下旬～4月中旬，降霜の恐れが少なくなったころ，畝間10～20cmで条播する。播種が遅いと急速に成長して，繊維が弱くなる。出芽後，間引いて株間10cm程度とする。密植すると茎が細くなり靱皮繊維の割合が高まるが，密植しすぎると小さくなり繊維採取に適さない。施肥量は，窒素10kg/10a前後で，リン酸とカリはこれより減らす。窒素が多すぎると繊維の品質が落ちる。

**収穫**：7月中下旬，播種後110日ごろ収穫する。下位葉が落ち，群落内部が明るく感じるころが目安とされる。収穫が早いと繊維はまだ短く，遅いと木化してかたくなり品質が低下する。地ぎわで刈取るか，引き抜く。

**収穫後の調製**：根や葉を除き，茎を地面に広げて2～4週間放置して発酵させ，繊維を分離する(注4)。分離後，乾いた茎をローラーにはさみ，木質部を細かく砕いて繊維を取り出し，長い繊維と短い麻屑に分ける。

または，収穫後圃場で茎を乾かし，それを蒸してまた乾燥させて保管し，1週間ほど水に浸けて，繊維を含む皮をはいで収穫する。調製された繊維は，精麻とよばれる。

### 2 麻薬成分と品種

成熟した雌株の花序や上位の葉から分泌される樹脂状の物質に，テトラヒドロカンナビノール（THC）などが含まれ，麻薬的な薬理作用を示す(注5)。それらの含有量は品種によってちがい，日本の品種では非常に少なく，日本の育成品種'とちぎしろ'（1983年登録）はTHCなどの麻薬成分をほとんど含まない。

## 4 生産量

日本でのタイマの収穫量は1.9t，収穫面積は5.5ha（2007年）。全国の98％以上が栃木県で生産されている。世界のタイマ生産は5.6万t，収穫面積4.1万haで（2013年，FAO），この50年間で約1/5になった（図5-V-5）。生産量の国別割合は

〈注3〉
日本でのタイマ栽培は，麻薬使用防止を目的とした大麻取締法で規制されている。繊維，採種，学術研究の目的で栽培する場合，都道府県知事の大麻栽培者免許を受けなければならない。

〈注4〉
この方法は品質にバラツキがあるが，粗放的で労力が少なくてすみ，大量に処理できるので，広く普及している。ほかに，おもに中国などで行なわれている，水に浸漬して発酵させる方法（浸水精錬）もあり，品質はよいが多量の水と労力が必要になる。

〈注5〉
「麻薬」は，元は「痲薬」の字が使われていた。「痲」は「しびれる」という意味である。

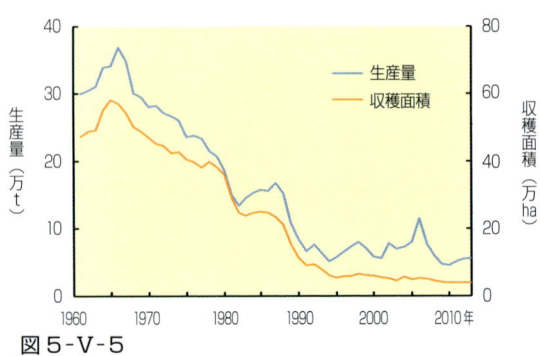

図5-V-5
世界のタイマ繊維の生産量，収穫面積の推移（FAO）

中国が 28％，北朝鮮 25％，オランダ 18％。

## 5 加工と利用

繊維は白色，または淡黄色から褐色で，長さ 1.2 ～ 2.1 m ほど。耐水性や耐久性はあるが，アマより柔軟性に欠ける。ロープや漁網，麻織物，相撲の化粧まわしや神事用のしめ縄などに利用される。麻屑は紙の原料にする。

種子は 29 ～ 34％の油を含み，乾性油の麻実油（あさみゆ）をとり，食用や石けん，潤滑油，塗料などに使う。果実は苧実や麻の実（おのみ）(注6) ともよばれ，七味唐辛子などの香味料や，小鳥の餌などに使われる。

タイマは苧（お）ともよばれ，日本では古くから重要視され，神事や年中行事などに用いられている。皮をはいだあとの茎を苧殻（おがら）（麻幹）といい，お盆の迎え火や送り火として焚き，供物に添える箸として使われる。

〈注6〉
生薬（下剤）として使われる場合，麻子仁（ましにん）ともよばれる。

# VI チョマ（からむし，苧麻，ラミー，ramie）

## 1 起源と種類

チョマ（*Boehmeria nivea* Gaud.）はイラクサ科の多年生作物。真苧（まお）や青苧（あおそ）ともよばれ，茎の靱皮繊維で糸をより，布を織る。東アジア原産で，古くから中国を中心に栽培されていた。日本での栽培も古い (注1)。

〈注1〉
チョマは日本各地に自生しており，根茎による栄養繁殖が旺盛なため，雑草としてあつかわれることがある。

## 2 形態と生育

草丈は 1 ～ 2.5 m（図 5 - VI - 1），茎の太さは 1 cm 前後。宿根性で，地下で根茎が発達し（根株），地表から多数の茎が直立する。通常，地上茎は分枝しない。葉は互生し，葉柄は長く，葉身は先のとがった卵形で縁に鋸歯がある。葉身の裏に毛茸（もうじょう）が密生して白くみえる白苧麻（white ramie）と，毛茸がない緑苧麻（green ramie）がある。白苧麻は日本などの温帯に適し，繊維の品質がよく，緑苧麻はインドや東南アジアなどの熱帯で栽培され，繊維の品質が劣る。

雌雄同株で，茎の上位節には雌性花序，下位節には雄性花序がつく。雌花は淡緑色で多数あつまって小球状になり，房状につく。雄花は黄白色で 4 つの萼が開き 4 本の雄しべをもつ。痩果に 1 個の種子がはいる。種子はごく小さく褐色で，千粒重は 60mg ほど。

師部繊維の細胞は，長さ 100 ～ 150mm，太さ 50 μm ほどで，ほかの麻類よりとくに長くて太い。繊維細胞はペクチンなどによって，4 ～ 8 個が接

図 5-VI-1 チョマ

着している。繊維はリグニンをほとんど含まない。

　気温が高く，年間を通じて多湿，肥沃で排水良好な土壌に適し，乾燥したり排水不良な場所では生育不良になる。深根性。多数の地下茎（吸枝とよばれる）が地中をはい，やがてその先端が上を向いて地上に伸び出る。

## 3 栽培

　**苗と植付け**：繁殖は，栄養体を用いる。株を掘り起こして吸枝を切り取り，10cm程度に切って苗（吸枝苗）にする方法や，吸枝採取後の古株を分ける（株分け苗）方法，茎の下位を15cm程度に切ったものを植付ける方法などがある (注2)。植え溝を掘り，畝間60〜100cm，株間30〜50cmとし，植え溝に平らか45°ほど傾けて置き，3cm程度覆土する (注3)。植付け前に有機物を施用し，収穫するごとに追肥する。植付け2〜3年後から安定して収穫でき，10年ほどつづけて収穫することができる。

　**収穫**：萌芽50〜60日後，茎の伸長が止まり，茎の下位40〜50cmが褐変してきたころが収穫適期である (注4)。日本の暖地では，6月下旬，8月中下旬，10月下旬の年3回収穫でき，熱帯では6回ほど収穫できる (注5)。

　**収穫後の調製**：チョマの繊維にはペクチンやガム質が多く付着しているので，ほかの麻類より繊維を取り出しにくい。収穫後できるだけ早く剥皮機や手で表皮や皮層を除去して乾燥させ，粗繊維にする。その後，ほかの麻類と同じように浸水精錬や化学薬品でペクチンなどを取り除き，精製する (注6)。

## 4 生産量

　世界のチョマ生産量は12.4万t，収穫面積は6.6万haで，中国が全生産量の96％をしめる（2013年，FAO）。日本では，第二次世界大戦中，軍需を中心に5,000tをこすチョマが生産されたが，戦後に激減した。現在は，福島県昭和村などでわずかに栽培されるだけである。

## 5 加工と利用

　チョマの繊維は強く，耐水性に優れ，絹のような美しい光沢があり軽いが，弾力性に欠ける。粗繊維はロープや漁網などに使われ，精製された繊維は，紡績して糸をつくり織物などに使われる。木綿と混紡すると亜麻布の風合いに似る。

　チョマで織った布は吸湿性や放湿性，通気性に優れ，夏用の衣類やハンカチ，テーブルクロスなどに使われる。高級織物に，越後上布や小千谷縮，近江上布，八重山上布などがある (注7)。

---

〈注2〉
日本では3月ごろ，熱帯地域では雨期にはいったころに移植する。

〈注3〉
冷涼な地域では，5月中旬ごろに吸枝苗を株間10cm程度に植付ける。

〈注4〉
この時期を過ぎると茎がかたく剥皮がむずかしくなり，繊維も粗剛になる。

〈注5〉
福島県昭和村では，萌芽時期の斉一化や害虫駆除などのために5月下旬に「からむし焼き」を行ない，7月下旬からお盆までのあいだに収穫する。

〈注6〉
福島県昭和村では，葉を除いて茎の長さなどを基準に選別し，剥皮しやすくなるよう，すぐに冷水に数時間浸す。次に皮をむいて，苧引き具で繊維だけを取り出し（苧引き），乾燥して原麻をつくる。これをさらに細かく裂いて糸にし，糸先を1本ずつねじりつなぎ合わせる（苧積み）。この糸を糸車で「よりかけ」して単糸の手積糸にする。

〈注7〉
上布は，チョマやタイマからとった繊維を手積糸にして織った上等の麻布のこと。

# VII 靱皮繊維を用いるその他の麻

## 1 ケナフ（洋麻, kenaf, *Hibiscus cannabinus* L.）

### 1 起源と形態

アオイ科の1年生作物（2n=36）（図5-VII-1）で，原産地はアフリカ。茎の靱皮繊維を利用する。近年は，製紙原料としての利用が多い(注1)。

草丈は2～4m。茎は丸く直立し，基部の直径は1～3cmほど。葉は互生し，3～5裂するものや，卵形で先端がとがっているものがある。花は茎上部の葉腋につき，直径10cmほどで花弁は5枚，白～黄白色で中心は暗赤色。おもに自家受精。果実は5室で，各室に3～5個の種子がはいる。種子には約20％の油が含まれる。果実の苞や萼は棘状である。

茎の靱皮部にある繊維細胞の長さは2～6mm，幅14～33μm。繊維束の長さは1.5～3m。リグニン含有率は約20％。ジュートのような繊維束の層をつくる。繊維は，ジュートよりも強いが，やや粗剛で柔軟性に劣る。ジュートの代用繊維として利用されることが多い。

### 2 栽培と利用

環境適応性が高く，熱帯から温帯まで栽培できる。ジュートより乾燥や浸水に強い。栽植密度が高いと，分枝が少なく繊維をとりやすい。収穫適期は，開花最盛期から蒴ができはじめるころまでである。浸水精錬によって繊維をとる。靱皮繊維をロープやひも，麻袋などに利用する。

製紙原料にする場合は，成熟時に刈取り，天日で約6週間乾燥させて水分含量を約10％にして製紙工場へ搬入する。髄部の短い繊維も使う。

中国，インド，タイなどで生産されている。

図5-VII-1 ケナフ

〈注1〉
フヨウ属の繊維作物には，ケナフのほか，インドで古くから栽培されるローゼル (roselle, *H. sabdariffa* L. 2n=72) がある。ローゼルはケナフよりも耐乾性があるが，繊維がかたく品質は劣る。
開花後，果実の暗赤色の萼片が肥大し，酸味を含む。これをジャムやシロップ，ハイビスカスティーなどにしたり，発酵させてローゼル酒にする。

## 2 ボウマ（イチビ, 桐麻（きりあさ）, 茵麻, China jute, *Abutilon avicennae* Gaertn.）

アオイ科の1年生作物（図5-VII-2）で，インド原産。茎の靱皮繊維を利用する。草丈は1.5mほどで，茎は丸く，表面に細毛が密生する。葉柄は長く茎に互生し，葉身は心臓形で先がとがり，縁は鋸歯状で，表裏に軟毛がある。茎上部で分枝し，葉腋から花柄を出し，黄色の花弁5枚の花をつける（図5-VII-3）。果実は10数個の分果からなり，分果には角状の突起が2個あり，各分果に3～5個の黒褐色の種子がはいる。

繊維細胞の長さは1.5～4mm，幅10～26μm。

図5-VII-2 ボウマ

図5-VII-3 ボウマの花と果実（蒴果）

リグニン含有率は約14％。浸水精錬によって繊維をとるが，粗剛でもろく，ジュートと混ぜて麻袋などに利用する。

イチビは，種子の寿命が長く，畑地などで野生化している。アレロパシー作用で作物の生育を阻害したり，飼料に混入して家畜の嗜好性を低下させるため，強害雑草と位置づけられている。

# Ⅷ 組織繊維を用いる麻

## 1 アバカ（マニラ麻：Manila hemp）など Musa 属

### 1 起源と種類

アバカ（abaca, *Musa textilis* Nee）はバショウ科の多年生作物(注1)で，原産地はフィリピン。葉鞘から繊維をとる。*Musa* 属では，リュウキュウイトバショウ（*M. balbisiana* Colla）からも繊維をとる(注2)。*Musa* 属にはバナナが含まれ，それぞれの作物はゲノムで表示されることが多い（次ページのコラム参照）。

〈注1〉
*M. textilis* は 2n=20 で，Tゲノム (TT)。

〈注2〉
*M. balbisiana* は 2n=22 で，Bゲノム (BB)。沖縄では，古くからリュウキュウイトバショウの葉鞘から繊維を取り出し，「芭蕉布（ばしょうふ）」を織る。

### 2 形態と生育

**形態**：アバカの草丈は4～9m。草姿はバナナとよく似るが，果実は果肉がなく食用にできない。葉身は，大きな長楕円形でバナナよりも細くて薄く，長さ1.5～3m，中肋から直角に多数の葉脈が出る。葉鞘は灰紫色～赤色で，12～30枚ほど重なってかたく巻いており，茎のようにみえる（擬茎）（図5-Ⅷ-1）。擬茎の太さは20～40cmほどでバナナよりも細い。地ぎわから擬茎が10～30本ほど出て株状になる。止葉が展開したのち，花茎が抽出し，先端に花房がつく。コウモリや虫媒による他家受粉。果実はやや湾曲した細い卵形～紡錘形で，長さ5～9cm。黒色の種子が多数はいる。果実が成熟すると，その茎は枯死するが，株元からは多数の吸枝（sucker）が出てくる。

**繊維**：葉鞘は，外層と中層，内層からなり，繊維束は外層と中層に散在している。繊維細胞の長さは4～8mm，太さ13～29μm。繊維束は20～60の繊維細胞からなり，白色～赤黄色で，長さ2～3m，太さ0.4mm。繊維は強く，弾性がある。また，比重が軽く，強い耐水性と耐塩性をもつ。リグニン含量は約15％で，ジュートより少ない。

**生育**：年間降雨量2,000mm以上で，年間を通して降水のある熱帯が適する。肥沃で排水のよい土壌を好む。根は浅く，浸水と乾燥に弱い。

### 3 栽培と生産量

繁殖は株元に出た吸枝を使う。吸枝を約3m間隔で植付け，適宜除草す

図5-Ⅷ-1
**バナナの擬茎の横断面**
*Musa* 属の擬茎は，ほぼ同様な構造をしている。この写真では，中央の花梗を多数の葉鞘が重なって巻いている。葉鞘の内部には多数の空隙があり（中層），白い薄い膜で仕切られている。擬茎の基部をややななめに切ったので，1つの空隙に複数の仕切りの膜がみえる

る。約50％遮光での生育がよいので，樹を植えて日陰をつくる。移植後4〜5カ月で新たな吸枝が発生する。発生後1年の吸枝を移植すると，10〜12カ月で開花する。

止葉が出たころが収穫適期で，株元で切り倒し，葉身を切除する。移植後6〜7年で収量が安定し，10〜15年ごろから減収する。

世界のアバカの生産量は10.3万t，収穫面積は16.7万haで（図5-Ⅷ-2），国別生産割合はフィリピン63％，エクアドル35％（2013年，FAO）。

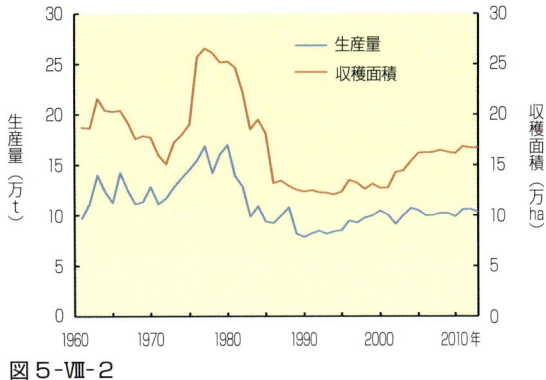

図5-Ⅷ-2
世界のアバカの生産量，収穫面積の推移（FAO）

## 4 加工と利用

擬茎を切り倒した後，1枚ずつ葉鞘をはがし，各葉鞘の外層を切り取ってこの外層を収穫する（注3）。これから表皮や柔組織などを取り除き，繊維を取り出してすぐ日に当てて乾燥させ，出荷する。

アバカは，製紙原料や防水性の封筒（manila envelope），船舶用のロープ，織物，家具の生地などにする。紙で高品質なものは，ティーバックやタバコの巻紙，紙幣などにも使う。最近は，植物繊維強化プラスチックの原料にも使われ，車の部品などに利用されている。

〈注3〉
切り取ったものは，幅5〜8cmの長く平たいひも状でtuxyとよばれる。擬茎の外側の葉鞘の繊維は粗剛で強く，縄などに向く。内側の葉鞘の繊維は白くて弱く，製紙用に向く。

図5-Ⅷ-3 バナナ（左）とプランティン（右）
1樹全体の果房をbunch（whole bunch, fruit bunch）とよび，1つの房をhand，1本の実をfingerとよぶ

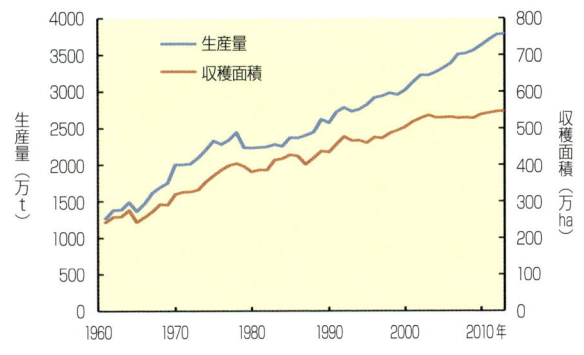

図5-Ⅷ-4
世界のプランティンの生産量，収穫面積の推移（FAO）

### バナナの仲間 − *Musa*属

バナナ（banana, *Musa* spp.）は，果実を食用とする品種群の総称で，果肉のデンプンの糖化が早くて，果肉が柔らかく甘くなる生食用（果物用）バナナと，デンプンの糖化が遅く，成熟してもデンプンが多く蓄積して果肉がかたい調理用バナナ（プランティン，plantain）がある（図5-Ⅷ-3）。

バナナの野生種は，AゲノムをもつM. acuminata Colla（AA, 2n=22）とBゲノムをもつM. balbisiana Colla（BB）で，栽培種はこの2種に起因している。生食用バナナは，M. acuminataの同質3倍体（AAA）のものが中心である。2倍体（AA）もあるが栽培は少ない。プランティンはAとBゲノムの異質3倍体で，多くはAABだが，ABBもある。プランティンは生食されることはなく，煮る，焼く，蒸す，揚げるなど加熱して食べる。

世界のプランティン生産量は3,788万tで（図5-Ⅷ-4），ウガンダがもっとも多く24％，カメルーンとガーナが10％である（2013年，FAO）。アフリカでの生産が多く，さらに増加傾向にあり重要な食料になっている。

Ⅷ 組織繊維を用いる麻

# IX　サイザル (sisal) などAgave属

## 1　起源と種類

　サイザル (*Agave sisalana* Perr. ex. Engelm.) は，リュウゼツラン科の多年生作物（図5-IX-1）で，原産地は中央アメリカ。サイザルアサやサイザルヘンプともよばれ，葉の繊維を使う。同属のヘネケン (*A. fourcroydes* Lem.) やアオノリュウゼツラン (*A. americana* L.)，マゲー (*A. cantala* Roxb.) などからも繊維をとる。

　**ヘネケン (henequen)**：ユカタンサイザルともよばれる。原産地はメキシコで，おもにメキシコで栽培される。サイザルよりも成長速度が遅く，繊維の品質も劣るが，寿命が長く（15〜20年），長期間収穫できる。

　**アオノリュウゼツラン (blue agave)**：メキシコでは，これからとれた繊維をピタ (pita) とよぶ。葉を取り除いた茎を蒸して静置，粉砕して搾った糖液で蒸留酒のテキーラをつくる。アガベシロップの原料にもなる(注1)。

　**マゲー (maguey)**：カンタラアサともよぶ．サイザルより湿潤な気候に適応でき，フィリピンなどおもに東南アジアで栽培される。葉長は1.5〜2mでサイザルより長いが，繊維細胞は1.5〜2.6mmでサイザルより短い。

## 2　形態

　サイザルは，剣状のかたい葉が，短く太い茎に放射状に数十枚密生する(注2)。葉は無柄，肉厚で長さは1〜1.5mになる。幅10〜15cmで厚さ3〜10cm。1年間に約30枚の葉が伸びる。また，茎基部から根茎が伸びて先端が吸枝になる。約7〜10年の寿命がくると，花茎が5〜8mに伸び，上部で分枝して多数の管状花をつける。

　花が終わると，花着生部の下に珠芽（むかご）ができ，10cmほどに育ち落下する。1本の花茎に500〜600の珠芽ができる。

　葉を縦走する維管束は，葉の横断面でみると，中央に横1列にならび，リボン状になる。それぞれの維管束の背軸側に師部繊維，向軸側に木部繊維がある。また，葉の表皮近くには組織繊維がならぶ。木部繊維は細胞壁が薄くこわれやすいため，繊維として使うのは組織繊維（繊維の約75%）と師部繊維である。繊維細胞は長さ2.7〜4.4mm，太さ約20μm。繊維束は長さ1〜1.5m，太さ0.1〜0.3mmで，1枚の葉に約1,000本ある。

## 3　生育と栽培

　サイザルは，*Agave*属のなかでも乾燥に強く，熱帯や亜熱帯の乾燥し

図5-IX-1　サイザル
（写真提供：ケニア共和国大使館）

〈注1〉
茎には多糖類のイヌリンが含まれている。

〈注2〉
成熟時には，茎の直径30〜40cm，高さ1mほどになる。

た地域で栽培されるが，少なくとも年間約 400mm の降雨は必要である。

　珠芽や吸枝を育苗し，畝間 2 ～ 4 m，株間 1 ～ 1.5 m で 2 条植えにする。植付け後 4 ～ 5 年目から収穫する。上部 20 ～ 25 枚の葉を残し，約 40 度以上開いた成熟した葉を下位から 1 枚ずつ切り取る。6 カ月～ 1 年間隔で，1 年に 1 株から 20 ～ 30 枚の葉が収穫できる。収穫した葉を採繊機にかけて繊維を取り出し，水洗または 10 時間ほど水浸してペクチンや葉緑素などを取り除き天日で乾燥する。繊維の長さや色合いなどで品質が格付けされる。

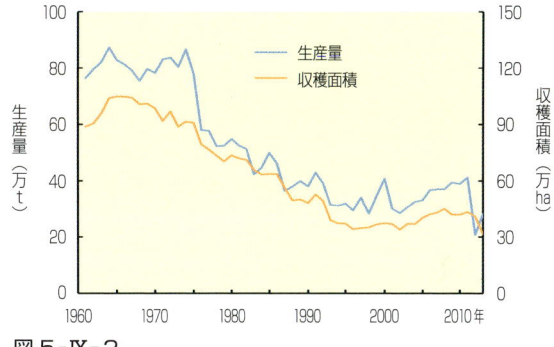

　世界の生産量は 28 万 t，収穫面積は 31 万 ha で（図 5 - IX - 2），国別生産割合はブラジルが 54％，タンザニア 12％，ケニア 10％，（2013 年，FAO）。

図 5 - IX - 2
世界のサイザルの生産量，収穫面積の推移（FAO）

図 5 - IX - 3
市販されているサイザルの農業用ひも

## 4 加工と利用

　サイザルの繊維は黄白色で光沢があり，弾力が強く柔軟である。水分を吸収しにくく，耐塩性がある。ロープやひも，カーペットなどに利用し，製紙にも使う（図 5 - IX - 3）。強化プラスチックの原料にもしている。

# X　イグサ（藺，燈芯草，mat rush）

## 1 起源と種類

　イグサ（*Juncus effusus* L. var. *decipiens* Buchen.）はイグサ科の多年生作物（図 5 - X - 1）。日本や中国などの温帯に自生し，日本では古くから茎を敷物やひも，灯芯などに利用してきた。15 世紀以降には水田で栽培され，明治時代以降，全国的に栽培されるようになった。おもに畳表の原料にする。

## 2 形態と生育

### 1 形態

　草丈は，野生のものは 50cm ほどであるが，栽培品種では 170cm ほどになる。地下茎はさほど長く伸びず，節間も短い。地下の 2 節ほどから分げつを出し，その分げつがまた分げつを出すという形で，茎が叢生する。分げつとして地上に伸び出た茎は円筒形で細く，直径 2 ～ 3 mm ほど。1 つの長

図 5 - X - 1　イグサ

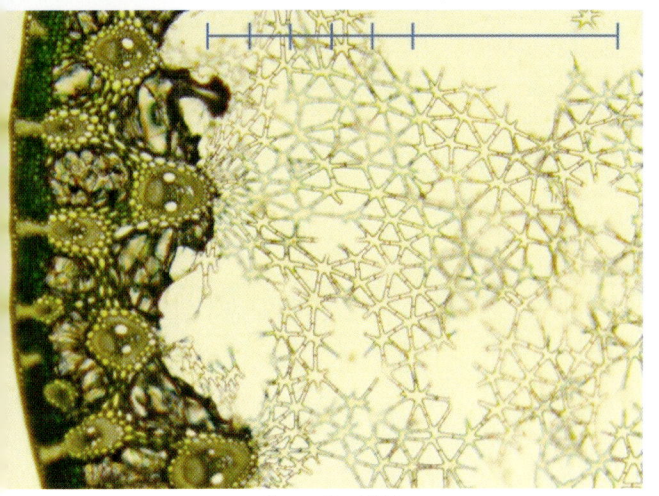

図5-X-2　イグサの茎の横断面
スケール：全体で1mm，左半分の1目盛りは0.1mm

〈注1〉
生育がすすむにつれて維管束周辺の細胞も厚壁化し，茎を強くする。

〈注2〉
海外産のものは，海綿状組織の密度が低く，表皮も薄いため折れやすく，耐久性が劣るとされている。

〈注3〉
それぞれの土地でつくられたイグサを用いて，小松表（石川県），備前表（岡山県），備後表（広島県），土佐表（高知県），筑後表（福岡県），肥後表（熊本県）などの畳表があり，それぞれ特徴があった。

〈注4〉
'ひのみどり'と'筑後みどり'は種苗法で品種登録されており，育成者の許可なしに利用することが禁止されている。苗や畳表を，無断で生産したり販売，輸出入すると罰則を受ける。マイクロサテライト（SSR）マーカーによる品種識別が可能である。

〈注5〉
8月に畑苗を掘らずそのまま畑状態で育苗し，12月上旬か2月下旬に掘って株分けし，本田に移植する方法もある（畑苗法）。八月苗は，畑苗よりも増殖率が高い。八月苗に必要な苗床の面積は，本田面積の約1/10。ポット苗を用いた機械移植栽培も開発されている。

い節間が中心で，表面はなめらかで縦筋がはいり，多数の気孔がある。

　茎の横断面をみると（図5-X-2），最外層が表皮細胞で，その内側に5〜6層の柔組織（同化組織）があり，葉緑体をもち光合成を営む。ここには，縦方向に伸びる厚壁組織が一定間隔でならび，細長い茎を支えている。この内側には大小の維管束がジグザグにならび，そのあいだを葉緑体をもたない柔組織が埋めている（注1）。その内側は中心まで髄で，茎の径の70〜80％をしめている。

　髄は海綿状組織で，茎に弾力を与えている（注2）。その細胞は大きな管状で，横断面は星状である（星状細胞）。ここは細胞間隙が大きく，通気組織になっている。

　葉身はごく短く，葉鞘は「はかま」とよばれる。長日植物で，初夏に茎の先に集散花序をつける。花序の基部につく苞が茎の延長のように約20cm伸び，茎の途中に花序がついているようにみえる。小花は約20個で緑褐色。蒴果の長さは約3mm，多数の種子がはいる。種子は光発芽性。

## 2　生育

　移植後，初期に発生した分げつの茎はそれほど長くならず，4月ごろに発生した分げつの茎が6月ごろに伸びて長くなる。茎の生育適温は20〜25℃で，30℃以上になると伸長が止まり，茎の先が枯れたり（先枯れ），変色したりするため，酷暑になる前に収穫する。

## 3　栽培と品種

　かつては全国で栽培されたが（注3），現在は熊本県を中心に，おもに暖地で栽培されており，ここでは暖地での栽培をあつかう。なお，熊本県のイグサ作付面積の約6割をしめる熊本県育成品種'ひのみどり'（注4）は，着花がごく少なく，茎は細く丈夫で，高品質な畳表の原料になる。

### 1　育苗と本田植付け

　イグサは株分けで繁殖させる。苗として使う株は，収穫のときやや高く刈取っておく。これを12月中旬ごろに掘取り，株を分けて苗丈約15cmに切りそろえ，刈取り苗（刈芽苗）にする（図5-X-3）。

　これを畑苗床に移植して育苗し，8月上旬ごろに掘り起こし，株分けして（畑苗，一次苗）水田の苗床に移植する。約4カ月間育苗すると八月苗（二次苗）になる（八月苗法）（注5）。

　根は25℃以上では生育が停滞するため，育苗期間中，水をかけ流したり，昼間に深水湛水，夜間に落水などで温度管理をする。9月中旬以降，少しずつ落水して畑状態にし，新芽の発生をうながす。

　12月ごろ，代かきした本田に二次苗を移植する。1株5〜6本で，栽

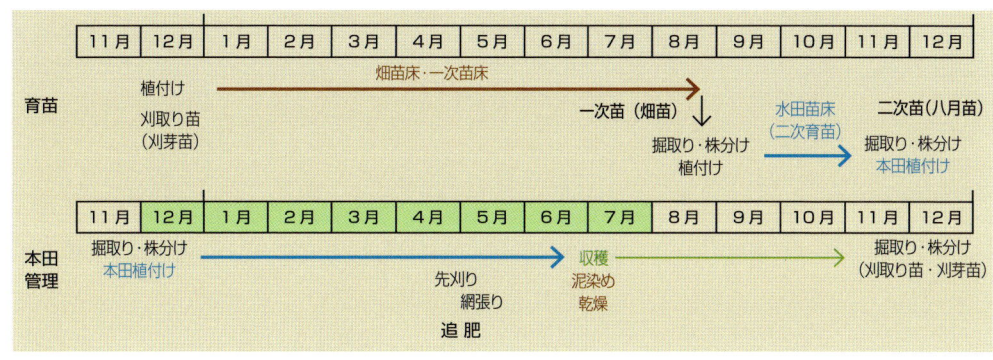

図5-X-3　イグサの育苗と本田管理

植密度は15～20cm程度の正方形植えか15cm×20cmの長方形植えにする。

## 2 本田管理

本田への基準的な施肥量は，10a当たり窒素45kg，リン酸13kg，カリ40kg。基肥として10a当たり窒素6kg，リン酸13kg，カリ6kgを施用し，残りの窒素とカリは4～6月に数回に分けて追肥する。収穫近くの追肥は品質を低下させるので，収穫30日前までに行なう。

12月に本田へ植付け，活着するまで湛水状態を保ち，寒さが厳しい場合は深水管理で保温する(注6)。活着後は，浅水管理から間断灌漑へと移行し，さらに溝切りを行なう。根の発達を促進するため2月ごろに地干しするが，過乾燥にならないようにし，3月からは間断灌漑にする。

5月中旬ごろ，70cmほどに伸びた茎を高さ40～45cmで刈りそろえる（先刈り）。先刈りは，次に伸び出す収穫対象になる茎の伸長を促進する。また，早期の倒伏や先枯れの防止，着花茎を少なくする効果などもある。

6月初めごろ，倒伏防止の目的で30cm角目の網を地上高約80cmのところに張り，生育に合わせて網の高さを上げる。倒伏による元白(注7)や病害の発生を回避でき，さらに多肥栽培によって増収できる。

〈注6〉
雑草防除は初期の対策が重要で，植付け直後に除草剤を施用するとよい。

〈注7〉
光があたらず茎の根元が白く退色する現象。

## 3 収穫

6月下旬から7月中旬が収穫適期で，茎は充実して丸味をおび，弾力性をもち，光沢が出る。収穫時は気温が高い時期であり，日中の強い直射日光が収穫した茎にあたると変質しやすく品質が低下する。早朝，あるいは夕方から夜に，収穫機などで収穫する。

## 4 生産量

日本のイグサ栽培は1964年にもっとも多く，生産量14.1万t，作付面積1万2,300haであったが，イグサ製品類の輸入自由化（1961年）により激減した（図5-X-4）。2013年の収穫量は約1万tで，その98％が熊本県。

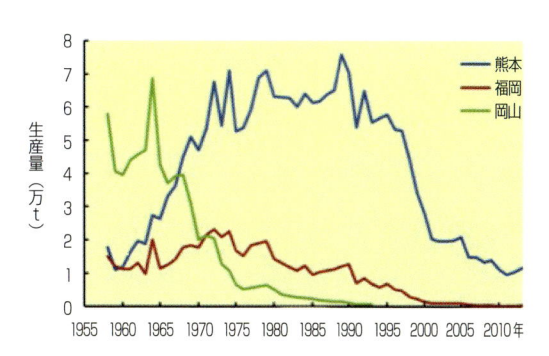

図5-X-4
主産県でのイグサの生産量の推移（農水省）

## 4 加工と利用

　刈取り後すぐに，短い茎を取り除き，太さ20cmほどの束にして泥染めし，乾燥する。泥染めとは，染土(注8)を溶いた染土液に茎を浸けて，茎の表面を土の皮膜で覆うことである。泥染めは，茎全体を早く均一に乾かし，変色を防ぎ，イグサ特有の香りをつける。乾燥は，以前は2日間かけての天日乾燥であったが，現在では，60～70℃で13～17時間機械乾燥する。乾燥した茎（原草）は，変色を避けるため黒いビニール袋などにいれて貯蔵する。泥染めから乾燥までの工程は，機械化されているところが多い。

　原草を長さ別に分類し，105cm以上の茎（長藺）(注9)を畳表にする。畳表は，水分含有率約11％になるよう湿度を調整した保管庫で保管する。

　畳表以外には，染色したイグサで花柄などを織りだした織込花筵(注10)やござなどにする。和蝋燭の芯には，イグサの髄部が使われる。

〈注8〉
染土には有機物や鉄分が少なく，白色か青白色の粘土を用いる。熊本県などではおもに淡路島産の染土が使われる。

〈注9〉
長藺は「長い」と表記されることが多い。105～60cmの茎は「中短い」，60cm以下の茎は「くずい」とよばれる。

〈注10〉
花筵は「はなむしろ」や「はなござ」とも読む。

# XI コウゾ（楮，paper mulberry）

## 1 起源と種類

　コウゾはクワ科の落葉樹（図5-XI-1）。和紙の原料にするコウゾとよぶ植物は，実際には，野生のコウゾ（*Broussonetia kazinoki* Sieb. ヒメコウゾともよぶ）とカジノキ（*B. papyrifera*）が交雑した雑種が多い（図5-XI-2）。カジノキも和紙の原料にされている。

## 2 形態

### 1 野生のコウゾ

　野生のコウゾは低木の落葉樹で，樹高2～5m，中国から日本の本州以南に分布し，丘陵地などに自生している。葉は互生し，先端は長くとがった卵形で，長さ5～15cm。2～5裂に切れ込みがあるものもある。

　雌雄同株で，新梢基部の葉腋に雄性花序，先の葉腋に雌性花序をつける。雄性花序は球形で直径約1cm。雌性花序も球形で直径約5mm。果実は集合果で球形，直径約1～1.5cmで，熟すと橙赤色になり，食用にできる。

　カジノキとの雑種は，野生種よりも大きく，両種の中間的な形態をもつさまざまなタイプがみられる。

### 2 カジノキ

　カジノキは高木の落葉樹で，樹高5～10m。熱帯では数十メートルになることもある。アジアやオセアニアの熱帯から亜熱帯に，日本では中部

図5-XI-1
実をつけた野生のコウゾ

図5-XI-2
栽培されているコウゾ（カジノキとの雑種）

以南に分布する。葉は互生か対生し，長さ10～20cmで，切れ込みのない卵形から3～5裂するものまである。葉の表面は毛が散生する程度だが，裏面には密生する。新梢にも毛が散生する。

雌雄異株(注1)で，雄花序，雌花序とも，新梢の葉腋につく。雄花序は円筒形でたれ下がり，雌花序は球形で直径約1cm。果実は球形で直径2～3cm，熟すと橙赤色になり，食用にできる。

### 3 繊維の特徴

靱皮部の繊維を和紙原料にする。繊維の長さは6～20mm，幅は14～31μmで，ミツマタやパルプ原料にする針葉樹より長くて太い(注2)。

## 3 生育と栽培

夏に高温多照で降水量の多い地域が適地。夏期の干ばつは，繊維の品質を低下させる。また，風で枝同士がこすれ靱皮を傷つけないため，風あたりの少ない場所がよい。

繁殖は根挿し法が一般的で，約1年間育苗して，春に移植する。栽植密度は，コウゾは4～6㎡，野生のコウゾは2～4㎡に1本とする。施肥は3要素を10a当たり5～10kgで，基肥と梅雨時の追肥とする。

植付け後3年で収穫できる。落葉後から萌芽前，とくに12月から1月が収穫適期である。リグニンが多いと紙の品質がいちじるしく低下するため，リグニン含量の少ない，その年に伸びた若い枝だけを収穫する。毎年，全枝条を株の基部から鋭利な鎌などで刈取る。株の寿命は20～30年。

コウゾの産地は，福岡県（八女楮），島根県（石州楮），高知県や徳島県（土佐楮），茨城県や栃木県（那須楮）などがある。

## 4 加工と利用

収穫した枝の分枝を落とし，1.2mほどの長さに切りそろえて束ね，大きな蒸し箱などで2時間ほど蒸す（蒸煮）。蒸した枝条から靱皮部をはぐ（剥皮）。はぎ取った皮（黒皮）を天日などで乾燥する。この段階で保存が可能となる。次に，黒皮を柔らかくなるまで水浸けし，小刀などで表皮を削り，流水に3～4時間浸けてから乾燥すると白皮ができる。白皮をアルカリ液(注3)がはいった釜で数時間煮沸して柔らかくし，セルロース以外の物質を遊離する（煮熟）。煮熟を終えた白皮を川に広げたり水洗いして，あくを取り除く（さらし）。傷ついた箇所は黒くかたいままなので，手作業で取り除く（塵とり）。

原料を棒などでたたき，繊維をほぐして（打解）紙漉き液をつくる。これを，トロロアオイからとった粘性のある「ねり」とともに箱（漉舟）にいれて撹拌し(注4)，和紙を漉く。

障子紙や表具用紙，美術紙，奉書紙のほか，書画用紙，手工芸紙などに使われる。国内での原料生産が激減し，最近は海外からの輸入が多い。

〈注1〉
雌株は高木になり，家具材などにも利用される。

〈注2〉
繊維はコウゾや野生のコウゾより，カジノキのほうが長い。

〈注3〉
石灰，炭酸ソーダ，重曹などでつくる。

〈注4〉
ねりをいれて漉く方法を流し漉きという。ねりは繊維を接着するためではなく，水中で1本1本の繊維を分散させ，沈殿しないようにするために加える。トロロアオイの根をつぶして水に浸けてつくるが，アオギリの根などからもつくれる。

# XII ミツマタ（三椏，mitsumata）

図5-XII-1　ミツマタの木

図5-XII-2　ミツマタの花と伸びはじめた冬芽

〈注1〉
萼片の内側が赤色で，アカバナミツマタとよばれる種類もある。

〈注2〉
3つに枝分かれするミツマタの分枝の発育形態学的な詳細は，A.Iwamoto ら．American Jornal of Botany 92（8）：1350-1358. 2005. を参照。

〈注3〉
遮光すると幹（枝）の伸長が促進される。育苗期間の最適遮光度は約40％である。

〈注4〉
普通栽培は効率が悪く現在はほとんど行なわれていない。密植栽培には，直接本圃に播種する直播き密植栽培もある。密植による相互遮蔽を利用して，幹（枝）の伸長を促進させる。

## 1 起源と種類

ミツマタ（*Edgeworthia chrysantha* Lindl.）はジンチョウゲ科の落葉低木（図5-XII-1）。原産地は中国中南部からヒマラヤ。古くから，靱皮部を製紙原料として利用している。明治時代のはじめに紙幣の原料に使われて栽培が広がったが，近年は減少傾向にある。

## 2 形態と繊維の特徴

樹高は2mほどになる。葉は互生し，長さ10～25cmの長楕円形～披針形で，葉裏に毛が密生する。頭状花序で30～50個の花がつく。花は花弁がなく，萼は筒状で長さ1cmほど，先が4裂し，外側は毛が密生して白色，内側は黄色である（注1）（図5-XII-2）。萼筒基部に長さ約5mmの果実（核果）をつける。3～4月ごろに開花し6月中旬に熟し，種子は1個で黒色。

秋に，成長している枝の先端で花芽が分化する。同時に，その花芽近くに分化した腋芽が発達し，冬までに4～5枚の葉原基をつくり冬芽になる。翌春，まず花が咲き，その後，冬芽から新しい枝が伸びるが，花を咲かせた枝が伸びたようにみえる。枝は葉を開きながら伸び，10枚ほどの葉を分化すると，頂部に分枝原基を分化して，初夏に枝が3本に分かれる（注2）。

繊維の長さは1.2～5mm，幅0.02mmほど。繊維のセルロース含量は約60％で，コウゾにくらべて幹の年生がすすんでもリグニンの蓄積が少ない。なめらかで光沢のある白色で，平滑な紙をつくることができる。

## 3 栽培と品種

半陰性植物で，温暖で湿度の高い土地が生育に適している。

繁殖方法は，挿し木，取り木，株分けなどの栄養繁殖法もあるが，普通は種子を用いる。果実は成熟すると脱落するので，その直前に採種する。乾燥すると発芽力が低下するため，果肉を発酵させて水洗し種子のみを取り出し，砂と混合して翌春まで土中深く貯蔵する。

4月下旬～5月上旬に条播し，遮光して約1年間育苗（注3）し，翌3月下旬の萌芽前に移植する。排水のよい山間の北斜面などに移植して粗放的に管理する普通栽培と，普通畑に密植し，施肥する密植栽培がある（注4）。

初刈りは，移植2年目（播種3年目）の落葉時（12～3月）に行なう。生育の良否にかかわらず全ての枝を収穫する全伐と，生育のすすんだ枝だけ収穫する択伐がある。択伐では残った枝は翌年収穫する。初刈り後，刈

り株から萌芽するので，これを3年後に再度収穫する。これを数回くり返して収穫するが，密植栽培での経済的な栽培年限は10～15年ほどとされている。

関東以西の温暖地が適地で，中国，四国地方の山間部で多く栽培される。在来種として，着花・結実数が多い'赤木'，白皮の歩留まりと品質がよい'青木（あおぎ）'，着花・結実はごく少ないが品質がたいへんよい'掻股（かぎまた）'などがある（注5）。

## 4 加工と利用

収穫した枝（生木）を約2～3時間蒸したのち，靱皮部（生皮）と木質部に分け，生皮を乾燥させて黒皮にする。黒皮を12時間ほど水に浸けて柔らかくし，表皮などを剥皮器で取り除き，水にさらしてから乾かして白皮とする（注6）。このほか，生皮を乾燥させず約6時間水浸けしてから表皮などを取り除いて白皮にする方法もある。

日本銀行券（お札）用紙や証券用紙のほか，金箔や銀箔を打ちのばす箔打ち紙，金糸銀糸用紙などにする。日本銀行券用のミツマタは，（独）国立印刷局に納入されることから，とくに「局納みつまた」とよばれる。

〈注5〉
'赤木'は穏性種または静岡種，'青木'は半穏性種または中間種，'掻股種'は不穏種または高知種ともよぶ。

〈注6〉
白皮には，水浸けや水洗，乾燥時に日光に当てないようにして皮が白くならないようにした「じけ皮」と，日光漂白を行なう「さらし皮」（半ざらし，本ざらし，雪ざらし）の2種類がある。

# XIII その他の繊維作物（植物）

その他の主要な繊維作物を表5-XIII-1に示した。

表5-XIII-1　いろいろな繊維作物

| 作物（植物）名 | 特徴と利用 |
|---|---|
| ココヤシ<br>（第1章IV，第2章VI-2参照） | ココヤシの中果皮から，軽くて耐水性の強い繊維（コイヤ，coir）が得られる（図5-XIII-1）。コイヤは耐水性と耐塩水性が強く，マットやロープ，網などに使われる。世界のコイヤ生産量は121万tで，近年増加傾向にある。国別の生産はインドが50％，ベトナム27％，スリランカ12％，タイ5％である（2013年，FAO） |
| カポック<br>kapok<br>*Ceiba pentandra* Gaertn. | キワタ科の落葉高木樹。樹高は30m以上になり，幹の基部には板根が発達する（図5-XIII-2）。果実（蒴）は紡錘形で，褐色に成熟して裂開すると繊維があらわれる（図5-XIII-3）。蒴内側の細胞が発達した繊維は，種子を包み，成熟すると蒴から分離する<br>繊維の長さは10～30mm，中空で軽く，白色で光沢がある。表面がワックスで覆われ水を通さない。表面が平滑でよりがなく糸を紡ぐのには適さないが，クッションや枕，救命胴衣などの充填材に適する。世界のカポック繊維の生産量は10万tで，国別ではインドネシア65％，タイ35％である（2013年，FAO） |
| シュロ<br>棕櫚，Chusan Palm<br>*Trachycarpus fortunei* Wendl. | ヤシ科の常緑樹で，雌雄異株（図5-XIII-4）。ヤシ科植物ではもっとも耐寒性が強く，東北地方でも生育している。葉柄基部の褐色の繊維は幹を覆い，シュロ毛ともよばれる。耐水性があり，縄やロープ，ほうき，マットなどに用いる |
| サトウヤシ<br>（糖料作物参照） | 葉柄基部の黒色のかたい繊維は（図5-XIII-5），丈夫で耐水性，耐塩水性が強く，漁労用ロープやブラシ，ほうき，屋根葺き材（図5-XIII-6）などに用いる |

図5-XIII-1
ココヤシ
**完熟した果実の縦断面**
第1章IV項図1-IV-3の果実よりも胚乳が厚くなっている（1.5cmほど）。胚乳水は少ない

図5-XIII-3
カポックの裂開前の緑色の蒴と，蒴が裂開して外にあらわれた白い繊維

図5-XIII-4　開花期のシュロ

図5-XIII-2
カポックの樹姿（インドネシア・ボゴール植物園）

図5-XIII-5　サトウヤシの葉柄基部の繊維
インドネシアではイジュク（ijuk）ともよばれる

図5-XIII-6
イジュクで葺いた神社の屋根
（インドネシア・バリ島）

# 第6章 香辛料作物（ハーブ），芳香油料作物

## I 香辛料作物（ハーブ）の特徴と利用

　飲食物に香りや辛味をつけるために用いる作物を香辛料作物（spice crop）といい，種子，花，果実，葉，根茎，樹皮などに辛味成分や芳香成分（精油），色素などが含まれている。これらを利用しやすく加工したものを香辛料（spice）（広義のスパイス）という。

　香辛料には，肉の臭みを消したり，食欲の増進，消化や吸収の助け，着色などの働きのほか，抗菌作用や抗酸化作用などもあり，少量で効果がある。

### 1 香辛料の分類

　香辛料はたいへん多くの種類の香辛料作物を原料にしており，利用する部位や含まれている物質も多様で，1つの基準で分類することはむずかしく，明確な区分法は定まっていない。

　香辛料作物のなかで，葉を利用する草本植物を，とくにハーブ（herb）ともよぶので，香辛料からハーブを除いたものだけをスパイス（狭義）とすることもある。この場合のスパイスは，おもに葉以外の部位に辛味や芳香をもつもので，熱帯や亜熱帯地域で収穫され，乾燥して使われるものが多い。ハーブはおもに芳香性のある葉を利用し，温帯地域で栽培され，乾燥や生で利用されるものが中心である。

　香辛料を用途面から分類すると，コショウなどの辛味性香辛料，シナモンなどの芳香性香辛料，ウコンなどの着色性香辛料に分けられる。最近では，柑橘系の酸味をもつものなども香辛料としてあつかわれている。

　香辛料作物のなかには，工業的に精油を抽出するために，芳香油料作物として栽培されるものも多い。

### 2 加工と利用

　香辛料は，利用部位をそのまま乾燥したもの（ホール）や，粉末に加工して使うことが多い(注1)。利用方法は，食品にふりかけたり混ぜたりす

〈注1〉
ショウガやワサビのように生のものをすったり，ミント類の葉のように生の葉をハーブティーにして利用することもある。

図6-Ⅰ-1
小さな店先にならぶカレー粉や香辛料（マレーシア・サラワク州）

〈注2〉
成熟した柑橘類の果実の皮を乾燥させたもの（本章Ⅸ項表6-Ⅸ-2参照）。

るもの（粉末香辛料）が多いが，水やお湯で練ることで辛味が出るもの（マスタードなど），煮込むことによって香りが出るもの（ゲッケイジュの葉など）もある。

香辛料は単独で用いるほか，混合香辛料として何種類かの香辛料を合わせて使うこともある。たとえばカレー粉には，辛味性香辛料としてトウガラシ，コショウなど，香味性香辛料としてクミン，コリアンダー，シナモン，オールスパイスなど，着色性香辛料としてウコンなど，20〜30種類の香辛料が使われる（図6-Ⅰ-1）。チリパウダーにはトウガラシ，オレガノ，ディルなどが用いられ，中国料理で用いられる五香粉（ウーシャンフェン）には花椒，クローブ，ダイウイキョウ（八角），シナモン，陳皮〈注2〉などが用いられる。日本の七味唐辛子は，トウガラシにゴマ，サンショウ，陳皮，ケシの実，のり（アオノリ），アサの実（苧実）を混ぜた混合香辛料である。香辛料の芳香成分は揮発性なので，新鮮なうちに使うことが望ましいが，保存する場合は高温を避け，密封できる容器を用いる。

# Ⅱ 芳香油料作物の特徴と利用

〈注1〉
香料には，動植物を原料とする天然香料と，石油系化学製品などを原料に合成した合成香料がある。天然香料と合成香料をブレンドしたものは，調合香料とよぶ。

植物に含まれる精油（芳香油，essential oil）を利用する作物を芳香油料作物（essential oil crop）という。精油は芳香物質を含む揮発性油で，油脂とはちがう。表6-Ⅱ-1のように多様な精油があり，香料〈注1〉として食品や化粧品，アロマテラピー，医薬などに使われる。

各部位に含まれる精油含量はわずかで，精油として抽出するためには多量の原料が必要である。気候や季節，時間などによって原料に含まれる精油量がちがってくるので，適期に収穫しなければならない。

精油の抽出方法には，水蒸気とともに留出し，冷却して分離する水蒸気

表6-Ⅱ-1　おもな精油の原料の利用部位と用途

| 名　称 | 利用部位 | 用　途 |
| --- | --- | --- |
| アニス油 | 果実 | 石けん香料，髪油香料，口腔香剤 |
| オレンジ油 | 果皮 | 食品香料，オーデコロン香料 |
| クローブ油 | 花蕾，幹，葉 | 香辛料，医薬，バニリン原料 |
| ジャスミン油 | 花 | 高級香料，調合香料 |
| スペアミント油 | 葉 | チューインガム香料，口腔香剤 |
| ハッカ（ペパーミント）油 | 葉，花，茎 | 歯磨き，香粧品，菓子，医薬 |
| ビャクダン油 | 根，心材 | 香粧品，石けん香料 |
| ベルガモット油 | 果皮 | オーデコロン・化粧水香料 |
| ラベンダー油 | 花 | 香粧品，高級香料 |
| レモングラス油 | 葉 | 石けん香料，シトラール原料 |
| ローズ（バラ）油 | 花 | 高級香料 |

蒸留法，ローラーなどで圧搾して採取する圧搾法，加熱せず有機溶媒を用いて抽出し，アルコールなどで精製する抽出法などがある。

# III トウガラシ
## （唐辛子，red pepper, chili pepper）

## 1 起源と種類

トウガラシ（*Capsicum annuum* L.）はナス科の多年生作物（図6-III-1）。起源地は熱帯アメリカで，世界中で広く栽培されている。熱帯では灌木になるが，温帯では1年生作物として栽培される。

トウガラシには，辛味の強いものから，ピーマンや獅子唐辛子など辛味のないものまであり，古くから果実を香辛料や野菜として利用してきた。日本には16世紀に伝来した。

## 2 形態と生育

草丈は0.3～2m。葉が8～15枚分化すると茎頂に花芽が分化して第1花をつけ，最上位葉の節から2～3本の分枝が伸び出す。各分枝の頂芽が花芽分化し，2～3本の分枝を出すが（仮軸成長），そのうち1本は太く他は細い。これをくり返して成長する。葉は互生し，表面はなめらかで光沢がある。花は白色で，直径は10～15mm。花弁は5～7枚で基部が融合している。基本的には自家受精だが，虫媒による交雑も多い。

果実は非裂開性の莢で，節に直立あるいは下向きにつく。長さは1～30cmで，さまざまな形のものがある(注1)。未熟な果実は緑色で，成熟時には赤色，橙色，黄色，褐色，紫色などになる。果実の中央に胎座があり(注2)，円盤状の小さな白い種子が多数つく。

図6-III-1
トウガラシ（'鷹の爪'）

〈注1〉
トウガラシの果形の分類は，小型円錐，だるま，円筒，細長，短くさび，長くさび，中長，ベル，扁平に区別される（野菜品種特性分類調査基準，農水省）。

〈注2〉
胎座組織の表皮細胞で，辛味成分のカプサイシノイド（アルカロイドのカプサイシン，ジヒドロカプサイシンなど一群の化合物の総称）が合成される。

## 3 栽培と生産量

### 1 栽培

繁殖は種子で行なう。発芽適温は20～30℃で，日本では3月上旬ごろに温床に播種し，育苗する。本葉が3～4枚になったころに3号鉢に仮植し，5月上中旬に移植する。畝間60cm程度，株間30～40cmで1株2本植え，あるいは畝幅130cm程度で千鳥2条植えにする。施肥は基肥を10a当たり窒素15kg，リン酸12kg，カリ13kgを目安にやり，適宜追肥する。生育期間中，倒伏防止のためにひもやネットを張ることもある。

### パプリカ (paprika)

　パプリカとは，辛みがなく，赤く熟すトウガラシの乾果粉末をいう。アメリカの'アナヘイム'やハンガリーのいくつかの品種が原料である。成熟した果実から種子を取り除き，肉厚の赤い果肉を乾燥して粉末にし，赤い着色料（パプリカ色素：色素成分はカプサンチン，β-カロテンなど）として利用する。なお，日本の青果流通では，成熟して着色した果実を収穫するベル品種群（ピーマン）をパプリカとよんでいる。

　開花後30～40日で成熟し，成熟した果実から順に収穫し，最後に株を切り取り全ての果実を収穫する。収穫後，1カ月ほど干して乾燥させる。連作障害を避けるため，3～4年の輪作が望ましい。

## 2 品種

　おもな品種には，'カイエン'や'ハラペーニョ'，辛味のない'ピメント'，辛味のない品種がほとんどのベル品種群(注3)などがある。

　タバスコソースの原料にする'タバスコ'や，西南諸島や小笠原諸島で栽培される'キダチトウガラシ'（木立唐辛子，島とうがらし）などは別種 (*C. frutescens*) とすることもある。近縁種の *C. chinense* には，たいへん辛い'ハバネロ'などがある。日本の品種には，'鷹の爪'（図6-Ⅲ-2）や'本鷹'などがある。試験場や種苗会社が育成した品種も多い。

## 3 生産量

　世界のトウガラシ（乾燥）の生産量は346万t，収穫面積は194万haで（2013年，FAO），増加傾向にある。国別生産量ではインドがもっとも多く40%，次いで中国9%，ペルーとタイが5%である。

## 4 利用

　トウガラシのおもな辛味成分のカプサイシン（capsaicin）は，食欲増進や疲労回復，発汗，血行促進などの効用があり，エネルギー代謝を高めることから肥満予防にも効果があるとされている。トウガラシの辛味の程度をあらわす指標は，スコヴィル値(注4)が使われる。

〈注3〉
日本では，辛味の強いものをトウガラシ，辛味が少なく小型で長型のものを獅子唐辛子，辛味のない中～大型のものをピーマンとよんでいる。辛味のないベル(Bell)品種群やピメント(Pimento)が，日本ではピーマンとよばれる。

図6-Ⅲ-2　市販されている乾燥した'鷹の爪'と種子

〈注4〉
砂糖水でカプサイシンの辛味を感じなくなるまで薄めたときの希釈倍率で示す。近年，高速液体クロマトグラフィーで，正確にカプサイシン量を測定する方法（ジレット法）が開発されているが，長年使われているスコヴィル値で示すことが多い。

# Ⅳ　コショウ（胡椒, black pepper, pepper）

## 1 起源と種類

　コショウ（*Piper nigrum* L.）は，コショウ科の多年生作物（図6-Ⅳ-1）。原産地はインドで，赤道をはさみ南北20度の熱帯地域で広く栽培されて

図6-Ⅳ-1　コショウの栽培（マレーシア・サラワク州）

図6-Ⅳ-2　長胡椒
インドナガコショウの雌花序
スケール：1 cm

図6-Ⅳ-3
コショウの果実と葉

おり，乾燥した果実を利用する。もっとも古くから知られる香辛料の1つで，古代ローマではたいへんな貴重品としてあつかわれ，**重量で金と等価**であった。コショウ属の栽培種には，ほかにインドナガコショウ（Indian long pepper, *P. longum* L.）（図6-Ⅳ-2）や，それとよく似たジャワナガコショウ（ヒハツモドキ，Java long pepper, *P. retrofractum* Vahl.）(注1)などがある。

〈注1〉
ジャワナガコショウは東南アジアに自生している。沖縄では未熟の雌花序を収穫・乾燥して，雌花序全体を炒って粉にして香辛料（ピパーツなどとよばれる）として利用する。雌花序は多数の子房が花軸に埋もれており，たれ下がらず直立する。長さ3～4 cm，幅1 cmほど。

## 2　形態と生育

主茎はつる状で木質化し，長さ7～10 m，基部は直径4～6 cmになる。節はふくらみ，下位節からは気根が出てほかの物に絡みつき茎をささえる。側枝（結果枝）の節からは気根は出ない。葉は互生する（図6-Ⅳ-3）。

栽培種のほとんどが雌雄同株で(注2)，品種によって雄花，雌花，両性花の割合がちがうが，改良品種では両性花の割合が高い。おもに自家受精する。雌ずい先熟で，穂を流れ落ちる雫や雨水で花粉が分散する。

結果枝では，穂（通常 spike とよぶ）は葉と対になる位置につき(注3)，尾状花序（catkin）でたれ下がり，花梗は約1 cm，穂は約10 cmで，50～100個の白い花がつく。果実は直径3～6 mmの球形の石果（drupe）で，berry とか peppercorn とよばれ，1個の種子がはいっている。成熟すると黄色，橙色，赤色になる。

高温多湿の熱帯で栽培され，気温20～30℃で年間降水量1,000～3,000 mmの地域で生育がよい。保水性と排水性のよい土壌に適し，乾期が長いと悪影響が出る。移植後4～5年で収穫でき，30年ほど収穫できる(注4)。

〈注2〉
野生種は雌雄異株。

〈注3〉
結果枝の頂芽が花芽分化して穂になり，その下の腋芽が伸びて，それまでの茎が延長するように成長をつづける（仮軸成長）。

〈注4〉
支柱に木材を使うマレーシアやタイ，ブラジルなどでは，10～15年で植えなおす。

## 3　栽培と生産量

### 1　栽培と品種

繁殖はたねによることもあるが，一般には茎を切り取り，苗をつくって行なう。移植後5～6カ月でせん定し，以後1年ごとにせん定する(注5)。このせん定で切除された茎が苗として使われる(注6)。

〈注5〉
せん定で側枝の発生が促進される。

〈注6〉
インドでは，基部から出て横にはう，単軸成長の茎（runner shoot）を切って苗にする。

図6-Ⅳ-4　黒コショウ
左：乾燥が終わった黒コショウの果実
右：天日干しをはじめて間もないコショウの果房

図6-Ⅳ-5
世界のコショウ生産量，収穫面積の推移（FAO）

図6-Ⅳ-6　黒コショウ(左上)，白コショウ(右上)，緑コショウ（左下），赤コショウ（右下）
赤コショウ(pink pepper, *Schinus molle* L.)は，ウルシ科サンショウモドキ属のコショウボクの果実を乾燥させたもので，コショウではない。辛味成分は少なく，香りや料理の飾りつけで楽しむ。ピンクコショウともよばれる
スケール：1cm

栽培には茎をはわせる支柱が必要で，マレーシアでは鉄木(てつぼく)などの木材（4〜5m）を，インドではココヤシやマメ科の高木（*Gliricidia* 属，*Erythrina* 属）などの生きた樹木を使う。移植前に支柱を準備し，雨期がはじまるころ支柱近くに移植する。移植後はヤシの葉などで覆って直射日光を避ける。

開花後約9カ月で完熟する。果実の収穫期間は2〜6カ月にわたり，1〜2週間ごとに行なう（図6-Ⅳ-4）。生きた樹木に茎をはわせた場合，竹製のはしごなどをかけて収穫する。

インドの'Panniyur 1'や'Karimunda'，インドネシアの'Natar 1'など多くの品種があり，各地域の気候や土壌にあった品種が栽培されている。

## 2 生産量

世界のコショウ（統計では *Piper* 属）の生産量は47万t，収穫面積は48万haで（2013年，FAO），増加傾向にある（図6-Ⅳ-5）。国別生産量ではベトナムがもっとも多く34％，次いでインドネシア19％，インド11％。近年，ベトナムで急増している。日本は8,514t輸入しており（2013年），マレーシアが多く49％，次いでインドネシア36％である。

## 4 利用

収穫時期や調整方法のちがいで，黒コショウ（black pepper），白コショウ（white pepper），緑コショウ（green pepper）がある（図6-Ⅳ-6）。

黒コショウは，完熟する前に果実を果房ごと収穫して数日天日干ししたもので，干しているあいだに果皮にしわがよって黒くなる。白コショウは，ほぼ熟した果実を収穫し，麻袋にいれてゆるやかな流れの小川に10〜14日間浸け，微生物によって果皮を腐らせる。水から引き上げ，踏みつけるなどして果皮や果肉を取り除いたもの（内果皮に包まれた種子）。緑コショウは，未熟の果実を収穫して乾燥したり，酢やクエン酸につけたものである。

辛味成分としてアルカロイドのチャビシンやピペリン，香味成分として1-α-フェランドレンやα-ピネン，1-α-リモネンなどが含まれる。

コショウには，抗菌・防虫作用，防腐作用，抗酸化作用があるほか，食欲増進や血管拡張などの効用がある。

# V ワサビ（山葵, wasabi）

図6-V-1　ワサビの草姿

## 1 起源と種類

ワサビ（*Eutrema wasabi* Maxim. または *Wasabia japonica* Matsum.）はアブラナ科の多年生作物。原産地は日本で, 全国の谷間などに自生する。全草に辛味成分が含まれ, 日本では, 古くから香辛料に用いられてきた。

## 2 形態と生育

### 1 形態

葉身の表面は無毛で, 光沢がある（図6-V-1）。葉序は3/8。収穫時の根茎は円筒形で, 長さは10～30cm, 直径2～3cmほど（図6-V-2）。根茎からは分枝（分げつ）が出る。根は根茎下部から発生し, 深くまで伸びる。密生した根はひげ根とよばれる。

茎先に総状花序をつけ, 直径1cmほどの白い花が多数咲く。花弁は4枚で, おもに虫媒による他家受粉。果実（莢）は長さ1～2cm, 幅2mmほどで, 直径約2mmの種子が3～6個はいる。

### 2 生育

生育適温は8～18℃で, 6℃以下, 20℃以上では生育が止まる。-3℃以下では凍害, 28℃以上では高温障害が出る。最適水温は12～13℃。半陰性植物で, 夏期の強い日差しに弱い（注1）。

3月ごろから新芽が伸びはじめ, 葉が展開するとともに根茎も伸びて肥大する。分枝も出る。花茎が急速に伸びて4～5月ごろに開花, 5～6月ごろに結実する。このあと, 気温が上がるにしたがって成長が遅くなり, 高温になる7～8月には成長は停滞する。9月になり気温が下がってくると再び根茎の伸長や肥大がはじまるが, 11月になると葉が枯れて, 根茎の肥大も止まる。最初にできた根茎は2年半ほどすると枯れる。

## 3 栽培と品種

### 1 ワサビ田

良質な水を引いてワサビ田をつくって栽培する水わさび（沢わさび）と, 湿気が多く気温差が小さい冷涼な山間部の畑で栽培する畑わさび（陸わさび）がある（注2）。根茎の品質は水わさびのほうがよい。

ワサビ田には, 山間部の渓流に沿ってつくる渓流式（注3）（おもに中国山地）や, 渓流式を改良して小砂利を厚く敷きつめた地沢式（静岡市や山

図6-V-2　ワサビの根茎
根茎／分枝／根（ひげ根）

〈注1〉
自然の樹木の日陰がない場所では, 周囲にハンノキなどの樹木を植えて日陰をつくる。最近では, 寒冷紗などで遮光して栽培することが多い。夏期には40～60%の遮光が必要とされている。

〈注2〉
畑わさびは実生苗を用い, 収穫まで畑で栽培する。おもに加工原料として利用される。

〈注3〉
水量が少ない場所に適し, 経費も比較的少なくてすむが, 傾斜が急なので増水時に被害を受けやすく, 生育が不ぞろいになりやすい。

梨県など），暗渠排水のためにまず大きな石を敷きつめ，その上に石礫や礫，砂を重ねてつくる石畳式(注4)（伊豆半島），平坦な場所につくった畝に北アルプスの伏流水を流して栽培する平地式(注5)（長野県）などがある（図6-V-3）。また，砂利を充填したコンテナに苗を移植し，くみ上げた地下水を株ごとに与え，均質で良質なワサビを栽培する方法もある（図6-V-4）。

図6-V-3　山間部のワサビ田（静岡県）（写真提供：白鳥義彦氏）

〈注4〉
通気性がよいので良質な根茎が得られるが，多額の費用がかかり，多量の水を必要とする。

〈注5〉
夏期の高温障害が多いため寒冷紗の被覆が必要になるほか，冠水の被害を受けやすい。わさび漬けの原料としての生産が多い。

## 2 苗

収穫時の分枝を用いる株分け苗と，種子による実生苗がある。株分け苗は，ウイルス病や腐敗病などにかかっていない分枝を親株からかき取り，苗として植付ける。良質な親株の形質を受け継ぐが，苗数の確保がむずかしく，かき取り時の傷口から病原菌がはいる可能性がある。

実生苗は，まず，開花盛期から50～60日後の5月下旬～6月上旬に種子をとる。種子は砂と混ぜて涼所で貯蔵する。播種前に約1カ月0～5℃で休眠打破する(注6)。3月（春播き）か11～12月（秋播き）に播種する。育苗床は排水性のよい場所を選び，幅約1mの畝に25～30cmの幅で条播し，間引いて株間12cm程度とするか，ほぼ7×7cmで点播し，遮光下で育苗する。春播きは秋に，秋播きは翌春に苗になる。春播きでは夏の高温と強日射に，秋播きでは冬の寒さに注意する。

## 3 植付けと収穫

植付け時期は春か秋だが，秋植えのほうが生育がよいとされる。株分け苗は，大きな苗のほうが生育がよい。実生苗は，葉柄が7本以上のものを植えるとよい(注7)。圃場での栽培期間は12～20カ月である。

収穫は周年可能で，生育状況や市場価格などを考慮して出荷時期を決める。鮮度が重要で，当日に調製して出荷できる量を収穫する（図6-V-5）。

ワサビのおもな病害には，べと病，白さび病，株腐病，ウイルス病など，虫害にはアオムシなどがある。

図6-V-4
コンテナを使ったワサビ栽培（宮城県加美町）
夏は寒冷紗をかけて遮光し，冬はビニールをかけて保温する。地下水は年間を通して9～13℃で，雪が降ってもすぐに溶ける

〈注6〉
ジベレリン100ppm液に5～7日浸漬しても休眠打破できる。ワサビ種子は貯蔵がむずかしく，乾燥すると発芽率が低下し，高温だと腐敗しやすい。

〈注7〉
石畳式では，流水が強いときは苗の上流側に植え石を置いて苗の流失を防ぐ。また，塩化ビニールなどのパイプを埋め，そこに苗を移植する（パイプ栽培）。

図6-V-5
調製されたワサビの根茎（左）と縦断面（右）
収穫後，葉柄と花茎，根をきれいに取り除いて調製し，出荷する

## 4 品種

栄養繁殖を長期間つづけると，種子ができにくくなったり，病気にかかりやすくなる（退化現象）。種子繁殖は，種子伝染する病害が少ないため多くの病害を回避でき，増殖率も高いが，他家受粉のため，品種を維持するための個体選抜が必要になる。

品種を区分するには，葉柄の色（青茎系，赤茎系）や根茎の形などの形態

> **加工ワサビ**
>
> 　加工ワサビには，粉ワサビと，それに水を加えて練って調整した練りワサビなどがあり，原料の1つとしてワサビダイコン（*Armoracia rusticana* Gaertn.）の根が利用されている。ワサビダイコンは，アブラナ科の多年生作物（図6-V-6）で，ヨーロッパ北部が原産地で冷涼な気候を好む。ホースラディッシュ（horseradish）やセイヨウワサビともよばれる。
> 　直根は白く，直径3〜5cm，長さ30〜50cmで，ワサビと同じ辛味成分を含む。ヨーロッパでは古くから香辛料として使われ，ソースや料理の薬味にされる。明治時代にアメリカから北海道に導入された。
> 　栽培が容易で，ワサビより安価である。最近は，中国から乾燥フレークが輸入されている。
> 　粉ワサビはワサビダイコンの根茎をスライスして乾燥，粉末にし，少量のからし粉（セイヨウカラシナの種子の粉末）と食用着色料を混ぜてつくる。

的特徴，辛味や香りなどの特徴，耐暑性や耐寒性，分げつ性などの栽培特性が考慮される。また，産地を主体にした系統（伊豆系，安倍系，半原系（はんばら），島根系など）で分類されることもある。

## 4 生産量

　日本でのワサビの根茎の生産量は637t（2012年）。90%が水わさびで，都道府県別では長野県49%，静岡県42%である。葉わさびの生産量は2,253tで，水わさびが43%（長野県69%，静岡県20%），畑わさびが57%（岩手県53%，静岡県15%）である。

　最近は，台湾，中国，タイなどのほか，イギリスでも栽培されている。

## 5 利用

　根茎はすりおろして生わさびとして用いるほか，根茎と葉柄を酒粕で練り合わせたわさび漬けにする（注8）。葉わさびや花茎は醤油漬けなどに用いる。根は，わさび味噌などに使われる。

　ワサビの辛味成分は，揮発性物質のアリルカラシ油で，すりおろすと細胞が破壊されて細胞内にある配糖体のシニグリンと酵素が接触してつくられる。このとき，ブドウ糖（甘味）と硫酸水素カリウム（苦味）もつくられる。アリルカラシ油には，消臭効果や抗菌効果などがある。

図6-V-6
開花期のワサビダイコン

〈注8〉
良質な根茎はすりおろしに，下級なものはわさび漬けに使われる。

# VI カラシナ（芥子菜, brown mustard）

　カラシナ（*Brassica juncea* Coss.）はアブラナ科の越年生作物（2n=36）で，アブラナとクロガラシの交雑種。セイヨウカラシナとよぶこともある。日本では古くから，若い葉や花茎を野菜，種子（芥子（がいし））を香辛料（和がらし，オリエンタルマスタード）として利用してきた。

図6-Ⅵ-1
クロガラシ（左）とシロガラシ（右）の種子
スケール：1cm

〈注1〉
アブラナ属の *B. alba* Boiss とすることもある。

種子は球形で直径約1mm，黄色〜褐色である。種子には約40%の油分が含まれるため，圧搾して脱脂したのちに粉末（粉からし）にして使う。粉からしは，使用直前にお湯に溶いて使う。和がらしの辛味成分はアリルイソチオシアネートで，酵素ミロシナーゼがシニグリンを加水分解してできる。

洋がらしとして利用されるマスタードには，クロガラシ（black mustard, *B. nigra* Koch., 2n=16）とシロガラシ（white mustard, *Sinapis alba* L. (注1), 2n=24）がある（図6-Ⅵ-1）。クロガラシの種子は黒色，シロガラシは白黄色である。クロガラシの辛味成分はアリルイソチオシアネートで辛味が強いが，シロガラシはヒドロキシベンジルイソチオシアネートで辛味が弱い。

# Ⅶ ショウガ科

## 1 ショウガ（生姜, ginger, *Zingiber officinale* Rosc.）

インド原産の多年生作物。日本では1年生作物として栽培する。地下の根茎に辛味成分を含む。

草丈は60〜90cm。根茎が肥大するとともに節間の短い分枝が出て，各分枝から葉が地上に伸び，葉鞘が重なりあって茎のようにみえる（偽茎）。生育がすすむにつれて分枝数が増え根茎が肥大するので，塊状の根茎（塊茎片）が複数連なった形になる（図6-Ⅶ-1）。繁殖は根茎（種しょうが）を用いる。種しょうがは消失しないので収穫できる(注1)。

日本で栽培されるショウガの品種は多く，根茎の大きさや形から，大しょうが，中しょうが，小しょうがの3つに大別される。大しょうがは晩生で大株になり，根茎がよく肥大し収量も多い。おもに収穫後に貯蔵して年間を通じて出荷する。中しょうがは中生〜晩生で，貯蔵せずにおもに漬物

種しょうが

図6-Ⅶ-1 ショウガの根茎
（写真提供：山木由徳氏）

〈注1〉
種しょうがとして植付けた根茎は「ひねしょうが」とよばれ，繊維質が強く黄色で辛味も強い。

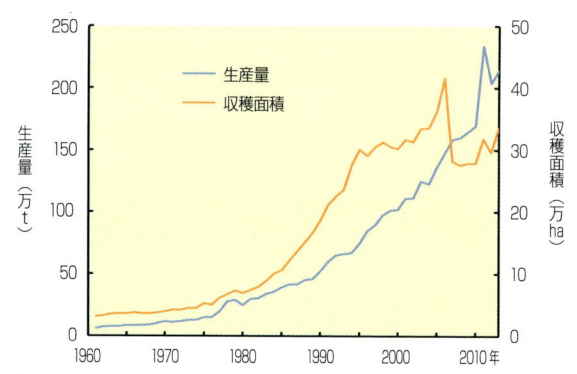

図6-Ⅶ-2 世界のショウガ生産量と収穫面積の推移（FAO）

126　第6章　香辛料作物，芳香油料作物

や「葉しょうが」にする。小しょうがは早生で、「矢しょうが」や「葉しょうが」として促成栽培することが多い。

世界の生産量は214万t、収穫面積34万haで（2013年、FAO）、増加傾向にある（図6-Ⅶ-2）。国別生産量割合はインド32％、中国18％、ネパールとインドネシアで11％。

日本の生産量は4.9万t、作付面積1,930ha（2013年）。都道府県別生産割合は高知県40％（図6-Ⅶ-3）、熊本県12％。

根茎には、ジンゲロールやショウガオール、ジンゲロンなどの辛味成分が含まれる。体を温めたり抗酸化作用などがある。

図6-Ⅶ-3　ショウガの栽培（高知県）

## 2 ウコン（秋ウコン、鬱金、turmeric、*Curcuma longa* L.）

インド原産の多年生作物。根茎を乾燥させ粉末にしたものを、黄色の着色性香辛料（ターメリック）にする。

近縁種に、ハルウコン（キョウオウ、*C. aromatica* Salisb.）や、ガジュツ（紫ウコン、*C. zedoaria* Rosc.）があり、おもに生薬として利用する。

草丈は2mほど。葉は互生し、長い柄の先に、先のとがった楕円形の葉身がつく（図6-Ⅶ-4）。葉身の長さは50cmほど。種イモとして植付けた根茎から、数本の分枝が発生して肥大し、さらに各分枝からも分枝が出て肥大する（図6-Ⅶ-5）。7～9月に花茎が伸びて花穂がつく。生育適温は20～30℃で、10℃以下になると枯死する。3～4月ごろ植付け、12月ごろ収穫する。

ターメリックには黄色色素のクルクミン（curcumin）が多く含まれ、カレー粉やたくあん、からし漬けなどのほか、薬用や染料としても使う。クルクミンには、肝機能向上効果や抗酸化作用などがある。

図6-Ⅶ-4　ウコン
（写真提供：山本由徳氏）

## 3 カルダモン
（小豆蔲、cardamon、*Elettaria cardamomum* Maton）

インド原産の多年生作物。ショウズクともよばれる。根茎から多数の偽茎を出し、株状になる。草丈は2～6m。葉は披針形で、長さ30～100cm。

根茎から花茎が伸びて1mほどになり、円錐花序をつける。果実は長楕円形で3稜あり、長さは約2cm。3室に分かれ、角張った黒色の種子が14～17個はいる（図6-Ⅶ-6）。完熟前に果実を摘み取り、乾燥する。種子に強い芳香がある。芳香成分は、$\alpha$-テルピネオールや1.8-シネオールなどである。

図6-Ⅶ-6
カルダモンの果実（左）と種子（右）
スケール：1cm

図6-Ⅶ-5　ウコンの根茎
（写真提供：山本由徳氏）

# VIII シソ科

## 1 ミント (mint)

ミントはハッカ属（*Mentha*）の多年生作物の総称で，地下茎で繁殖する。芳香物質を含み，多くの種があり，種間交雑しやすい。

### 1 ハッカ（薄荷，Japanese mint，*Mentha arvensis* L.）

ニホンハッカや和種ハッカともよぶ。原産地は日本。草丈は60cmほどで，茎の断面が四角形である。夏に，茎上部の葉腋に薄紫色の小さな花が多数つく（図6-VIII-1）。着蕾期から開花初期に茎葉を収穫して乾燥し，水蒸気蒸留すると黄緑色の取卸油（とりおろしゆ）がとれる。これを精製すると，無色針状結晶のメントール（ハッカ脳，menthol）と，透明なハッカ油になる。ハッカは，ほかのミント類にくらべてメントール含量が多い。

飲食物の香料のほか，医薬用としては湿布や鎮痛剤など，またタバコや歯磨き粉などの香料に使う。かつて，北海道の北見地方で栽培がさかんであったが，化学合成できるようになり栽培が激減した。

図6-VIII-1 開花期のハッカ

### 2 スペアミント（spearmint，*M. spicata* L.）

ミドリハッカやオランダハッカともいう。原産地は中央ヨーロッパ。草丈は30～60cmほどで，茎葉の緑色が濃い。葉はペパーミントよりも大きく，表面はちりめん状でしわがある。茎の先に長さ5～10cmの花序がつく。

茎葉を水蒸気蒸留するとスペアミント油がとれる。メントールを含まず，l-カルボンを多く含むため，ペパーミントよりも甘味がありおだやかな清涼感がある。チューインガムや歯磨き粉，菓子などに使う。

### 3 ペパーミント（peppermint，*Mentha* × *piperita* L.）

セイヨウハッカやコショウハッカともよぶ。ヨーロッパで，ウォーターミント（*M. aquatica* L.）とスペアミントの交雑からできた。草丈は30～90cmほどで，茎の先に穂状の花序をつける（図6-VIII-2）。花は紫色や白色。ハッカより香りがよく，辛味が少ない。精油はメントールを含み，強い清涼感がある。洋菓子やガムの香料などにする。

図6-VIII-2 ペパーミント

## 2 ラベンダー（lavender，*Lavandula* spp.）

地中海沿岸原産の多年生作物。栽培されるおもな種は，コモンラベンダー（common lavender，*Lavandula angustifolia* Mill.，イングリッシュラベンダー）とスパイクラベンダー（ヒロハラベンダー，spike lavender，

L. latifolia Med.），これらの雑種のラバンジン（lavandin, *Lavandura × intermedia*）がある。コモンラベンダーの原産地は，地中海からアルプス地方で，草丈は 1 m ほど。長い花梗に 6〜10 個の花が輪生し，穂のようになる。スパイクラベンダーの原産地は，地中海沿岸のポルトガルからイタリアの地域で，草丈は 60〜90 cm。葉が幅広く，花茎が分枝する。

ラベンダーの花，茎，葉を，おもに水蒸気蒸留して精油（ラベンダー油）を得るが，花から得た精油の品質がよい。世界のラベンダー油生産量のうち，ラバンジン油が約 75％，コモンラベンダー油が約 20％，スパイクラベンダー油が約 5％。芳香成分は，酢酸リナリルやリモネンなど。

## 3 その他

図 6-Ⅷ-3　オレガノ

その他のシソ科のハーブやスパイスを表 6-Ⅷ-1 に示した。

表 6-Ⅷ-1　シソ科のスパイス，ハーブ

| 種　類 | 特徴と利用 |
|---|---|
| オレガノ<br>oregano<br>*Origanum vulgare* L. | ハナハッカ，ワイルドマジョラムともよぶ多年生作物。ほふく性の根茎から茎が伸び，草丈は 30〜60 cm。葉は心臓形で長さは 1.5 cm ほど（図 6-Ⅷ-3）。茎葉を生で，あるいは乾燥して料理などに使う。とくに，トマト味にあう。芳香成分はカルバクロールやチモールなど |
| セージ<br>sage<br>*Salvia officinalis* L. | 地中海北部沿岸原産の多年生作物。草丈は 30〜70 cm。全体に白い軟毛が密生する。葉は楕円形で表面にしわがあり，長さは 10 cm ほど（図 6-Ⅷ-4）。乾燥葉を香味料としてソースやカレーに混ぜたり，肉料理やハーブティーなどにする。芳香成分はツジョンやシネオールなど |
| セボリー<br>savory<br>*Satureja hortensis* L. | キダチハッカやサマーセボリーともよぶ。地中海沿岸原産の 1 年生作物。草丈 30〜60 cm。葉は披針形。ハーブティーや肉料理に使う。芳香成分はカルバクロールやチモールなど。茎が木質化する多年生のウインターセボリー（*S. montana* L.）も，ハーブや精油にする |
| タイム<br>common thyme<br>*Thymus vulgaris* L. | ヨーロッパ南部原産の多年生作物。草丈は 30 cm ほどで，よく分枝し，茎葉は細毛で覆われている。葉は対生し，長楕円形〜線形で長さは約 5 mm（図 6-Ⅷ-5）。若茎や葉に芳香があり，生葉あるいは乾燥して使う。防腐効果があり，また，咳止めに使う。芳香成分はチモールなど |
| バジル<br>basil<br>*Ocimum basilicum* L. | バジリコやスイートバジル，メボウキ（※1）ともよぶ。1 年生作物だが熱帯では多年生。熱帯アジア原産。草丈は 40〜50 cm。葉は卵形で，長さは 5〜6 cm（図 6-Ⅷ-6）。生葉や乾燥葉を使う。芳香成分は，メチルチャビコールやリナロールなど |
| マジョラム<br>sweet marjoram<br>*Origanum majorana* L. | マヨラナやスイートマジョラムともよぶ。多年生作物で地中海沿岸からアラビアの原産。草丈は 30〜50 cm。葉は卵形で長さ 1 cm ほど。生葉や乾燥葉を使う。芳香成分は cis-サビネン水和物やテルピネン 4-ol など |
| ローズマリー<br>rosemary<br>*Rosmarinus officinalis* L. | マンネンロウともよぶ。地中海沿岸原産の多年生作物。常緑の低木で丈は 0.6〜1.2 m ほど。葉は針状で葉縁が裏面に巻き込み，長さは 3 cm ほど（図 6-Ⅷ-7）。葉の表面は濃緑色，裏面は白色で毛が密生している。乾燥葉を使うほか，精油をとり，香料や石けんなどの化粧品に利用する。花や茎にも芳香があり利用される。芳香成分はシネオールやピネンなど |
| ベルガモット（※2）<br>bergamot<br>*Monarda didyma* L. | タイマツバナやモナルダともよばれる。北アメリカ原産の多年生作物。草丈は 0.7〜1.5 m。葉は茎に対生し，先がとがった卵形で鋸歯がある。花は赤色，桃色，白色など。葉をもむとベルガモットオレンジのような芳香がする。葉や花をハーブティーなどに利用する |

※1：バジルの種子を水に浸けるとゼリー状の物質が出る。バジルが伝来した江戸時代，目にはいったゴミをとるためにこのゼリー状物質を使ったところから，メボウキ（目箒）の名がついた。
※2：柑橘系にも同名の香辛料があり，通常，そちら（ベルガモットオレンジともよぶ）をさすことが多い。

図6-Ⅷ-4　セージ　　　図6-Ⅷ-5　タイム　　　図6-Ⅷ-6　開花期のバジル　　　図6-Ⅷ-7　ローズマリー

# Ⅸ　その他の香辛料・芳香油料作物

## 1　セリ科の香辛料・芳香油料作物

セリ科の香辛料，芳香油料作物を表6-Ⅸ-1にまとめた。

表6-Ⅸ-1　セリ科のスパイス

| 種　類 | 特徴と利用 |
|---|---|
| アニス<br>anise<br>*Pimpinella anisum* L. | 地中海沿岸原産の1年生作物。草高は30〜60㎝。複散形花序で白色の小花を多数つける（※1）。果実（アニシード，aniseed）は痩果で長さ約5㎜（図6-Ⅸ-1）。種子に特有の甘い香りがあり，乾燥した果実を混ぜてパンを焼いたり，スープに使う。精油（アニス油）は医薬品や化粧品などに使う。芳香成分はアネトールなど |
| ディル<br>dill<br>*Anethum graveolens* L. | 別名イノンド。1〜2年生作物で原産地は地中海沿岸からロシア南部。草高は1mほど。茎先に黄色で多数の小花をつける（複散形花序：図6-Ⅸ-2）。果実は痩果で長さ3〜5㎜，縦に白い筋がはいる（図6-Ⅸ-1）。乾燥させシチューや魚料理，パンなどに用いる。生葉はスープやサラダなどに。芳香成分はカルボンなど |
| フェンネル<br>fennel<br>*Foeniculum vulgare* Mill. | 別名ウイキョウ（茴香）。多年生作物で草高は1〜2m。夏に，黄色で多数の小花からなる複散形花序をつける（図6-Ⅸ-3）。果実（痩果）は長さ7〜10㎜（図6-Ⅸ-1），乾燥した果実や生葉を使う。果実から精油（ウイキョウ油）が得られ，香料や薬用に用いる。芳香成分はアネトールなど |
| クミン<br>cumin<br>*Cuminum cyminum* L. | 地中海沿岸原産の1年生作物。草高は20〜30㎝。散形花序で，白色または淡紅色の小さな花を多数つける。果実は長さ4〜7㎜で（図6-Ⅸ-1），乾燥させ粉にして使う。カレー粉の基本的な香り。芳香成分はクミンアルデヒドなど |
| コリアンダー<br>coriander<br>*Coriandrum sativum* L. | 別名コエンドロ。1年生作物で原産地は地中海東部沿岸から南ヨーロッパ。草高は30〜90㎝。散形花序で，枝先に白色の小さな花をつける。果実（痩果）は球形で，直径3〜5㎜（図6-Ⅸ-1）。乾燥した果実は甘くさわやかな芳香がある。種子の芳香成分はリナロールなど。茎葉の芳香成分はデシルアルデヒド。生葉はパクチーともよばれタイ料理などに使う |
| キャラウェイ<br>caraway<br>*Carum carvi* L. | 別名ヒメウイキョウ（※2）。ヨーロッパ原産の1〜2年生作物。草高は30〜60㎝。散形花序に多数の白色の花がつく。果実（痩果）の長さは3〜7㎜で，やや三日月形に湾曲する（図6-Ⅸ-1）。乾燥した果実を利用する。芳香成分はカルボンなど |

※1：複散形花序は，茎が上部で分枝し，さらに多数の花枝を出し，先に小花を多数つける。図6-Ⅸ-2，3参照。
※2：クミンやディルもヒメウイキョウとよばれることがある。

図6-Ⅸ-1 市販されているセリ科の香辛料作物の乾燥果実
①アニス，②ディル（イノンド），③フェンネル（ウイキョウ），④クミン，⑤コリアンダー（コエンドロ），⑥キャラウェイ（ヒメウイキョウ）
スケール：1cm

図6-Ⅸ-2 ディルの花序

図6-Ⅸ-3 フェンネルの花序

## 2 フトモモ科の香辛料・芳香油料作物

### 1 クローブ
（チョウジ，丁子，clove，*Syzygium aromaticum* Merr. et Perry）

インドネシア原産の常緑樹。樹高は4～7m（図6-Ⅸ-4）。枝先に多数の花がつく。花は，紅色の萼筒の先に白色の花弁が4枚つく。

開花する直前の蕾を摘み取り，天日などで乾燥すると褐色になる（図6-Ⅸ-5）。これをこのまま，あるいは粉にして香辛料として用いる。防腐効果や殺菌力が強く，薬用にも利用される。芳香成分はオイゲノールなど。

世界のクローブ生産量は14万t（インドネシアが72%）で，収穫面積は44万haである（2013年，FAO）（図6-Ⅸ-6）。

枝葉からクローブ油（clove oil）をとる．芽と枝は粉砕してから，葉はそのまま蒸留するが，部位によってとれる油に特徴がある。クローブ油の約70%がインドネシアで生産されている（2005年，FAO）。

図6-Ⅸ-4 クローブの樹
インドネシアでの栽培

図6-Ⅸ-5
自家用に農家の庭先で干しているクローブの蕾や花

図6-Ⅸ-6
世界におけるクローブの生産量と収穫面積の推移（FAO）

図6-IX-7　オールスパイスの乾燥果実
スケール：1cm

図6-IX-8　香辛料として使うサンショウの果皮と種子

## 2 オールスパイス
（allspice, *Pimenta dioica* Merr.）

中米原産の常緑樹。シナモン，クローブ，ナツメグの香りを兼ね備えたような芳香があるところからついた名で，三香子や百味胡椒ともよぶ。樹高は6～9m。雌雄異株で，枝先に集散花序をつけ，多数の白い小花が咲く。果実（漿果）は球形で直径約1cm，1果実に2つの種子がはいる。

完熟前に果実を収穫し，約1週間ほど天日干しすると，赤褐色になって芳香が出る（図6-IX-7）。これを粉末にする。また，果実から精油（ピメント油）をとる。芳香成分はオイゲノールなど。

## 3 ミカン科の香辛料・芳香油料作物

### 1 サンショウ（山椒, Japanese pepper, *Zanthoxylum piperitum* DC.）

薑（はじかみ）ともよぶ。ミカン科の灌木。日本各地に自生する。樹高は3mほど。雌雄異株。葉は奇数羽状複葉（小葉は11～19枚）で，長さ5～15cm，互生する。春に葉のつけ根から花穂を出し，黄緑色の小花が多数つく。果実は球形で直径約5mm。果皮はざらついていて，成熟すると紅色になって

表6-IX-2　柑橘類

| 種　類 | 特徴と利用 |
|---|---|
| ベルガモット<br>bergamot orange<br>*Citrus bergamia*　Risso et Poit. | ベルガモットオレンジともよぶ。常緑高木で，原産地はイタリア。ダイダイ（*Citrus aurantium* L.）と，レモンまたはライムとの交雑種と考えられている。樹高は12mほどになるが，せん定して4～5mほどで栽培される。レモンににた白い花が咲き，果実は球形で先端がとがる。果皮を圧搾して精油（ベルガモット油）をつくる。化粧品（とくにオーデコロン）や石けんの原料にする。紅茶のアールグレイの香料として有名。芳香成分はリナロールや酢酸リナリルなど |
| レモン<br>lemon<br>*Citrus limon* Burm. f. | 常緑低木で，原産地はインド北部。樹高は3～6m。枝にはトゲがある。花は4～5枚の白い花弁をもつ。果実は紡錘形で，熟すと黄色になる。果皮に芳香があり，果汁にクエン酸やリンゴ酸が含まれ酸味がある。芳香成分は，おもにリモネンやシトラール，シトロネラールなど |
| ライム<br>lime<br>*Citrus aurantifolia*　Swingle | 常緑低木で，原産地はインド北東部からマレーシア。樹高は4mほど。果実は丸味をおび，果皮が薄い。タヒチライム（大果種）とメキシカンライム（小果種）がある。果汁を料理に使ったり，ライムジュースとして飲用，あるいはジン・トニックなどのカクテルにする |
| カボス<br>*Citrus sphaerocarpa*　Hort. ex Tanaka | 常緑低木で，原産地は中国。樹高は3～4m。果実は球形。果汁は酸味が強く，おもに鍋料理などの酸味料として利用されるほか，ポン酢などにも使う。日本ではおもに大分県で生産されている |
| ユズ（柚子）<br>*Citrus junos*　Sieb. ex Tanaka | ホンユズやオニタチバナともよばれる。常緑小高木で，原産地は中国。柑橘類のなかでは耐寒性が強く，日本では東北地方まで栽培できる。果実は球形から扁球形で，鮮黄色。果皮を料理などに用いる。果汁はユズ酢に加工する。おもに高知県，徳島県，愛知県で生産している。芳香成分はリモネンやピネン，テルピネンなど |
| スダチ<br>*Citrus sudachi*　Hort. ex Tanaka | 常緑低木。樹高は5～6m。果実は扁球形。熟すと橙黄色になるが，夏～秋に緑色果を収穫する。果皮はすりおろして薬味として使われる。果汁は焼き魚などに搾りかけて使うほか，食用酢にもする。徳島県で生産される。芳香成分はリモネンなど |
| 陳皮 | 柑橘類の果皮を乾燥させたもので，ウンシュウミカン（温州蜜柑，*Citrus unshiu*）やマンダリンオレンジ（*Citrus reticulata*）などが使われる。七味唐辛子や五香粉の材料として使われるほか，漢方薬としても利用される。果皮を1年以上陰干し乾燥させたものが，生薬として使われる。芳香成分はリモネンなど |

裂開し，1個の光沢のある黒色の種子が出る（図6-Ⅸ-8）。果皮を粉末にしたものが粉山椒で，花（花山椒）や未熟の果実（青山椒），若い葉（木の芽とよばれる）なども香辛料として用いる。果皮に含まれる辛味成分はサンショオールなど。芳香成分はシトラネオールなど。

なお，花椒はカホクザンショウ（*Z. bungeanum*）の果実である。

### 2 柑橘類（Citrus 属）

柑橘類の果実の果皮や果汁を香辛料とする（表6-Ⅸ-2）。

## 4 その他

### 1 シナモン（セイロンシナモン，セイロン肉桂（にっけい），cinnamon, Ceylon cinnamon, *Cinnamonum zeylanicum* Breyn.）

クスノキ科の常緑樹。スリランカ，インドの原産。樹皮を香辛料にする。生育に最適な気温は25～30℃，年降水量2,000～3,000㎜。樹高は10～15mほどになるが，樹高2～2.5mのとき，株元で刈り込み収穫する。収穫後，刈り株から再び多数の枝が伸びて叢生する（図6-Ⅸ-9，10）。

スリランカでは，苗移植後2年から2年半で収穫でき，それ以降はほぼ1年半ごとに収穫できる。収穫後，枝の頂部と側枝を切り落とし1～1.2mほどの長さにそろえ，外皮を削り落とす。次に，樹皮をはがし陰干して乾燥させると，樹皮は内側にまるまり棒状のクイル（quill）になる。これを束ねて出荷する（図6-Ⅸ-11）。メキシコや南アメリカなどでも栽培される。

同属のカシア（cassia cinnamon, *C. cassia* Blume, 図6-Ⅸ-12）もシナモンと同様の芳香があり，シナモンの名で流通することが多い。原産地は中国南部からインドシナで，マレーシアやインドネシアなどでも栽培される。セイロンシナモンは樹皮が薄くなめらかで明るい褐色をしており，上品な甘い香りがするが，カシアはコルク層がついたまま乾燥させるので樹皮は粗くて厚く，暗褐色で，辛味が強く香りが劣る。

世界のシナモン（セイロンシナモンとカシア）生産量は20万t，収穫面積は23万haで（2013年，FAO），近年，急増している（図6-Ⅸ-13）。国別生産量割合は，インドネシア45％，中国35％，ベトナム11％である。日本のシナモン輸入量は1,741t（2012年，FAO）で，多くはカシアである。

菓子やパン，カレー粉などにはお

図6-Ⅸ-9 シナモン（セイロンシナモン）

図6-Ⅸ-10 シナモン（セイロンシナモン）の若い葉
若い葉は赤味をおびる

図6-Ⅸ-11　業者に納品されるクイル（セイロンシナモン）（スリランカ）

図6-Ⅸ-12　カシア

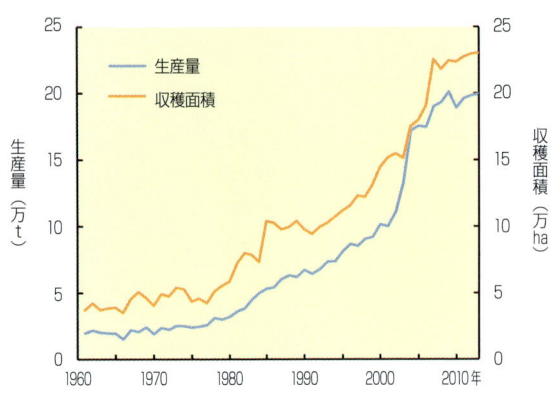

図6-Ⅸ-13 世界のシナモン（セイロンシナモンとカシア）の生産量，収穫面積の推移（FAO）

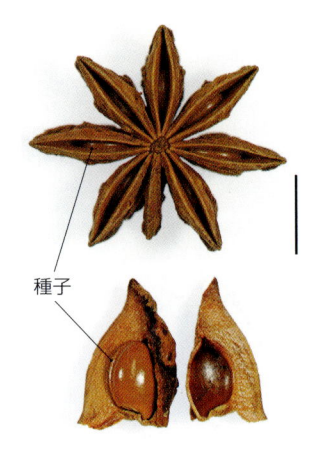

図6-Ⅸ-14
乾燥したダイウイキョウ（八角）の果実（上）と種子（下）
スケール：1cm

図6-Ⅸ-15 ナツメグの果実

図6-Ⅸ-16
ナツメグの種子（左）と横断面（右）
スケール：1cm

もにカシアが使われ，高級菓子などにはセイロンシナモンが使われる。芳香成分は，シンナムアルデヒドなど。精油は，クイル製造時の木屑や葉などを蒸留してつくられる。

## 2 ダイウイキョウ（大茴香，star anise, *Illicium verum* Hook. f.）

シキミ科の常緑樹。原産地は中国。八角や唐樒ともよばれる。樹高は15mほどになる。花は黄緑色。果実は，袋果が6～8個星形に配列した集合果で，直径3～4cm。成熟すると木質化して茶褐色になる（図6-Ⅸ-14）。種子は茶色で光沢があり，扁球形。果実を成熟前に収穫し，乾燥させて，そのままあるいは粉末にして使う。豚や鴨などの中国料理，五香粉（ウーシャンフェン）の原料，薬用としても使う。芳香成分はアネトールなど。

## 3 ナツメグ（ニクズク，肉荳蔲, nutmeg, *Myristica fragrans* Houtt.）

ニクズク科の常緑樹。原産地はインドネシアのモルッカ諸島。樹高は10～20m。雌雄異株。果実（核果）は球形で，直径約6cm（図6-Ⅸ-15）。成熟すると果肉（中果皮）が2つに割れて，内果皮を網状に包んでいる紅色の仮種皮があらわれる。この仮種皮を乾燥させたものがメース（mace）で，これも香辛料として用いる。黒色のかたい内果皮を割り，種子（仁）を取り出して乾燥させる（図6-Ⅸ-16）。これをおろして肉料理などに使ったり，粉末にして利用する。香気成分はミリスチシンなど。

## 4 バニラ（vanilla, *Vanilla planifolia* Andr.＝*V. fragrans* Ames.）

ラン科のつる性植物。原産地はメキシコから中央アメリカ。茎の節から気根を出して樹木などに絡みつき，10m以上に伸びることがある。葉腋に20～30花が房状につき，下位から順に開花する。産地では，早朝に開花したのち，すぐ人工授粉が行なわれる。果実は蒴果で，長さ15～30cm。豆の莢のような形なので，バニラ豆（vanilla bean）ともよばれる（図6-Ⅸ-17）。

莢が緑色から黄色になりはじめた，開花後6～9カ月ごろに収穫する。収穫後，蒴果を1回湯に通し，毛布にくるんで密閉した箱にいれる。日中2～6時間日干して，また毛布にくるんで箱にいれる作業を1週間ほどくり返す。その後，数カ月間，換気した部屋の棚に置くと，発酵してバニラ特有の甘い芳香が出てくる。乾燥もすすみ，光沢のある黒褐色のひも状になる（図6-Ⅸ-18）。

おもな香気成分はバニリン。蒴果を細

134　第6章　香辛料作物，芳香油料作物

図6-Ⅸ-17
蒴果のついたバニラ
（写真提供：塩津文隆氏）

図6-Ⅸ-18
熟成（発酵）させたバニラの蒴果（左）と種子（右）
右：蒴果を開いて中の種子を出したところ

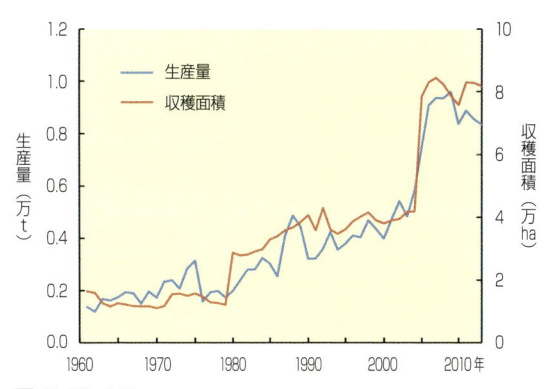

図6-Ⅸ-19
世界のバニラ生産量と収穫面積の推移（FAO）

かく切ったり，粉末にして使う。また，アルコールで香気成分を抽出しバニラエッセンスにする。

世界のバニラ生産量は 8,342 t，収穫面積は 8.2 万 ha で（2013 年 FAO），最近，急増している（図 6 - Ⅸ - 19）。国別生産量ではインドネシア 38％，マダガスカル 37％である。

## 5 ジャスミン（jasmine）

ジャスミンはモクセイ科ソケイ属（*Jasminum*）植物の総称。花に芳香をもつ種が多いが，香料原料にはおもにマツリカとソケイを使う。

マツリカ（茉莉花，Arabian jasmine，*J. sambac* Aiton）は，樹高 1〜3 m の常緑低木でややつる性。原産地はアラビアからインド。花は白色で，直径約 3 cm。花冠は 6 裂するものが多い。香料のほか，ジャスミン茶（茉莉花茶）に利用する。

開花直前のふくらんだ蕾を摘採し（図6 - Ⅸ - 20），涼しい場所に広げておき，やや花が開きかけたものを茶葉に混ぜ，香りを茶葉につける。芳香成分はジャスモン。ジャスミンの精油には鎮静作用があり，芳香療法（アロマセラピー）にも使われる。

ソケイ（素馨，common white jasmine，*J. officinale* L.）はつる性の常緑低木で，インドからイラン地域に自生する。花は白色で，直径 2 cm ほど。長い筒の先が 4 裂する花冠をもつ。精油を香料とする。

図6-Ⅸ-20
ジャスミン茶に使うのに摘みごろのマツリカの蕾

## 6 カモミール（German chamomile，*Matricaria recutita* L.）

カミツレ（加密列）やジャーマンカモミールともよばれる。キク科の 1 年生作物。原産地は地中海沿岸から西アジア。草丈は 50〜80 cm。葉は羽状複葉で，小葉は長い披針形。茎の先端に頭状花序をつける（図 6 - Ⅸ - 21）。花序は，雌ずいをもつ白色の舌状花と，両性花で黄色の管状花からなる。花に精油が含まれ，ハーブティーにしたり，薬用などに使う。抗炎症作用のあるアピゲニンやコリンが含まれる。

図6-Ⅸ-21　カモミールの花

Ⅸ その他の香辛料・芳香油料作物

カモミールとよばれるものには，ほかに，キク科カミツレモドキ属のローマンカモミール（Roman chamomile, *Chamaemelum nobile* All.）がある。イングリッシュカモミールともよばれ，原産地はポルトガルやフランス，アルジェリアなどの地中海沿岸で，多年生。ジャーマンカモミールよりも花がやや大きく，花だけでなく全草に強い芳香がある。

### 7 レモングラス（lemongrass, *Cymbopogon citratus* Stap）

レモンガヤともよばれる。イネ科の多年生作物で，原産地はインド。草丈は1〜1.5 m。葉は細長く，長さ約50cm（図6-IX-22）。全草にレモンのような芳香があり，茎葉から精油（レモングラス油）を抽出する。葉を香りつけに用いる。香味成分はシトラールなど。

図6-IX-22 レモングラス

### 8 ハイビスカス（*Hibiscus sabdariffa* L.）

ローゼル（roselle）やロゼリンソウともよばれる。アオイ科の1年生または多年生作物で，原産地は西アフリカ。

草丈は2〜3 m。葉は互生し，3〜5裂して長さは8〜15cm。花は直径8〜10cmほどで葉腋につき，白色〜薄黄色。花弁の基部に暗赤色の斑がある。受精後約6カ月で成熟し，果実は赤色。萼と苞が肥大し，酸味があり，ジャムやゼリー，清涼飲料などや，花とともにハーブティー（ハイビスカスティー）にする。茎からは靭皮繊維がとれる（第5章Ⅶ項参照）。

### 9 ローズヒップ（rose hip）

バラ科バラ属の果実の総称で，とくにイヌバラ（dog rose, *Rosa canina* L.）(注2)の果実が使われる。イヌバラは常緑低木で，樹高1〜5 m。果実は橙赤色で，直径1.5〜2cm。果実にはビタミンCが多く含まれ，ジャムやシロップ，ハーブティーなどにする。

〈注2〉
ヨーロッパで野バラ（wild rose）といえばイヌバラをさす。

### 10 香木：ビャクダン（白檀, sandalwood, *Santalum album* L.）

サンダルウッドともよばれる。ビャクダン科の半寄生性の常緑小高木。原産地はジャワ島東部からティモール島。樹高は3〜10 m。幹の直径が3〜4cmのころ伐採して収穫する。

心材に芳香があり，彫刻や細工物，香木（こうぼく），また抹香（まっこう）や線香などにする。心材や根材を水蒸気蒸留して精油（ビャクダン油）をとる。芳香成分はサンタロールなど。

# 第7章 樹脂料作物，ゴム料作物

## I 樹脂・ゴム料作物と利用

### 1 樹脂料作物とゴム料作物

　樹木を傷つけると，傷口から粘着性のある物質が分泌される。この分泌物は，水や揮発性の精油に固形分が溶けたもので，精油分が多いと揮発して固形物の樹脂（resin）になる（脂とよばれる）。水分が多いと揮発が遅く，長時間流動性を保っており，乳液（ラテックス，latex）や樹液とよばれる。乳液は白色でゴム質を多く含んでいる。

　樹脂をとる作物を樹脂料作物（resin crop），乳液中のゴム質をゴム製品（弾性ゴム，rubber）の原料にする作物をゴム料作物（rubber crop）という。

### 2 樹脂とゴム

　樹脂の成分は，炭素5個の炭化水素イソプレン（isoprene）（図7-I-1）が複数結合した物質が多い。イソプレンを構成単位にした化合物の総称をテルペン（terpene）といい，炭素5個のものをヘミテルペン，炭素10個のものをモノテルペン，15個のものをセスキテルペン(注1)とよぶ。レンズの接着剤やプレパラートの試料の封入に用いられるカナダバルサム(注2)には，ジテルペン（炭素20個）の1つである樹脂酸が含まれる。

　乳液には，ゴム以外に樹脂，タンパク質，塩類などが含まれており，ゴムの原料にはゴムの割合が高く，樹脂の含量が少ないものが適している。

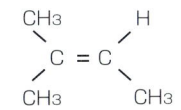

図7-I-1
イソプレンの化学構造式

図7-I-2
ゴム園（パラゴム）での採液作業（マレーシア）

〈注1〉
植物ホルモンのアブシシン酸や，ワタ種子に含まれるゴシポールなどもセスキテルペンである。

〈注2〉
マツ科のバルサムモミ（*Abies balsamea* Mill.）から分泌される樹脂。

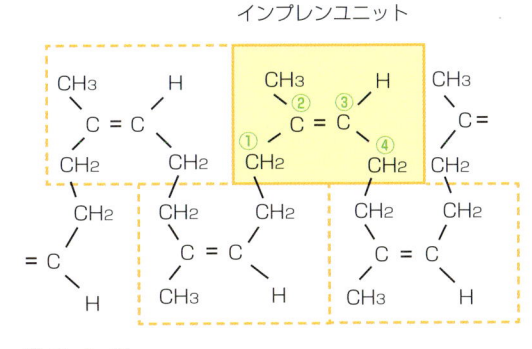

図7-I-3
cis-1,4-ポリイソプレンの化学構造式
図中の数字は炭素番号を示す

現在は，ほとんどパラゴムから採取している（図7-Ⅰ-2）。パラゴムのゴムは，約2,000個のイソプレンユニットがcis-1,4結合したポリイソプレン（ポリテルペン）で（図7-Ⅰ-3），直径約1μmの粒子で乳液中に含まれている。

## 3 ゴムの加工・利用

乳液からつくられる生ゴムは，気温が高いとべたつき，低いとかたくなる性質がある。1839年，アメリカのチャールズ・グッドイヤー（Charles Goodyear）が，生ゴムに硫黄を混ぜて加熱するとゴム分子間の化学結合が安定して，ゴムに強さと弾力ができ，温度にも影響されにくくなることを発見した。これを契機にゴムの利用範囲が拡大した(注3)。

1900年にドイツで石油由来の合成ゴム「ポリジメチルブタジエン」が開発され，その後，スチレン・ブタジエンゴム（SBR）やイソプレンゴム（IR），天然ゴム（natural rubber, NR）にはない特性をもった特殊ゴムなど，さまざまな合成ゴムが誕生した。しかし，天然ゴムは合成ゴムよりも引っ張り強度に優れているなど利点があり，現在でも重要な資源である。

〈注3〉
1881年，アイルランドのジョン・ボイド・ダンロップ（John Boyd Dunlop）が，自転車用の空気入りタイヤを開発した。20世紀になり自動車が普及すると，ゴムの需要が爆発的に増加した。

# Ⅱ パラゴム（para rubber）

図7-Ⅱ-1
パラゴムの栽培（スリランカ）

〈注1〉
東南アジアで栽培されるパラゴムは，1876年に，イギリスのヘンリー・ウィッカム（Henry Wickham）がパラゴムの種子をブラジルからイギリスの王立キュー植物園に送り，育てられたものが由来とされる。

## 1 起源と種類

パラゴム（Hevea brasiliensis Muell. Arg.）はトウダイグサ科の落葉高木で，原産地はアマゾン，オリノコ川流域。樹から乳液を採取し，天然ゴムの原料にする。現在，東南アジアを中心に栽培されている（図7-Ⅱ-1）(注1)。

## 2 形態と生育

樹高は20～30 mで，分枝が発達し，広がった樹冠になる。葉は3小葉からなる複葉（図7-Ⅱ-2）。雌雄異花の虫媒花で，受精から5～6カ月で成熟する。果実は3室をもつ蒴果で，各室に1種子がはいる。種子はやや扁平な球形（図7-Ⅱ-3）で，油が35～38％含まれる。

樹皮の一番外側は薄いコルク層で，その内側にはさほど厚くない皮層がある（図7-Ⅱ-4）。その内側が二次師部で，ほぼ一定間隔で師部放射組織が中心方向から放射状にはいり込み，そのあいだの組織を乳管（laticifer, latex vessel）が縦方向に走行する。二次師部の内側は形成層，二次木部になる。乳管は，形成層で一定の間隔でつくられ，二次師部内で同心円状

図7-Ⅱ-2　パラゴムの葉

図7-Ⅱ-3　パラゴムの種子
スケール：1cm

に分布し，網目状に構成されていて，細胞壁はリグニン化しない。乳管は乳液で満たされ，乳管のなかでは乳液は移動しない。

　生育適温は24〜28℃。年間降雨量2,000〜4,000mmで，1年を通じて降水のある地域が生育に適す。暴風がある地域は好ましくないため，南北緯10度の範囲の地域で栽培される。

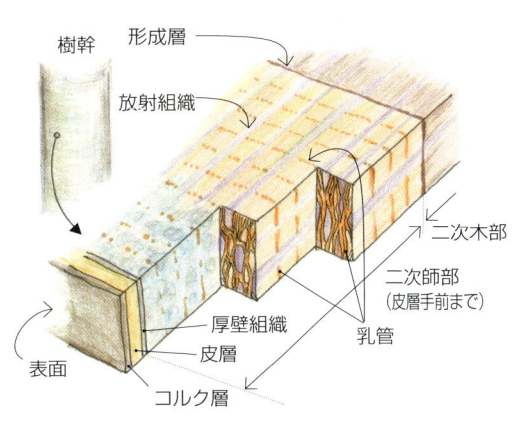

図7-Ⅱ-4　パラゴム乳管を示す模式図
表面より2〜3mm程度
Sando T. ら 2009, Planta230:215-225 を参考に，Vischer. W. 1923. Naturf. Gesell. in. Basel. Verhandl. 35:175. Fig1 を改

## 3　栽培と品種

### 1　繁殖と植付け

　繁殖の主流は，優良品種を接ぎ穂にして台木に芽接ぎする方法である。以前は，約1年間育てた台木に，同期間育てた接ぎ穂を芽接ぎしたが，最近は，ポットで3〜5カ月育てた台木に，同期間育てた接ぎ穂を芽接ぎしている。450〜550本/haの栽植密度で移植し，成長にあわせて枝の整理や，間伐を適宜行なう。移植後5〜10年で乳液がとれ，25〜30年間ほど採液できる。経済的に採液できなくなった樹は，パルプの原料や木材にする。

　東南アジアのパラゴムは遺伝背景が狭いため（注1参照），ブラジルのパラゴムとの交雑によって，品種育成が行なわれている。

### 2　乳液の採集＝タッピング

　専用のナイフで，樹皮を深さ1mm程度削って乳管を切断し，乳液を採集する（図7-Ⅱ-5）。これをタッピング（tapping）とよぶ。形成層が傷つくと樹皮の再生がさまたげられ，樹の経済的寿命が短くなる。

　タッピングは，樹皮を右下から左上に，水平面に対して25〜30°の角度で，樹の周囲の半分近くを一直線に削る（単線切付）。また，V字に削ったり（V字切付）（図7-Ⅱ-6），らせん状に削る（らせん形切付）方法もある。

　タッピングは，乳管内の膨圧が高い早朝に行なう。凝固した乳液を取り除き，前回タッピングしたすぐ下の樹皮を削り取る。樹木に乳液を集める容器をつけて，乳液を回収する。乳液は数時間流れた後，凝固しはじめる（注2）。タッピングは2〜3日おきに行なう。一年中乳液を採取できるが，採液量は乾期や落葉期に少なく，雨期に多い。

　タッピングを一定期間くり返し，その後，休ませて，残った形成層で樹皮を再生させる。休ませる期間は，1回目は4〜6年間，2回目は6〜8

図7-Ⅱ-5　パラゴムの採液
　　　　　（単線切付）

図7-Ⅱ-6　採液されたゴムの
　　　　　樹皮（V字切付）
採液のために傷つけられた樹皮は，形成層の細胞分裂によって回復し，再び採液が可能になる

〈注2〉
エチレンガスやエテホン（エチレン発生剤）を噴霧して乳液の凝固を遅らせ，採液量を多くすることも行なわれている。

Ⅱ　パラゴム　139

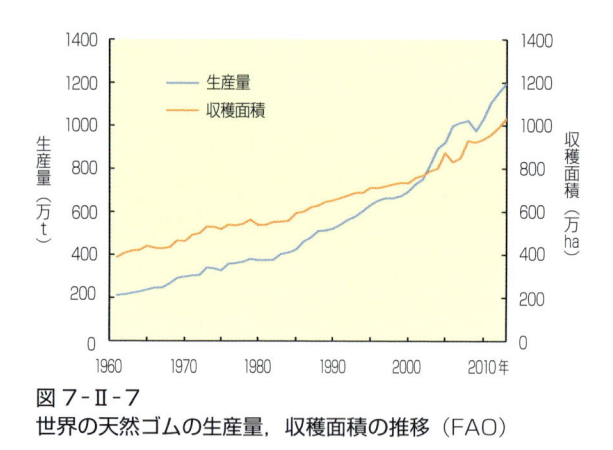

図7-Ⅱ-7
世界の天然ゴムの生産量，収穫面積の推移（FAO）

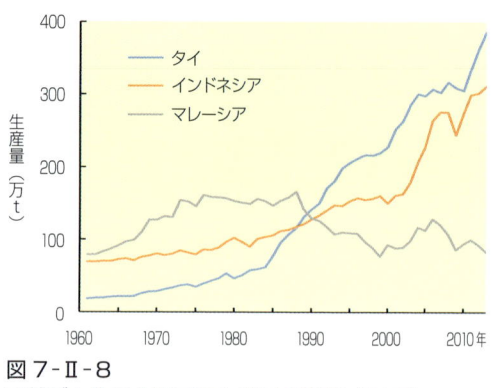

図7-Ⅱ-8
天然ゴム生産主要国の生産量の推移（FAO）

年間，3回目以降は8～10年間がよいとされる。

## 4 生産量

　世界の天然ゴムの生産量は1,197万t，収穫面積は1,032万haで（2013年，FAO），増加傾向にある（図7-Ⅱ-7）。とくに，タイとインドネシアでの増産がいちじるしい（図7-Ⅱ-8）。1980年代までもっとも生産量が多かったマレーシアは，工業の発達やアブラヤシへの転換で減っている。

　国別生産量割合は，タイ32％，インドネシア26％，ベトナムとインドが8％，マレーシア7％（2013年，FAO）。

## 5 加工と利用

　小規模なゴム園では，集めた乳液をろ過して不純物を取り除き，少量の酢酸やギ酸を加えて型枠にいれ，ゴム成分を凝固させてシートにする（図7-Ⅱ-9）。

　シートを1週間ほど乾燥させて淡褐色になったものを，燻煙室で約60℃で1週間ほど燻煙，乾燥させて出荷する（図7-Ⅱ-10）。このシートを重ね合わせて，プレス機で約50cm角の立方体にする。

　大規模農園では，亜硫酸水素ナトリウムで乳液を漂白し，ローラーで表面に縮緬状のしわがはいった厚さ1～2mmのシートにする。それを，約40℃で2週間ほど乾燥して，淡黄色の生ゴムシートをつくる。これは，おもに白いゴムや彩色されたゴムに利用する。

図7-Ⅱ-9
農家の庭先で自然乾燥される生ゴム（マレーシア，サラワク州）

図7-Ⅱ-10
農家から業者に納品されたゴムシート（スリランカ）

# Ⅲ その他の樹脂料作物

その他の樹脂料作物を表7-Ⅲ-1に示した。

図7-Ⅲ-1
インドゴムノキ（インドネシア）
日本では観葉植物とする

表7-Ⅲ-1 その他の樹脂料作物

| 種　類 | 特徴と利用 |
|---|---|
| グアユール<br>guayule<br>*Parthenium argentatum*<br>A. Gray | キク科の多年生作物。アメリカ原産で，メキシコ北部からアメリカ南部の乾燥地域に自生する。分枝が多く，木質化して灌木状になり，草高は60～70cmほど。直根が発達し，側根も多い。葉は白い細毛で覆われ銀白色にみえ，長さ3～5cm。果実は痩果であるが，不稔が多い。根や茎の柔組織細胞の液胞にゴム顆粒を蓄積する。乳管がないので，ゴムを採集するには細胞を破砕する必要がある<br>グアユールのゴムは，パラゴムよりもアレルゲン物質になるタンパク質が少なく，最近，健康面から注目されている。また，ゴム生産が東南アジアに集中しているので，アメリカなどでは，乾燥した地域で生育できる自国のゴム資源として注目し，品種改良などを行なっている<br>実生苗を育て，移植栽培する。植付け後4～5年で収穫する。収穫は，植物全体を掘り出すか，地上約10cmで刈取る。刈取りでは収量が25～35％減るが，再生して2～3年後に次の収穫ができる。収穫後，湯に浸けてゴムを凝固させてから破砕して水に浸ける。ゴムと樹脂の混合物が浮くので，樹脂を分離してゴムを精製する |
| バラタ<br>balata<br>*Manilkara bidentata*<br>A. Chev. | アカテツ科の常緑高木。原産地はボリビア。樹高は約30m。樹皮を傷つけて乳液を採集する。ポリイソプレンの多くは，トランス-1,4結合で，アルコールに不溶。おもに合成ゴムと混合してゴルフボールのカバー材として利用するほか，歯科用充填剤，絶縁ケーブルなどにも使う |
| サポジラ<br>sapodilla<br>*Manilkara zapota*<br>P. Royen | アカテツ科の常緑高木。メキシコから中央アメリカの原産。樹高は20mほど。数年に一度，ジグザグ状に樹皮を傷つけて乳液をあつめ，煮詰めるとゴム質（チクル，chicle）を得る<br>体温で適度に軟化し，チューインガムの原料として利用されるため，チューインガムノキともよばれる |
| アラビアゴムノキ<br>gum arabic tree<br>*Acacia senegal* Willd. | マメ科アカシア属の常緑樹。北東アフリカの原産。樹高は約7m。樹皮を傷つけると，傷口から樹脂（アラビアゴム，gum arabic）がにじみ出て球状に固まる。これを採集し，乾燥（粉状）して出荷する。アラビアゴムは親水性粘質物質で水に溶けやすく，粘り気をもつ。アルコールやエーテルには溶けないので，水溶性ゴムとよばれることもある<br>切手の「のり」や菓子の乳化剤のほか，医薬（錠剤のコーティング材など）や製紙，化粧品，墨などに利用する |
| インドゴムノキ<br>Indian rubber tree<br>*Ficus elastica* Roxb. | クワ科イチジク属の常緑高木（図7-Ⅲ-1）。インド北部からマレー半島の原産。樹高は30mほどで，幹基部には板根が発達する。葉は肉厚で光沢があり，長さ30cmほどの楕円形。かつては乳液を採集してゴム原料にしたが，パラゴムより収量，品質が劣り，ゴム原料としての栽培はほとんどない。現在は，街路樹，庭園樹，観葉植物として利用され，園芸用の品種も多い |

## 薬用作物と染料作物

　資源作物（工芸作物）には，いままで解説したもの以外に，比較的大きなグループとして，薬用作物と染料作物がある。どちらにも，多くの種類の作物があるが，それぞれが特定の産地で小規模に栽培されていて，大きな規模で広く栽培されているものはほとんどない。

〈薬用作物（medical crop）〉

　薬用作物は，その成分の薬効を期待して利用されている植物のなかで，とくに，医薬品などの原料にするために栽培されている作物である。ダイオウやオタネニンジンなど，漢方薬に利用されるものが多いが，ジョチュウギクのように，殺虫成分を利用するために栽培される作物も含まれている。

　医薬品原料には，成分や品質の安定が望まれるが，土地や気象などで変動しやすく，その克服が栽培の重要な課題である。ハトムギなどの穀物（食用作物）をはじめ，ウコン（香辛料作物）やヒマ（油料作物）など多くの作物が漢方薬に利用されており，薬用目的に栽培する場合は薬用作物であるが，通常は中心になる利用目的の作物として分類されている。

　日本で栽培される，おもな薬用作物に，オタネニンジン（*Panax ginseng* C.A.Mey.）がある。チョウセンニンジンともよぶウコギ科の多年草で，葉は掌状複葉で葉柄は長い（図1）。直射日光を避けて栽培する。根や根茎を利用するが，根の成長は遅く徐々に肥大するので5年以上栽培して収穫する。

　ほかにセンキュウ（*Cnidium officinale* Makino，セリ科の多年草）やトウキ（*Angelica acutiloba* Kitagawa，セリ科の多年草）（図2），ダイオウ（*Rheum officinale* Baill，タデ科の多年草）などが，漢方薬の原料として栽培されている。また，ドクダミ（*Houttuynia cordata* Thunb.）は漢方薬には含まれないが，民間薬の原料として栽培されている。

　ジョチュウギク（*Chrysanthemum cinerariaefolium* Visiani）はキク科の多年草で，乾燥させた花を殺虫剤などの原料にする（図3）。クロアチア原産で日本には明治初年に導入され，一時，世界一の生産量になったこともあったが，いまでは薬用作物としては栽培されていない。現在の産地は，タンザニアなどである。

〈染料作物（dye crop）〉

　染料作物は，布や糸などを染めるための染料の原料になる作物で，藍色の染料となるインディゴ（*Indigofera tinctoria* L.）など，大きな産地ができたものもあったが，染料が化学合成されるようになってからは栽培が激減し，いまでは大きな産地は残っていない。

　日本では，古くから藍色染料をつくるために栽培され続けてきたアイ（*Polygonum tinctorium* Lour.）が，いまでもわずかに栽培されている（図4）。

　また，ベニバナやウコンなどは，繊維を染める染料と同時に，食品の色づけにも利用することができ，食品の天然着色料として，ある程度の量が生産されている。

図1　オタネニンジン

図2　トウキ

図3　ジョチュウギク

図4　アイ

❶ヘアリーベッチの花序
❷ソルゴー型ソルガムの草姿
❸出穂期のオーチャードグラス
❹アカクローバーの花序
❺ターンテーブル式のベールラッパー（ラッピングマシン）によるフィルムの被覆（ラッピング作業）
❻大型機械によるソルガムの収穫

# 飼料作物・緑肥作物

# 第8章 飼料作物の分類と基礎

## I 飼料の種類と家畜の利用

### 1 飼料とは

飼料（feed）とは，家畜の餌のことであり，その量や質は家畜の成長や活動に影響し，肉，乳，卵などの生産量を左右する。飼料に要求されることは，家畜に必要な栄養素を含むことのほか，消化，吸収されやすいこと，嗜好性がよく安全であること，取り扱いやすく低コストであることなどである。また，草食動物では，生理面から量を確保することも重要である。

### 2 粗飼料と濃厚飼料

図8-I-1のように，飼料は粗飼料（roughage）と濃厚飼料（concentrate）に大別される。粗飼料は，量が必要な草食動物のための飼料であり，粗繊維が多く，家畜が消化できる養分は少ない。粗飼料のなかで，飼料作物には青刈飼料作物，牧草，多汁質飼料作物など，作物副産茎葉には稲わらやラッカセイなどの茎葉，野草にはススキやクズなどがある。

濃厚飼料は，粗繊維が少なく，消化できる養分が多い飼料で，ブタやニワトリの餌にするだけでなく，ウシなどの草食動物にも粗飼料とともに与える。濃厚飼料には，穀物のほか，ダイズやナタネなどから油をとった残渣（油粕），アルコール粕やデンプン粕などの製造粕，魚粉などの動物質飼料，米ぬかやコムギのふすまなどのぬかがある。

ウシなど草食動物への給与の面から，給与の中心になる飼料を基礎飼料（維持飼料），これを栄養的に補う飼料を補助飼料とよぶ。

普通，基礎飼料として粗飼料が，補助飼料として濃厚飼料が使われる。

```
                    ┌─ 青刈飼料作物
          ┌─ 飼料作物 ─┼─ 牧草
          │           └─ 多汁質飼料作物
    ┌ 粗飼料 ┼─ 作物副産茎葉
    │     └─ 野草
飼料┤
    │     ┌─ 穀物
    │     ├─ 油粕
    └ 濃厚飼料 ┼─ 製造粕
          ├─ 動物質飼料
          └─ ぬか
```

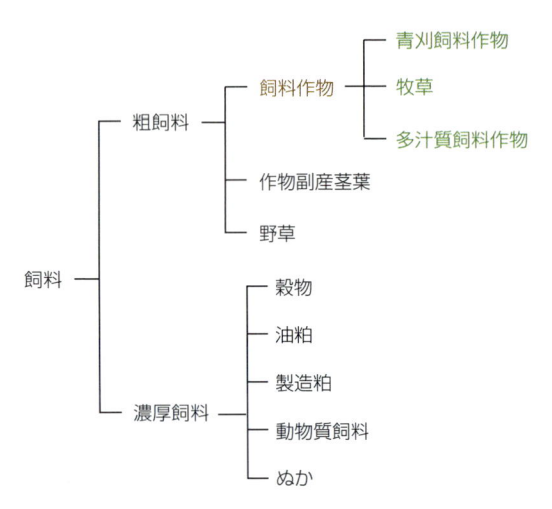

図8-I-1　飼料の種類

## 3 単体飼料，混合飼料，配合飼料

濃厚飼料には，1種類の原料でつくられる単体飼料と，特定の成分を補給する目的で数種類の原料を混合した混合飼料，単体飼料や混合飼料など多種類の原料を調合した配合飼料がある。

配合飼料は，家畜の種類や生育時期，飼養目的などにあわせて，栄養バランスや形を考慮した飼料で，もっとも広く利用されている(注1)。家畜の種類で乳牛用飼料，肉牛用飼料，養豚用飼料などに，給与する時期で哺乳期用飼料，育成用飼料，肥育用飼料などに区分されている。

〈注1〉
飼料安全法に基づいて飼料の公定規格の設定などが行なわれており，栄養成分や安全性で一定の基準を満たすことが義務づけられている。飼料安全法の対象になる家畜には，ウシ，ブタ，ヒツジ，ヤギ，シカ，ニワトリなどのほか，ブリなどの養殖魚がある。

## 4 家畜の種類と飼料

人間は，作物が光合成によって固定した太陽光エネルギーを，作物から直接，あるいは畜産物を通して得ている（図8-I-2）。

現在，日本で飼われているおもな家畜は，反芻家畜ではウシ，単胃家畜ではブタとニワトリである。

図8-I-2 家畜の飼料と作物との関係

### 1 反芻家畜と飼料

草食動物のウシには，牧草や青刈飼料作物などの粗飼料を餌として与えている。しかし，粗飼料は栄養価が低く，これだけでは生産性が低いため，穀物などの栄養価の高い濃厚飼料も給与して生産性を高めている。

●乳牛

日本の乳用牛（雌牛）の飼養頭数は142万頭で，そのうち57％が北海道である（2013年）。ほとんどがホルスタイン種で，わずかにジャージー種が飼養されている。乳牛は子牛を出産することで乳を出すので，計画的に出産させて搾乳する。なお，雄牛は去勢し，肥育して肉にする(注2)。

生まれたばかりの子牛には乳状飼料を給与し，徐々に粗飼料を与えてルーメン（第一胃，第9章I-1項参照）を発達させる（生後約3カ月まで：哺育期）。生後14～16カ月で人工授精して，約280日後に出産する（育成期）。出産後，約300日間搾乳できる（泌乳期）。出産後50～60日で人工授精し，次の出産の約60日前には搾乳をやめて，胎児の発育のために泌乳を休ませる（乾乳期）。

粗飼料とともに，生育ステージにあわせた濃厚（配合）飼料を給与するが，肥育用の肉用牛より粗飼料を多くする（図8-I-3）。

〈注2〉
「国産牛」と表示された牛肉は，ほとんどが乳牛（ホルスタイン種）である。雄牛のほか，乳量が落ちてきた雌牛も肥育して肉にする。国産肉用種の和牛は「和牛」と表示される。和牛は，肉質はよいがホルスタインよりも体が小さく，成長も遅い。ホルスタインの雌に，和牛の受精卵を移植して，和牛を産ませることもある。

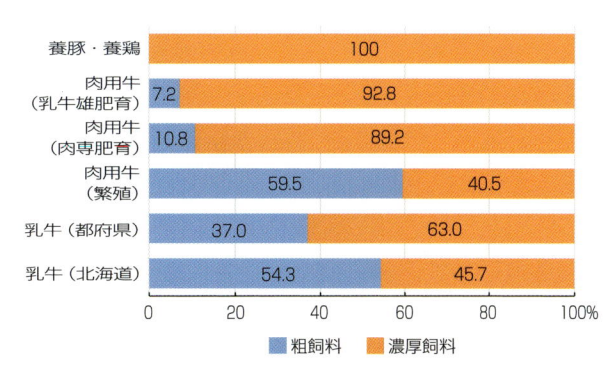

| 畜種 | 粗飼料 | 濃厚飼料 |
|---|---|---|
| 養豚・養鶏 | | 100 |
| 肉用牛（乳牛雄肥育） | 7.2 | 92.8 |
| 肉用牛（肉専肥育） | 10.8 | 89.2 |
| 肉用牛（繁殖） | 59.5 | 40.5 |
| 乳牛（都府県） | 37.0 | 63.0 |
| 乳牛（北海道） | 54.3 | 45.7 |

図8-I-3 日本での畜種別の粗飼料と濃厚飼料の給与割合（TDNベース）

I 飼料の種類と家畜の利用　145

〈注3〉
乳用種のうち，ホルスタイン種などが43%，交雑種が57%である。交雑種は，乳用種より肉質をよくするため，ホルスタインの雌牛に黒毛和種など肉質のよい肉専用種を交配したものである。

●肉用牛

　日本の肉用牛の飼養頭数は264万頭で，うち67%が肉用種，33%は乳用種である〈注3〉。日本で飼養される肉用牛は農耕用に飼われていた在来種の和牛で，黒毛和種がもっとも利用され，ほかに褐毛和種などがある。

　和牛の飼育は，子取り生産を目的とした繁殖用と，牛肉生産を目的とした肥育用がある。繁殖用は，生後15カ月ごろに初回の種付けをし，25カ月ごろに初産をむかえる。その後，1年1産を目安に出産をくり返す。長期間連産するため，丈夫で健康なウシづくりが求められ，粗飼料を主体にバランスのとれた濃厚飼料を給与する。肥育用は濃厚飼料を中心に給与する。

### 2 単胃家畜と飼料

　単胃家畜であるブタやニワトリは，本来，雑食性で草や野草の種子なども食べるが，飼育ではトウモロコシ子実などの濃厚飼料を給与する。

　日本で飼養されるブタは969万頭で，そのうち肥育豚は811万頭（2013年）である。ブタは，哺育期から人工乳期，子豚期（体重30～70kg，生後約70～120日）を経て，肉豚期（70～110kg，生後120～180日）になり出荷される。

　ニワトリには，卵をとる採卵鶏（1.7億羽）と，鶏肉をとるブロイラー（1.3億羽）がある（2013年）。採卵鶏は，生後18週間の育成期を経て成鶏期になり，ほぼ毎日産卵する。ブロイラーは，生後7～8週で出荷する。両方とも濃厚飼料を与える。

# II 飼料作物（forage crop）の分類

## 1 青刈飼料作物（soiling crop）

　本来は子実を収穫の対象にする作物であるが，子実が成熟する前に刈取り，茎葉などを家畜に給与する場合を青刈飼料作物とよぶ。刈取り後，生草のまま給与したり，乾草やサイレージにして利用する。

## 2 牧草（pasture crop）

　牧草は，野草から淘汰，選抜されてきた草本植物で，ほとんどがイネ科かマメ科で，それぞれイネ科牧草（forage grass），マメ科牧草（forage legume）とよぶ。

　イネ科牧草は，来歴や気温への適性によって，寒地型イネ科牧草と暖地型イネ科牧草に分ける。牧草は，草地として利用されるが，日本では転作田などで1年生作物として栽培することも多い。

## 1 寒地型イネ科牧草 (temperate grass)

イネ科ウシノケグサ亜科で，ヨーロッパ，地中海沿岸，西アジアなどの温帯を原産地とするものが多い。日本の基幹牧草で，北海道，東北地方のほか，山地など冷涼な気候の地域を中心に栽培される。

寒地型イネ科牧草は$C_3$植物で，全日射量の30〜50％ほどで光合成量が飽和する。多くが長日植物である。生育適温は15〜25℃で，春の気温の上昇とともに生育が旺盛になるが，夏期の高温には弱い。

## 2 暖地型イネ科牧草 (tropical grass)

イネ科スズメガヤ亜科やキビ亜科で，アフリカ，南アメリカなどの熱帯や亜熱帯が原産地である。寒地型イネ科牧草より粗剛で嗜好性が低く，栄養価も低い。沖縄県などで永年牧草として栽培される以外は，夏枯れで寒地型牧草の利用が困難な西南暖地で栽培される程度である。

暖地型イネ科牧草の多くは$C_4$植物で，生育適温は25〜35℃。全日射量でも光合成量が飽和せず，生産性が高い。高温や乾燥に強いが低温に弱く，10℃以下では生育が停止し，降霜によって枯死するものが多い。

## 3 マメ科牧草（図8-Ⅱ-1）

すべてマメ亜科で，$C_3$植物である。温帯地域が原産の寒地型と，熱帯から亜熱帯が原産の暖地型があるが，日本では，暖地型は沖縄地域以外では越冬することがむずかしく(注1)，おもに寒地型が栽培される。

マメ科牧草はイネ科牧草より，タンパク質やミネラル，ビタミンの含量が高く，繊維含量が低い。家畜の嗜好性もよい。

## 4 牧草のその他の分類

**生育期間**：春に芽生えその年のうちに開花して枯死する草種を1年生 (annual)，秋に芽生え翌年の秋までに開花して枯れる草種を越年生 (witner annual)，芽生えてから1年以上生き2年以内に枯れる草種を2年生 (biennial) とよぶ。芽生えてから数年以上生きる草種を多年生 (perennial)，このうち生存期間が短めの草種を短年生 (temporary) とよぶ。

**草型**：株状に生育するものを叢状型（株型，bunch grass），根茎やほふく枝を出してマットをつくって生育するものを芝状型（sod grass）とよぶ。

**利用方法**：刈取って乾草やグラスサイレージとして貯蔵するのに適したものを採草型（hay type），家畜を放牧して直接食べさせるのに適したものを放牧型（pasture type）とよぶ。

# 3 多汁質飼料作物 (succulent forage crop)(注2)

多汁質飼料作物には，根菜類，果菜類，葉菜類があるが，とくに根菜類が利用されている。飼料として栽培されるおもな根菜類には，飼料用カブ，ルタバガ，飼料用ビート，飼料用サツマイモなどがある（第10章Ⅲ項表10-Ⅲ-1参照）。果菜類には飼料用カボチャなどがある（図8-Ⅱ-2）。

図8-Ⅱ-1 開花期のマメ科牧草バーズフットトレフォイル
日本で広く栽培されるマメ科牧草は，アカクローバーなど数種に限られているが，世界的には多くの種類がある

〈注1〉
暖地型マメ科牧草は，越冬できない地域では1年生として利用される。つる性のサイラトロ (Macroptilium atropurpureum) や灌木性のギンネム (Leucaena leucocephala) などがある。

〈注2〉
多汁質飼料作物を青刈飼料作物としてあつかう場合もある。

図8-Ⅱ-2 飼料用カボチャ

多汁質飼料作物は冬の飼料として，とくに18世紀半ばに確立したノーフォーク農法（第13章Ⅲ項のコラム参照）で重要な役割をはたした。当時，飼料用カブを導入することによって，冬期の飼料が確保でき，家畜の飼養頭数が増えた。
　しかし，収穫時の労力がかかるので，現在では利用は少ない。

# Ⅲ　イネ科作物の基本的な形態

## 1　出芽～幼植物

　土に播かれた種子が吸水すると，種子内で物質代謝がおこり胚が活動しはじめる（『作物学の基礎Ⅰ-食用作物』参照）。やがて発芽（germination）し，鞘葉（子葉鞘，coleoptil）に包まれた成長点部をもちあげるように中茎（中胚軸，mesocotyl）が伸びて出芽（emergence）する（図8-Ⅲ-1）(注1)。鞘葉は半透明の筒状でとがった先端をもち，土壌中を突きすすみやすい構造をしている。
　出芽後，第1葉が伸びはじめ，鞘葉の先端から出る。その後，順次，葉が展開し，下位節の葉腋から分げつが出て，茎基部から不定根（冠根）が伸びる。

## 2　茎葉の形態

### 1　葉

　イネ科作物の葉は，細長い葉身（leaf blead）と鞘状の葉鞘（leaf sheath）からなる（図8-Ⅲ-1参照）。茎が伸びはじめる前は，巻いた葉鞘が重なって茎のようになり，葉身をささえる(注2)。葉身と葉鞘のあいだの，淡緑色あるいは白色で帯状の部分をカラー（collar）とよぶ。
　葉身と葉鞘の境を内側からみると，葉鞘が伸び出た半透明の薄い膜状の葉舌（ligule）があり，種類によって形がちがう（図8-Ⅲ-2）。葉舌がない種類もある。また，葉身の基部が突き出て葉耳（auricle）になる種類も多い(注3)。
　葉耳や葉舌の有無や形は，作物と雑草を区別したり，まぎらわしい種類を識別するために重要である。
　たとえば，強害イネ科雑草であるシバムギ(注4)の葉舌は1mmほどと短く平らで，葉耳は細長くとがっているが，幼植物がよく似ているチモシーの葉舌はゆるくとがって大きく，明瞭な葉耳をもっていないことで区別できる（図8-Ⅲ-2参照）。
　葉身の光沢の有無も種類の識別に利用される。ライグラス類やメドウフ

〈注1〉
中茎の成長は光条件で左右され，暗黒で伸び，光によって伸びが止まる。中茎の長さは，播かれたときの種子の深さによる。中茎が伸びない種類は，鞘葉自身が伸びて地表に出なくてはならないので，浅播きにする必要がある。

〈注2〉
葉鞘には直立する茎の強度を高める働きもある。

〈注3〉
毛状の葉舌や葉耳もある。

〈注4〉
明治初期に寒冷地用の牧草として導入されたが，嗜好性が悪くて利用されず，雑草化した。おもに根茎で繁殖する。切断された根茎からも萌芽して，牧草の定着を阻害する。

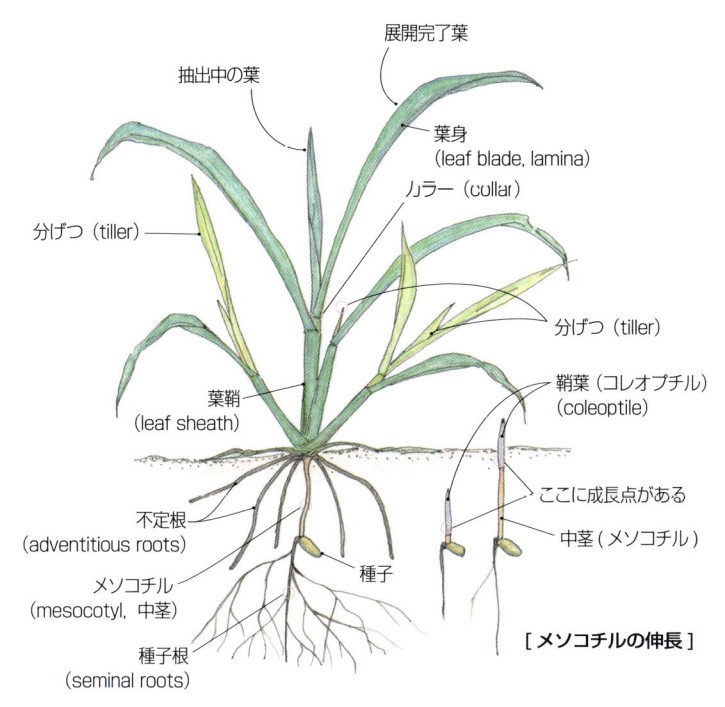

図8-Ⅲ-1 イネ科植物の出芽過程と幼植物の模式図
黄色であらわした葉は，分げつを示す

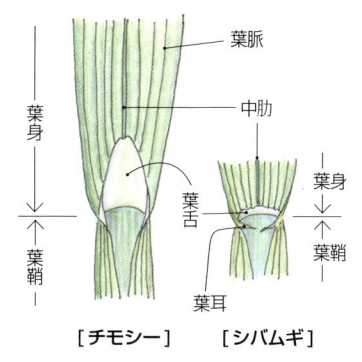

図8-Ⅲ-2 チモシーとシバムギの葉舌，葉耳の比較

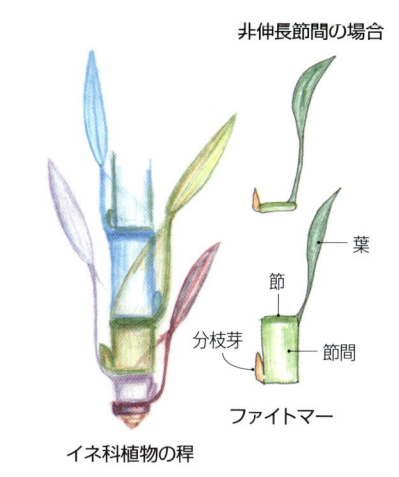

図8-Ⅲ-3 ファイトマーの概念を示す模式図

ェスクの葉身の裏側は光沢をもち，ねじれて太陽光を受けて輝く。前の葉の葉鞘から伸び出て，まだ葉身が開く前の状態の葉をみると，丸く巻いたものと，折りたたまれて扁平なものがある。チモシーの断面は丸いが，オーチャードグラスの断面は扁平なV字型である。

## 2 茎とファイトマーの考え方

茎で，葉がつく部分を節（node）といい，節と節のあいだが節間（internode）である。茎の基部は，ごく短い円盤状の節間（非伸長節間）が積み重なった構造で，多年生の牧草ではクラウン（crown）とよぶこともある。茎先端の成長点では，葉原基が次々とつくられ，順次，葉が伸びて開く。

多くのイネ科作物では，葉を分化していた茎先端の成長点で幼穂が分化しはじめるのと前後して，節間が伸びはじめる。このように，栄養成長期から生殖成長期に移行するころから節間が伸びる（注5）ことによって，茎先端に分化した幼穂が押し上げられていく。直立した茎は稈（culm）ともよばれる。稈の内部は中空で，節の部分に隔壁がある種類が多い（注6）。

植物体の構造の見方として，葉と，その葉がついている節，その下の節間，その節間の基部から出る分枝芽を1つのユニットとみて，ファイトマーとよぶ考え方がある（図8-Ⅲ-3）。

植物体は，いくつものファイトマーが重なって構成されているという考え方である。

〈注5〉
節間伸長という。

〈注6〉
トウモロコシやソルガムなど，節間内部が柔組織で充実している種類もある。これらの作物では節間伸長と幼穂分化の時期の関連は認められていない。

(a) 内鞘性分げつの出方

内鞘性

外鞘性

(b) 外鞘性分げつの出方

根茎
(ライゾーム)
ほふく茎
(ストロン)

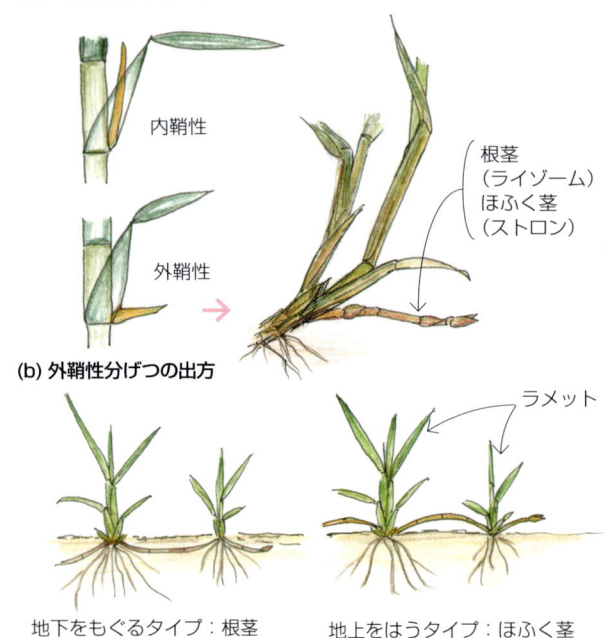

ラメット

地下をもぐるタイプ：根茎　　地上をはうタイプ：ほふく茎

図8-Ⅲ-4　イネ科植物の分げつの出方

〈注7〉
この部分をラメット（ramet）とよぶ。なお，1粒の種子からつくられる個体全体をジェネット（genet）とよぶ。

## 3 ｜ 分げつとほふく茎，根茎

　分枝になる芽である分げつ芽（tiller bud）は，葉のつけ根（葉腋）に分化するので腋芽（axillary bud）ともよばれる。分げつ芽は成長し，葉鞘からあらわれて分げつ（tiller）になる。このとき，葉鞘をやぶらず葉鞘の内側に沿って伸び出るタイプ（内鞘性）と，葉鞘を突きやぶって外に伸び出るタイプ（外鞘性）がある（図8-Ⅲ-4 (a)）。

　内鞘性の種類は，分げつ芽が成長して分げつになると株をつくるので，横への広がりは限定的である。

　外鞘性の分げつの茎は横方向に伸びるが，地上をはう場合はほふく茎（ストロン，stolon），地下をもぐる場合は根茎（ライゾーム，rhizome）とよぶ（図8-Ⅲ-4 (b)）。どちらも母茎から広がり，芝地をつくることが多い。

　ほふく茎は地表面に沿って伸び，節からは不定根や分枝が出る。また，ほふく茎の先端が上を向くと，そこで葉を展開する（注7）。さらに，ラメットからほふく茎を出して分布域を広げる。

　根茎では，先端の葉が円錐状になって成長点を守り，分化した節間が次々と伸びて土中をすすむ。各節の分げつ芽が伸びて分枝することもある。

　根茎につく葉には葉身はないが，ごく短い葉身がつくと，根茎は上向きの成長をはじめる。葉身のある葉が地上に出て光にあたると，根茎の節間伸長が停止してクラウンをつくり，新しいラメットになる。

## 3 ｜ 穂と花序 (inflorescence)

### 1 ｜ 小穂と花序の種類

　穂は，英語では ear，場合によっては head が使われるが，穂の形によってイタリアンライグラスやコムギなどでは spike，オーチャードグラスやイネでは panicle と，区別してよばれることが多い。spike や panicle は，花のあつまり方，花序を示す単語である。

　イネ科作物では，いくつかの小花があつまった最小単位の花序を「小穂（spikelet）」とよび，小穂のあつまりを花序としてあつかうのが一般的である。イネ科作物の花序のほとんどは，穂状花序（spike），総状花序（raceme），円錐花序（panicle）のいずれかである（図8-Ⅲ-5）。

　穂状花序は柄のない小穂が穂軸（rachis）に互生し，総状花序は柄のある小穂が穂軸に互生や対生する花序である。穂状花序と総状花序を区別せず「総」とよぶこともある。

　円錐花序は，軸が枝分かれするもので，下位の枝ほど分枝が多くなり，小穂も多くつくので穂が円錐形になる。しかし，チモシーのように，枝梗

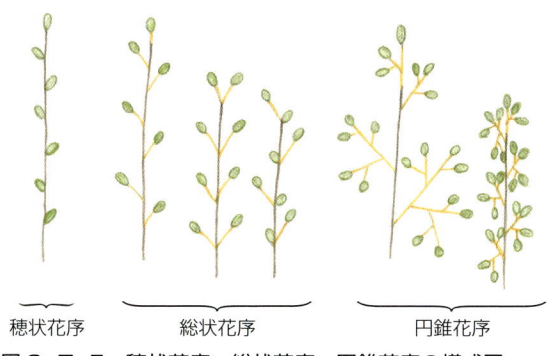

図 8-Ⅲ-5 穂状花序，総状花序，円錐花序の模式図

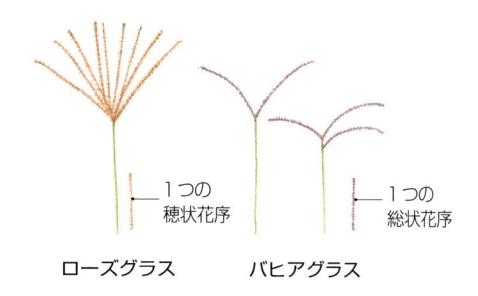

図 8-Ⅲ-6 ローズグラスとバヒアグラスの穂の模式図

が短く小穂が密について円筒形になるものもある。

### 2 穂と花序の関係

　イネ科作物は，基本的には茎（稈）の先に穂をつける。このように，茎頂につく1つの「穂」として花序をみると，多くの場合1つの花序がそのまま1つの穂になるが，いくつかの花序の集合体を1つの穂としてあつかうものもある。たとえば，ローズグラスは多数の穂状花序が茎の頂部につくが，それを1つの穂としてあつかい，バヒアグラスは2〜3本の総状花序で1つの穂をつくる（図8-Ⅲ-6）。なお，イタリアンライグラスやコムギなどは，小花のつき方からみると本来は複穂状花序であるが（図8-Ⅲ-7），作物学では小穂を基本単位に，そのあつまりを花序としてあつかうため，穂状花序とするのが一般的である。

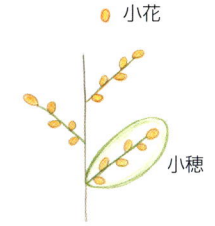

図 8-Ⅲ-7 複穂状花序の模式図

# Ⅳ イネ科牧草の生育

## 1 温度・日長反応と乾物生産

### 1 寒地型イネ科牧草の季節生産性

　寒地型イネ科牧草の乾物生産速度は，春と秋にピークがくる（図8-Ⅳ-1）。冬は，根は伸びるが地上部はほとんど成長しない。春になると，葉の展開や分げつの増加が速まり，幼穂が分化（花芽形成）して節間が伸びる。
　寒地型イネ科牧草の多くは，冬に一定の低温にさらされて花芽形成に向けた生理体制になったのち（春化，vernarization），長日条件になって花芽を形成する〈注1〉。
　5〜6月の出穂期前後には，葉身が長くなり，節間が伸びて受光態勢もよくなり，適温で日射量も増えるので，生産速度は最大になる。これをス

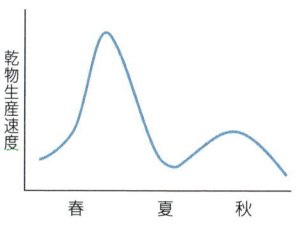

図 8-Ⅳ-1 寒地型イネ科牧草の季節生産性の模式図

〈注1〉
チモシー，イタリアンライグラスなどは，低温は必要なく，長日条件のみで花芽分化する。

プリングフラッシュ（spring flush）とよぶ。この期間に寒冷地では1番草を収穫し，温暖地では2番草まで収穫できる。

さらに気温が上昇すると生育が徐々に抑制され，生産速度は低下する。温暖地では，30℃以上の高温に乾燥も加わって，枯死することもある（夏枯れ）。秋になり，適温になると再び生産速度が高まる。しかし，日射量が減って分げつの増加が鈍り，また，短日条件で葉身が短くなり，スプリングフラッシュほどの生産速度にはならない。やがて冬になって，日平均気温が5℃以下になると生育はほぼ停止する<注2>。

オーチャードクラスなどは，花芽形成に低温が必要なので，2番草以降の分げつは幼穂を分化せず，葉だけが増える。しかし，チモシーなどは，長日条件のみで花芽形成するので，2番草以降でも出穂する。

### 2 暖地型イネ科牧草

暖地型イネ科牧草の季節生産性は，夏に乾物生産速度のピークを1つもつパターンになる（図8-Ⅳ-2）。日平均気温が15℃をこすころになると葉の展開速度が速まり，夏に穂を出す。花芽分化には短日条件は必要だが（短日植物），低温は必要でない。生育適温は25〜35℃で，乾物生産速度は夏に最大になり，秋になって気温が下がると低下する。

## 2 刈取りと再生

イネ科牧草は，刈取られた後，刈り残された葉が展開したり，新しく分げつを出して成長をつづける。この現象を再生（regrowth）とよぶ。牧草は年に数回，採草や放牧によって地上部の大部分を失うが，再生によって生産を継続することができる。刈取る時期や高さが適切でないと生産力が低下する。

### 1 貯蔵養分と再生

葉など光合成器官が刈取られても，刈り残された茎葉の基部やほふく茎，根茎などに貯蔵していた炭水化物を使って再生する。この初期の再生を，依存再生とよぶ。炭水化物は，単糖類や少糖類のほか，寒地型イネ科牧草ではフルクタン（fructan）<注3>，暖地型イネ科牧草ではデンプンとして貯蔵されている。依存再生では，まず葉の再生が優先し，根の成長は一時的に停滞する。なお，マメ科牧草ではおもに根に，デンプンの形で炭水化物を貯蔵する。

再生がすすんで葉が展開すると，新しい葉で光合成をして成長するようになり，根の成長も活性化する。この再生段階を独立再生とよぶ。刈取り頻度が高いと，貯蔵養分の回復が不十分になり枯死することがある。

### 2 刈取る高さと再生

刈取る高さが低すぎると，刈株に残る貯蔵養分量が少ないうえ，残葉による光合成量も少なく，再生が遅くなる。しかし，高すぎると，収量が少

<注2>
冬期の寒さがいちじるしいと凍結害や，雪腐病害で冬枯れすることもある。

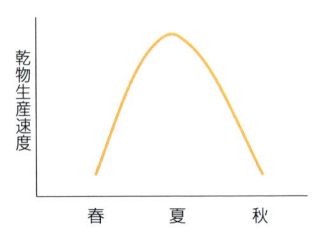

図8-Ⅳ-2
暖地型イネ科牧草の季節生産性の模式図

<注3>
ショ糖に果糖が多重結合した水溶性の多糖類で，ショ糖から合成され，細胞の液胞に蓄積される。フルクタンが多いと耐凍性が高まる。イヌリン型やレバン型などがある。

ない。根茎やほふく枝が多い草種は，刈取り後に残る茎部が多く一定量の貯蔵養分が残るので，刈取る高さが低くても耐えられるが，株状になる草種では再生が劣る。

### 3 茎頂の位置と再生

栄養成長期の茎頂は地ぎわにあるが，生殖成長期にはいると，節間が伸びて，幼穂になった茎頂部がもちあげられる。刈取りで，茎頂が残るか刈取られるかによって，その後の再生速度が左右される。

茎頂が刈り株に残った場合，葉はすぐに貯蔵養分を用いて伸長をつづけ，その光合成によって短期間で独立再生にはいる（図8-Ⅳ-3）。

しかし，節間が伸びていて茎頂（穂）が刈取られると，残った茎はやがて枯れるが，茎基部で休眠していた分げつ芽が動きだして新しい分げつが出て，貯蔵養分を使って再生する。茎頂が残った場合より再生が遅い。

実際には，1株には多くの茎があり，茎によって茎頂の高さがちがう。刈取るとき，節間伸長していない茎が多いほど再生は速い。1番草は出穂がはじまったころに刈取られるが，群落内で多くの茎がそろって出穂する傾向が強いチモシーやイタリアンライグラスなどは再生速度が遅く，出穂のそろいが悪いオーチャードグラスやペレニアルライグラスなどは，再生速度が比較的速い。

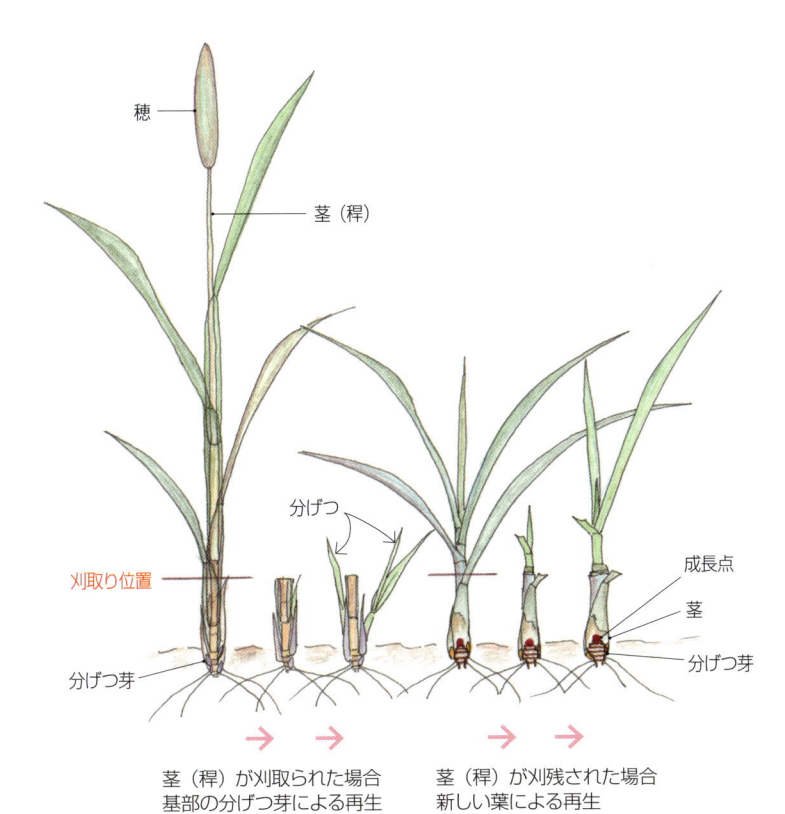

図8-Ⅳ-3
イネ科牧草の茎頂の位置と刈取りによる再生の模式図
葉鞘をすかして茎の状態もあらわしている

# 第9章 飼料作物の利用と栽培

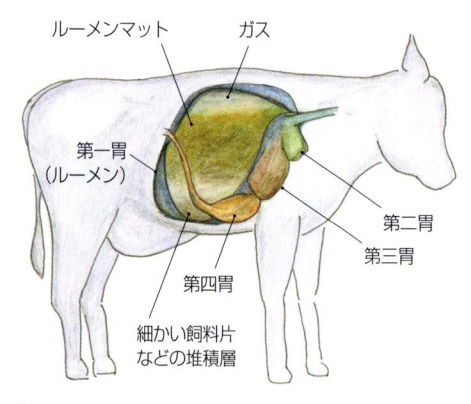

## I 飼料作物の利用

図9-I-1 ウシの胃

図9-I-2 牧草を食むウシ

〈注1〉
ウシは1日に約100〜180ℓのアルカリ性（pH8.5前後）の唾液を分泌する。この唾液によって，ルーメン発酵で出る酸が中和され，ルーメン内はpH6〜7に維持されている。また，温度は39℃前後で，微生物が活動しやすい環境になっている。

### 1 飼料作物と反芻家畜

ウシやヒツジなどの草食動物は，草を咀嚼して胃に送り，再び口にもどして咀嚼する。これを反芻という。反芻動物（ruminant）は，ほかの動物では分解することができないセルロースなどの植物繊維を分解し，消化することができる。粗飼料は，反芻家畜にとって，生理的な欲求を満たし，成長や活動の維持に欠かせない重要な飼料である。

#### 1 胃の構造

反芻家畜であるウシの胃は，第一胃（ルーメン，rumen），第二胃，第三胃，第四胃に分かれ，第一胃がもっとも容積が大きく，胃全体の80％，成牛で150〜200ℓの容積になる（図9-I-1）。第一胃から第三胃は食道が拡張したもので，胃液が分泌されず，前胃とよばれる。第一胃と第二胃では，内容物が自由に移動し機能的に大きな差がなく，2つあわせて反芻胃とよばれる。

胃が1つの単胃家畜であるブタやニワトリなどは，植物繊維を消化できないため，粗飼料は与えず，おもに濃厚飼料が給与されている。

#### 2 飼料の消化と吸収

ウシは，粗飼料を摂食するときは，唾液を分泌しながら咀嚼する（図9-I-2）(注1)。ルーメン内では，上部にメタンなどのガス層ができ，中央に唾液に浸った粗飼料の層（ルーメンマット），下部に細かい飼料片が堆積している層ができている。ルーメンマットがつくられることで反芻がうながされ，吐きもどされて口で再咀嚼される。反芻によって飼料がさらに砕かれ，微生物の付着面積が大きくなり，微生物の活動が活発になる。

ルーメンには，細菌やプロトゾア（原生動物類）などの微生物が多数存在しており，植物繊維のセルロースなどをゆっくり分解し（ルーメン発酵），ギ酸，酢酸，酪酸などの揮発性脂肪酸（volatile fatty acids, VFA）をつくる。

ウシはVFAを吸収して糖や脂肪などをつくるので，ルーメンの状態が泌乳量や肉質に大きく影響する。たとえば，濃厚飼料を多く与えて粗飼料が不足すると，唾液を出す咀嚼がたりず，ルーメン内のpHが低下してセルロースを分解する菌の増殖が減る。このことによって乳量などの生産性が低下し，さらには肝障害などをおこす。

## 2 乾草の調製

青刈飼料作物や牧草を貯蔵するために，乾草やサイレージに調製する。

乾草（hay）は，微生物や酵素による腐敗を防ぐために，水分含有率が12～15％になるまで乾燥させた貯蔵飼料で，おもに牧草でつくられる。乾草の調製は作業ごとに専用の機械で行なわれる。

### 1 刈取り・乾燥

栄養価の高い時期，イネ科牧草では出穂期，マメ科牧草では開花初期に刈取る。刈取り後の牧草は徐々に乾燥していくが，この期間も呼吸しているので，牧草の栄養価は低下する。できるだけ早く乾燥させて，栄養価の損失を最小限にするため，晴天の日に刈取る。

刈取りは，刈取りと圧砕(注2)を一度に行なうモアコンディショナー(注3)を使うことが多い。コンディショナーは乾燥を促進する。フレール型は長方形の刃が高速回転して牧草を圧傷して再切断し，ロール型は2本のローラーに牧草をはさんで圧砕する。圧砕した牧草は，圃場に放置して乾燥する（自然乾燥，天日乾燥）(注4)。

### 2 反転・集草

牧草の下層は乾きにくいため，テッダーで1日数回，上下の層を反転させる（図9-I-3）。マメ科牧草は乾燥がすすむと，栄養価の高い葉部が脱落しやすくなるため，反転の速度や頻度を低くする。乾燥終了後，広げた牧草を収集しやすいように，レーキで列（集草列）にする。

### 3 梱包・貯蔵

牧草の運搬，貯蔵を容易にするために，圧縮し梱包する。ロールベーラーは，集草列の牧草をひろいあげて大きな円柱状にして，ひもやネットで梱包する機械で，梱包された牧草はロールベールとよばれる（図9-I-4）。ロールベールは屋根つきの倉庫で貯蔵する。乾燥が十分でないとカビが発生し，家畜の健康を害することがある。

〈注2〉
牧草の茎は乾燥しにくいため，茎を圧砕して乾燥を促進させる。これをコンディショニングとよぶ。

〈注3〉
モアコンディショナーは刈取り部（モア）と圧砕部（コンディショナー）からなる。

〈注4〉
好天であれば3～4日で仕上がるが，乾燥の途中で雨にあたると1～2週間かかる。圧砕した牧草が降雨にあうと，養分の損失が大きい。

図9-I-3　テッダーによる牧草の反転

図9-I-4　ロールベーラーによる牧草の梱包

I 飼料作物の利用

#### 4 人工乾燥

送風機を使って牧草を乾燥する方法などあるが，特殊な方法として，細切した牧草を高温で乾燥し，加工して成形乾草にする方法もある。

成形乾草には，乾草を細切して圧縮形成したもの（キューブなど），乾草を粉砕したもの（ミール），それを圧縮形成したもの（ペレット）などがあり，高密度で運搬しやすく，貯蔵中の養分損失が少なく，給与作業もらくである。

## 3 サイレージの調製

サイレージ（silage）は，水分の多い粗飼料を嫌気的条件で乳酸発酵させ，pH を下げて腐敗を防止した貯蔵飼料である。日本では，夏が高温多湿で乾草をつくるのがむずかしいので，サイレージの利用が多い。

#### 1 収穫・詰め込み

収穫物を細断してサイロ（注5）などに詰め込み（図9-Ⅰ-5），密封して嫌気条件にする。切断されてもまだ生きているので，酸素があれば呼吸をして糖類などを消費するため，できるだけ早く嫌気的状態にする必要がある。そのため，細断してよく踏みつぶし，空隙を少なくする。

#### 2 サイレージ発酵の過程

サイレージができる過程は，好気発酵期，乳酸発酵期，安定期に分けられる。好気発酵期は，植物自身の呼吸によって糖が消費され，タンパク質もアミノ酸に分解される。また，好気性の微生物が一時的に増殖して，糖を消費して酢酸や炭酸ガスができる。そして，詰め込み後1〜3日でサイロ内の酸素がなくなり，植物の呼吸が止まり，好気性微生物の活動も停止する。

つづいて乳酸菌（注6）が増え，乳酸発酵がはじまり乳酸発酵期になる。乳酸菌によって糖から乳酸がつくられて pH が急激に低下し，さらに乳酸菌の活動が活発になる（詰め込み後4〜10日）。pH が4.2以下になると，酪酸菌などの活動がおさえられ，安定的な状態になる（安定期）。好条件であれば，詰め込み後15〜25日でサイレージができる。

乳酸発酵を促進するために，ブドウ糖，糖蜜，穀類を混ぜたり，乳酸菌を添加して乳酸菌の密度を高めたりする。良質なサイレージは，淡黄色で快い甘酸臭があり，さらっとした手触りになる。

#### 3 酪酸発酵

乳酸菌の繁殖がうまくいかないと pH が下がらず，

〈注5〉
施設型サイロには，塔型（タワー），地下型（トレンチ），地上型（バンカー）がある。可搬型サイロには，地表に細切した牧草などを堆積し専用のビニールシートで被覆するスタックサイロや，ロールベールをポリエチレンフィルムで被覆するラップサイロなどがある。

〈注6〉
乳酸菌は，酸素の有無にかかわらず生育できるが，嫌気的条件のほうが生育しやすい。

図9-Ⅰ-5　大型機械によるソルガムの収穫（上）とサイレージ調製（下）（中国，北京郊外）
丘の斜面を利用した地上型のバンカーサイロによるサイレージ調製で，大型機械で踏圧をかけて，酸素透過性の低い専用のビニールシートなどで覆い密封する。その後，古タイヤなどで重しをすることもある

酪酸菌による酪酸発酵がおこる。酪酸菌は嫌気的条件で繁殖し，糖を消費して乳酸や酪酸に，乳酸もまた酪酸にし，さらにタンパク質やアミノ酸をアンモニアに分解してpHを上昇させる。酪酸発酵したサイレージは悪臭があり，養分も損失し，乳量の減少や下痢，乳房炎などの原因になる。

### 4 ホールクロップサイレージ

青刈飼料作物を，子実が充実したときに，茎葉と子実を一緒に収穫して調製したサイレージがホールクロップサイレージ（whole crop silage）である。トウモロコシやソルガム，ムギ類，イネなどでつくるが，穂の割合が大きく糖含量が高いので，エネルギー価の高い粗飼料である。

TDN含量（4-2項参照）が60〜70％と高く，ウシの嗜好性もたいへんよい。

1cm前後の長さに切断して詰め込みの密度を高め，早期に密封する。

### 5 牧草サイレージ

刈取った牧草を細断して調製したもので，グラスサイレージともよぶ。

イネ科牧草は，生育がすすむにつれてリグニン化がすすんで消化率が悪くなり，栄養価がいちじるしく低下する。若いうちに刈ると栄養価は高いが，糖含量は低く水分が多いので，良質なサイレージをつくるのがむずかしい。イネ科牧草は出穂期（穂が出そろったころ）にもっとも収量が多くなるが，サイレージとしての収穫適期はそれより少し前の出穂直後である。

マメ科牧草は，イネ科牧草より栄養価の変動が少なく，可消化タンパク質含量が高く，家畜の嗜好性がよい。しかし，水分が多く，乾燥過程で葉部が脱落しやすい。マメ科牧草は開花期に収量が最大になるが，サイレージとしての収穫適期は開花初期である。

### 6 ロールベールラップサイレージ

水分50〜60％のロールベール（円筒状に梱包した牧草）に，ポリエチレンフィルムを巻きつけて密封してつくるのがロールベールラップサイレージで，良質なサイレージができる（注7）。

まず，ロールベーラーの作業速度を乾草収集時より落として，詰め込み密度の高い牧草のロールベールをつくる。これをベールラッパーにのせ，フィルムを50％ずつ重ねて2回巻きつける（フィルムは4層になる）（図9-Ⅰ-6）。長期間貯蔵するときは，巻きつける回数を増やして密封性を高める。

フィルムを巻きつけたロールベールはラップサイロとよばれ，内部は数時間で嫌気状態になりサイレージ発酵がはじまり，密封後約1〜2週間で終了する。ラップサイロを縦に置くと端面の気密性がよくなり雨水の浸入を防止でき，さらに2段積みにすると端面が重なり気密性が増す（図9-Ⅰ-7）。

〈注7〉
フィルムによる密封方法が開発されるまでは，ビニール製バッグにいれるバッグ方式，シートで覆うスタック方式が行なわれていたが，気密性や省力化に課題があった。

図9-Ⅰ-6
ターンテーブル式のベールラッパー（ラッピングマシン）によるフィルムの被覆（ラッピング作業）
ロールベールが回転すると同時に，フィルムホルダーがそのまわりを回転してフィルムを巻きつけていく

図9-Ⅰ-7　屋外でのラップサイロの保管

フィルムには黒色と白色があるが，紫外線によるフィルムの劣化を防ぐため，黒色はカーボン，白色は紫外線吸収剤が添加されている。白色のほうがベールの表面温度が低く，サイレージ発酵には望ましいと考えられている。

ロールベールラップサイレージは，従来のサイレージより水分調整が容易で，省力的なので急速に普及している。最近では専用機械の開発により，トウモロコシ，ソルガム，飼料イネなどの調製もできるようになった。

## 4 飼料作物の評価

粗飼料として家畜に給与される飼料作物は，乾物収量が高いことと，家畜の栄養分が多く含まれていることが必要である。飼料を栄養面から評価するには，含まれている栄養分を化学的に分析する方法と，実際に家畜に給与して消化・吸収される養分を測定する方法がある。

### 1 栄養成分

飼料を化学的に処理し，栄養素を定量できる形に分離，抽出して測定したもので，飼料の栄養価を判断する１つの基準として用いられる。水分，粗タンパク質，粗脂肪，粗繊維，可溶無窒素物，粗灰分の６成分（一般成分ともいう）であらわされ，水分以外の成分を乾物としてあらわすこともある。

### 2 消化率と可消化養分

飼料の各成分が家畜の消化器官で消化・吸収される割合を，消化率（みかけの消化率）とよび，次式であらわされる。

消化率（％）＝（摂取成分量－糞中排出成分量）／摂取成分量

可消化養分とは，飼料の各成分に消化率を乗じた養分量，すなわち，可消化粗タンパク質，可消化粗脂肪，可消化粗繊維，可消化可溶無窒素物のことで，これらを合計したものを可消化養分総量（total digestible nutrient，TDN）とよぶ（単位はkg）。

TDNは，飼料の代謝エネルギーの大まかな量を示す単位で，簡便な表示法として広く用いられている（注8）。

飼料評価で用いられる「TDN含量」は，単位乾物重当たりのTDNで，％で示される

〈注8〉
TDNは次式であらわされる。

TDN＝可消化粗タンパク質＋可消化粗繊維＋可消化可溶無機窒素物＋2.25×可消化粗脂肪

粗脂肪のエネルギー量は，炭水化物の2.25倍とみなし，可消化粗脂肪に2.25を乗じる。

## 5 飼料（作物）が毒をもつ場合

飼料作物から得られる飼料が，毒をもつ場合がある。飼料作物がその植物特有の成分として有毒物質をもつ場合もあるが，有毒成分をもたない植物が，カビや細菌などによって，生育の途中や収穫後に毒をもつ場合がある。

1960年のイギリスで，10万羽以上もの七面鳥の雛が死亡したことがあ

表9-I-1　カビ毒を産生するおもな菌

| 属 | 菌　名 | 産生されるカビ毒（マイコトキシン） |
|---|---|---|
| Aspergillus | A. flavus | アフラトキシン（B1, B2） |
| | A. parasiticus<br>A. nomius | アフラトキシン（B1, B2, G1, G2） |
| | A. orhraceus<br>A. carbonarius | オクラトキシンA |
| Penicillium | P. verrucosum | オクラトキシンA |
| Fusarium | F. graminearum<br>F. culmorum | デオキシニバレノール，ゼアラレノン |
| | F. moniliforme<br>F. proliferatum | フモニシン（B1, B2, B3） |

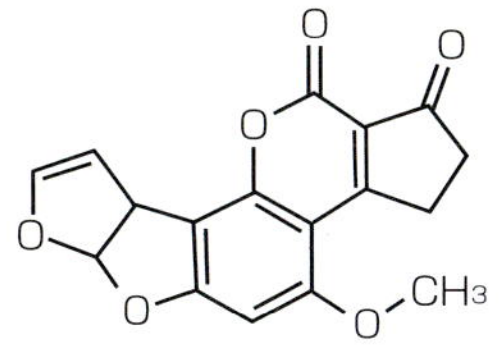

図9-I-8　アフラトキシンB1の化学構造式

表9-I-2　カビ毒の種類と中毒症状

| カビ毒の種類 | 特徴と中毒症状 |
|---|---|
| アフラトキシン類<br>(aflatoxin, AF, AFT) | アフラトキシンB1，B2，G1，G2，M1，M2* などがあるが，なかでもアフラトキシンB1がもっとも毒性が強い（図9-I-8）。大量に摂取すると，家畜では急性の肝障害や肝硬変をおこし，死ぬこともある。人でも重篤な場合は死亡する。2004年にケニアで，多湿なところで保存していたトウモロコシを食べ，アフラトキシンの多量摂取による肝障害で125名が死亡した。少量でも長期間摂取すると，慢性中毒で肝癌の発生率が高くなる。アフラトキシン類は熱に強い。トウモロコシなどの穀類，ナッツ類，香辛料などから検出されることがある |
| オクラトキシンA<br>(ochratoxin A, OTA) | Aspergillus属やPenicillium属のカビの一部がつくり出すカビ毒で，腎臓や肝臓などに毒性を示す。トウモロコシ，ムギ類，ブドウ加工品，コーヒー豆やカカオ豆加工品などのほか，食肉（ブタ腎臓など）や牛乳などに含まれることもあり，これらは飼料によって畜産物へ移行したものである。アフラトキシン類同様，熱に強い |
| デオキシニバレノール<br>(deoxynivalenol, DON) | ムギ類などの赤かび病の原因になるFusariun graminearumやF. culmorumなどがつくるカビ毒。赤かび病は，出穂期や，収穫期の長雨で発生しやすく，作物の生育途中に発生したカビによってつくられたマイコトキシンが穀実内に残され，食べると食欲の減退や嘔吐，胃腸炎，下痢などの症状が出る。熱に強い |
| ゼアラレノン<br>(zearalenone, ZEN) | F. graminearumやF. culmorumなどがつくるカビ毒で，エストロゲン（女性ホルモン）様作用を示す。飼料に含まれていると，ブタの死流産などの繁殖障害をおこす。トウモロコシ，ムギ類，マイロ，ふすまなどから検出されることがある |
| フモニシン類<br>(fumonisin) | F. moniliformeやF. proliferatumなどがつくるカビ毒で，フモニシンB1，B2，B3などがある。ブタの肺水腫やウマの白質脳症の原因物質で，トウモロコシから検出されることが多い |

注）＊：アフラトキシンM1，M2は，それぞれアフラトキシンB1，B2の代謝物で，アフラトキシンB1，B2を摂取したウシの乳中に出る

った。原因究明が行なわれ，飼料のピーナッツミールに生えていたカビ（Aspergillus flavus（アスペルギルス フラバス））がつくった毒が原因であったことがわかった（注9）。

## 1 カビ類による毒（カビ毒，マイコトキシン，mycotoxin（注10））

　カビ毒とは，カビ類（糸状菌類）がつくる物質のなかで，動物や人などに生理的，あるいは病理的な障害を与える物質をいう。カビ毒が蓄積した農産物を食べて中毒をおこし，ときには死亡することもあり，古来よりカビ毒中毒症で多くの死者が出ている（表9-I-1）。

　アスペルギルス属（Aspergillus）やペニシリウム属（Penicillium）のカビは，農産物を収穫したのち，貯蔵したり運搬しているあいだに，農産

〈注9〉
このカビ毒は，Aspergillus flavusのAとflaにtoxin（毒）をあわせてアフラトキシン（aflatoxin）と名付けられた。

〈注10〉
mycoは菌を示す。

表9-Ⅰ-3　エンドファイトによる中毒とその症状

| エンドファイトによる中毒 | 特徴と中毒症状 |
|---|---|
| フェスクトキシコーシス (fescue toxicosis) | トールフェスクのエンドファイトによる家畜の中毒。麦角病菌科の真菌である *Neotyphodium coenophialum* がトールフェスクに寄生し，麦角アルカロイドのエルゴバリンをつくる。家畜がこの飼料を食べると，体重の増加量や泌乳量が低下するなどの中毒症状がみられる。夏に多いため，サマーシンドロームともよばれる。また，フェスクフットとよばれる，ウシの耳や尾の先，蹄などが壊疽する症状の中毒もある |
| ライグラススタッガー (ryegrass stagger) | ペレニアルライグラスによる家畜の中毒。麦角病菌科の真菌である *N. lolii* がペレニアルライグラスに寄生し，強い神経毒性がある麦角アルカロイドのロリトレムをつくる。ペレニアルライグラスと同じ *Lolium* 属には，ドクムギ（*L. temulentum*）という雑草がある。これにはエンドファイトが共生し，有毒なアルカロイドをつくり，家畜が食べて中毒をおこしたり死亡するのでこの名がついた |

〈注11〉
endo は within を，phyte は plant を意味する。

〈注12〉
芝生用のペレニアルライグラスなどでは，接種してエンドファイトに感染させたものが使われている（第11章Ⅳ項〈注1〉参照）。

物のなかに侵入して増殖する。フザリウム属（*Fusarium*）のカビは，作物が圃場で栽培されているとき，穂などに侵入し増殖する。

カビ毒には，表9-Ⅰ-2のようなものがある。

## 2 エンドファイト（内生菌，endophyte〈注11〉）による毒

エンドファイトとは植物体内で共生している真菌や細菌のことである。エンドファイトに感染した植物は，乾燥や暑さへの抵抗性がつき，さらにエンドファイトがつくるアルカロイドによって害虫に食べられないようになる〈注12〉。しかし，そのようなアルカロイドには，表9-Ⅰ-3のように動物に中毒をおこすものもある。

## 3 硝酸塩による毒など

牧草や青刈飼料作物などは，土壌から窒素を硝酸塩やアンモニウム塩の形で吸収し，体内でタンパク質を合成している。土壌中の窒素量が多かったり，日照不足などでタンパク質の合成がすすまないと，硝酸塩があまって体内に蓄積される。こうした飼料をウシが食べることで，ルーメンに硝酸塩が取り込まれる。ルーメン内の硝酸塩は微生物によって亜硝酸塩にかえられるが，亜硝酸塩は微生物に利用されないので，血液中にはいって赤血球のヘモグロビンと結合する。そのため酸素が運搬されず酸欠になる。これが硝酸塩中毒で，窒息で死亡する場合がある。

硝酸塩は，青刈り利用するトウモロコシ，ソルガム，イタリアンライグラス，ライムギなどに多く含まれることがある。また，輸入される乾草に硝酸塩濃度の高いものが含まれていることもある。堆厩肥などを牧草地に多量に施用すると，硝酸塩中毒がおこりやすい。

堆厩肥にはカリウムも多く含まれており，過剰施用すると牧草中のカリウム含量が増え，ウシが食べると，ルーメン内でのマグネシウムの吸収が阻害され，腹部の筋肉のふるえや，ふらつき症状が出て，強い痙攣で死亡することもある（グラステタニー症）。授乳している母ウシに発症しやすい。

## 4 作物の固有成分による毒

### ●ソルガム属作物

ソルガムやスーダングラスなどソルガム属作物は，おもに葉に青酸配糖

体のドゥーリン（dhurrin）（図9-I-9）を含んでいる。ドゥーリンは，成熟した子実にはごく少ないが，発芽すると急速に増える。また，未熟な種子にも多く含まれている。

ドゥーリンは，葉に含まれる酵素やウシの咀嚼，ルーメン内の消化によって加水分解され，青酸（HCN，シアン化水素）になる。青酸は，細胞内のミトコンドリアの呼吸酵素を阻害するため，ATPが生産されなくなる。

ドゥーリンの多い飼料を食べると，呼吸が速くなり，あえぎ，ふらつきが出て，痙攣し，麻痺によって死亡することがある。ドゥーリンは茎や葉鞘には少ないので，成長すると全乾物重に対する葉の割合が少なくなり，含有率が低下する。

ストレス環境で生育しているときや，再生した若い分げつにはドゥーリンが多く含まれるので，飼料にしない。

●ナタネ

ナタネ種子にはグルコシノレート（からし油配糖体）が含まれている。これは搾油後の油粕に残り，水分があると酵素のミロシナーゼによって加水分解され，家畜の甲状腺肥大をおこすイソチオシアネート（注13）などになる。そのため，油粕はおもに肥料としてしか利用されなかったが，近年，グルコシノレート含量が低い品種が開発され，家畜の飼料としても利用できるようになった（第1章Ⅱ項参照）。

図9-I-9
青酸とドゥーリンの化学構造式

〈注13〉
イソチオシアネートは，甲状腺によるヨウ素の取り込みを阻害する。

# Ⅱ 飼料作物の栽培

## 1 飼料作物と耕地

### 1 日本の耕地の種類と変遷

耕地とは，農作物を栽培することを目的とする土地のことで，農作物を栽培する土地（本地）と，畦など本地の維持に必要なけい畔からなる。

耕地は田と畑に区別され（注1），畑はさらに普通畑，樹園地，牧草地に分けられる。牧草地は1960年から1980年にかけての20年間で増え，その後は60万ha前後で推移している（図9-Ⅱ-1，2）。

### 2 飼料作物の作付面積

牧草の作付面積は，おもに牧草地の造成によって増え，1991年にピー

〈注1〉
田とは，けい畔などの湛水設備と，用水路など用水を供給する設備がある耕地をいう。畑は，田以外の耕地。

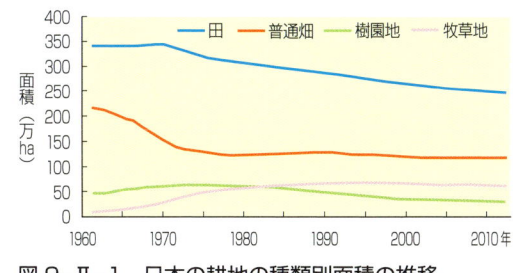

図9-Ⅱ-1 日本の耕地の種類別面積の推移

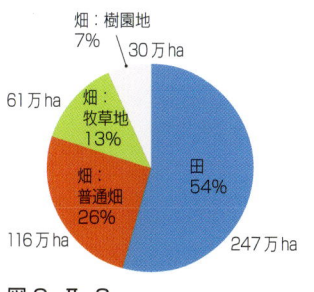

図9-Ⅱ-2
日本の耕地の種類別面積割合
（2013年）

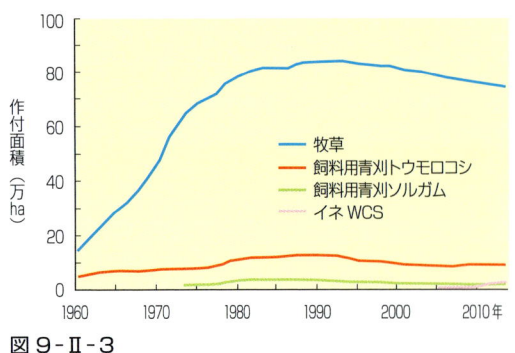

図9-Ⅱ-3
日本の牧草とおもな青刈飼料作物の作付面積の推移

クとなり84.2万haあったが，近年はやや減少傾向にある（図9-Ⅱ-3）。青刈飼料作物は，基本的には普通畑に栽培されるが，転作作物として田（水田転換畑）(注2)での栽培も多い。2013年には，牧草の作付面積は約74.6万ha，うち約9割が畑（牧草地）で，残り約1割は田であった。

青刈飼料作物でもっとも広く栽培されているのは飼料用青刈トウモロコシで，2013年の作付面積は9.2万ha。青刈飼料作物の作付面積の63％をしめ，そのうち約9割は畑（普通畑）で栽培されている。次いで青刈飼料用のイネで，最近，作付けが急増しており，2013年は2.7万haである。水田で栽培され，ホールクロップサイレージ（WCS）として利用される。3番目は飼料用青刈ソルガムである。

〈注2〉
地目を田と登記していても，畑状態で作物を栽培することができる。つまり，地目を変更しなくても畑として利用してもよい。田で，湛水状態と畑状態とを交互にくり返して作物栽培することを「田畑輪換」とよぶ。なお，田を畑へ，畑を田へと地目を変更することを「田畑転換」とよぶ。

〈注3〉
牧草地には，長期間利用する永年草地と，輪作の一部として1～2年間草地として利用する一時的草地がある。農林水産省の統計での牧草地は永年草地で，一時的草地は含まれない。

## 2 草地 (grassland)

### 1 草地と牧草地

草本性植物が中心となって，まとまった広がりをもって群落をつくっているところを草原といい，そのうち，反芻家畜を飼養するために利用しているところを草地と呼ぶ。草地には，野草を利用する野草地（自然草地）と，人が造成して牧草を栽培する牧草地（人工草地）とがある(注3)。

さらに，牧草地は，その利用法から，家畜を放牧する放牧草地（放牧地）と，生草やサイレージ，乾草とするために草をとる採草地，また，放牧と採草の両方に用いる兼用草地に区分される。

### 2 牧草地の地帯区分

日本の牧草地を，気象条件や牧草の生育条件から分類すると，次の5つの地帯に分けられる。

**寒地型牧草限界地帯**：冬の寒さが厳しい北海道の東部や北部，東北地方の高地など。耐寒性の強いチモシーなどが適する。

**寒地型牧草地帯**：北海道南部や東北地方で標高が中程度以下の地域，関東や中部で標高が中程度以上の山地，さらに中国地方，四国，九州の高地。オーチャードグラスなどの寒地型牧草の栽培に適し，永年草地としての維持が比較的容易である。日本の牧草地の中心である。

**中間地帯**：北関東や北陸で標高が中程度以下の地域と，中国，四国，九州で標高が中程度の山地。夏に生育の停滞がおこるため，牧草地の適切な維持管理が必要である。オーチャードグラスが利用されているが，夏枯れへの危険分散を目的に，耐旱性のより強いトールフェスクも導入されている。

**短期更新地帯**：南関東，東海，近畿の標高の低い山地，中国，四国，九州で標高が中程度以下の地域。寒地型牧草では夏枯れが激しく，暖地型牧草では冬期の温度が低い。

**暖地型牧草地帯**：関東, 東海, 近畿, 四国の太平洋岸, 九州南部の平地や標高の低い山地と沖縄。ローズグラスやバヒアグラスなどの暖地型牧草を安定的に栽培できる。

### 3 日本の牧草地

日本の牧草地の面積は約61万haで, 北海道が83％の51万ha, 岩手県5％の2.8万ha, 青森県2％の1.5万ha（2013年）。東北地方は10％, 九州地方は2％である。

## 3 草地造成

### 1 牧草地の開発

かつての日本では, ウマは農耕用, ウシは農耕用や肉用として農家で飼われており, 山林の野草や畦畔の雑草, 稲わらなどが飼料として使われていた。1960年ごろからトラクターが普及しはじめ, 農耕用のウマやウシの飼養が激減し, ウシは乳牛や肉牛として飼育されるようになった。

効率的に乳や肉を生産するためには野草類だけでは量がたりないのと, 栄養価も劣るため, 牧草地が開発され, 飼料の増産がはかられた。

### 2 草地の造成工法

牧草地の造成では, 地形が複雑な場合は土木的な方法で修正する必要がある（基盤造成, 図9-Ⅱ-4）。山成工は, 地形の傾斜や凸凹をあまりかえない方法で, 移動する土の量が少なくてすみ, 費用も少なく, 広く行なわれている。

改良山成工は, 地形の傾斜をゆるやかにし, 起伏を少なくするために掘削し運土や土盛作業を行なう。階段工は, 傾斜地を機械収穫できる平坦な採草地にするために階段状に造成する工法で, 移動する土の量が多く, 法面の土壌浸食の危険があり, 費用もかかる。

### 3 草地造成後の土壌改良, 施肥, 播種

牧草地が造成される土壌は火山性土や重粘土などで, 酸性が強くてリン酸が少ないなど化学的性質が不良だったり, 通気性や排水性が悪いなど物理的性質が劣ることが多く, 土壌を改良する必要がある。土壌改良資材として石灰（pH6.5を目安とする）やリン酸などを投入するほか, 客土や心土破砕などを行なうこともある。

造成時の施肥量は, 牧草が定着するまでを考慮して, ha当たり窒素, リン酸, カリを

図9-Ⅱ-4 山間地に造成された牧草地

それぞれ40～60kg，50～60kg，40～60kgを目安にする。

　播種前に地表面の凸凹をできるだけ平らにし，さらにていねいに砕土，整地して播種床を準備する。ブロードキャスターでムラのないように均一に播種し，播種後はハローなどで軽く土と混和し，その後，鎮圧して種子と土壌を密着させる。

　牧草の種子はきわめて小さく，貯蔵養分も少ないため，初期成長が緩慢で，地域にもよるが定着するまで数カ月かかる。

## 4 混播

### 1 混播の目的

　2種類以上の作物を同時に播種することを混播（mixed seeding）という。混播には，草丈の高い上繁草と草丈の低い下繁草を組み合わせて群落全体の光の利用効率を高めたり，季節生産性のちがう草種を組み合わせて生産の平均化をはかったり，栄養成分がちがう草種を組み合わせて栄養的バランスをとるなどの目的がある。

　しかし，草種によって生育速度や再生力，環境適応性などがちがうため，草種間で競合がおこり，適切な草種構成を維持しつづけるのはむずかしい。

### 2 イネ科牧草とマメ科牧草の混播

　牧草地では，イネ科牧草とマメ科牧草の混播を行なうことが多い（図9-Ⅱ-5）。イネ科牧草は炭水化物や繊維含量が高く，マメ科牧草はタンパク質含量が高いので，栄養成分的にバランスのとれた飼料になる(注4)。また，イネ科牧草の根は浅根性，マメ科牧草の根は深根性であり，土壌中の養水分の利用効率も高まる。さらに，マメ科牧草は根粒菌による窒素供給も期待できる。

　窒素施用を多くすると，イネ科牧草には高い増収効果があるが，マメ科牧草は施肥への反応が鈍い。また，イネ科牧草の生育が旺盛になるとマメ科牧草の受光態勢が悪化し，マメ科牧草の割合が低くなりやすい。

### 3 草種の組み合わせ

　混播する場合，牧草地の環境条件，収量，利用目的，家畜の種類などを考慮して，組み合わせる草種を選ぶ(注5)。

　たとえば，採草利用では，直立型の多収性の草種で，収穫適期がそろい，かつ収穫作業の面から収穫適期が長いものがよい。放牧利用では，家畜の踏圧や蹄傷に耐えて草生密度を維持でき，草丈が低く，再生力の大きな草種が適する。

〈注4〉
マメ科牧草の割合を30～40％程度に保つと栄養バランスがよいとされている。40％をこえると，食べ過ぎで鼓腸症になる恐れがあるので，これ以上にはしない。

〈注5〉
以前は10以上の草種を組み合わせていたが，利用目的ごとに混播する牧草地を準備したり，同じ草種でも品種を選択して組み合わせるようになり，現在では5草種程度の組み合わせが一般的になっている。

図9-Ⅱ-5　オーチャードグラスとシロクローバーの混播

## 5 草地管理

### 1 採草地

　採草地での施肥は，基本的に各番草の収量に応じて施用する。たとえば，乾物収量が1番草で6割，2番草で4割の場合，肥料は早春に6割，1番草刈取り後に4割施用する。イネ科牧草とマメ科牧草を混播した草地では，マメ科率が高いほど窒素の施用量を少なくする。刈取り適期はイネ科牧草の出穂はじめで，刈取り高さは10cmほどにする。

　牧草は年に複数回刈取りできるが，晩秋に刈取ると越冬に必要な養分を蓄積できず，凍害や雪腐病の被害を受けたり，翌春の，株数減少や収量低下の原因になる。そのため，牧草を収穫しないほうがよい時期（刈取り危険帯）が各地で草種ごとに設定されている。刈取り危険帯の前に収穫すれば，貯蔵養分は再生によって消費されるが，冬までに，越冬に必要な養分を蓄積することができる。

### 2 採草放牧兼用草地，放牧草地

　採草放牧兼用草地では，1番草か2番草までは採草利用し，その後放牧する。施肥は，早春か1番草刈取り後に行なう。

　放牧草地では，春先は牧草の成長量がウシの採食量を上回るので，放牧する面積を狭めて面積当たりの頭数を増やし，牧草の栄養価が高い短草状態を保ちながら，放牧利用から外した草地で採草する方法もある。

## 6 草地更新

　草地を長年利用していると，土壌条件が悪化したり雑草が侵入して，牧草の密度が下がり，収量や品質が低下する。また，根群によってルートマット層ができ牧草の生産性が落ちる。このような場合，牧草の生産力の回復をはかるため，草地を更新する (注6)。

　草地全面に石灰やリン酸などを施用してからプラウで反転耕起し，播種する。これを完全更新とよぶ。

　完全更新がむずかしい急傾斜の放牧草地や草種構成を改善するには，プラウによる反転はせず，機械などでルートマットを破砕したり，表土を撹拌して施肥や播種をする。これを簡易更新とよぶ。

〈注6〉
基幹草種の被度が50％未満，または雑草の被度が30％以上になったころが更新の目安とされる。5～6年程度で更新するのがよいとされるが，牧草の生産力や更新にかかる費用などを勘案して行なう。

# 第10章 飼料用穀物，青刈飼料作物，多汁質飼料作物

## I 飼料用穀物

濃厚飼料の中心は，穀物と油料作物から搾油した残渣の油粕である。

### 1 穀物 (注1)

消化性を高めるために，粉砕や加熱処理後，圧扁してから給与することが多い。トウモロコシとソルガムが多く利用されている。

**トウモロコシ**：トウモロコシ子実の世界の生産量は10.2億tで，穀物のなかでもっとも生産量が多く（2013年，FAO），食用や工業原料だけでなく，多くが家畜の濃厚飼料にされている。穀物でもっとも多く濃厚飼料として利用され，おもにデントコーンとフリントコーンが使われている。

**ソルガム**：ソルガム子実は，トウモロコシに次ぐ重要な濃厚飼料で，トウモロコシの代替え的位置づけで利用される。おもにグレインソルガムが使われる。マイロともよばれるが，これは系統名である。タンニンを多く含み，家畜の嗜好性やタンパク質の消化性は劣るが，カビなどが繁殖しにくい。

**オオムギ**：トウモロコシよりタンパク質や繊維の含量は高いが，エネルギー価はやや低い。肉用牛の肥育後期や仕上げ期，ブタの飼料として多く利用される。ビール醸造後に出るビール粕も飼料として使われる。

**コムギ**：食用としての利用が中心であるが，低品質の穀粒を全粒のままや砕いたもの，等級の低い小麦粉，小麦粉製造時に出る「ふすま」(注2)などが濃厚飼料として使われる。

**イネ**：砕米や古米，低品質の玄米，精白時に出るぬかが濃厚飼料として使われるが(注3)，最近，飼料とすることを目的とした飼料用米の作付面積が増えている。

### 2 油粕 (注4)

大豆粕がもっとも多く使われ，ほかになたね粕や棉実粕などがある。大

〈注1〉
穀物の作物学的な解説は，『作物学の基礎I-食用作物』を参照のこと。

〈注2〉
ふすまには，果皮や種皮，糊粉層，胚乳組織，胚芽などが含まれ，ビタミンB群やEが多い。家畜の嗜好性が高く，肉用牛の肥育前期飼料として多く使われる。

〈注3〉
ぬかから搾油したあとの，脱脂ぬかが多く利用される。脂肪が少ないので保存性がよく，タンパク質やリン酸が多く含まれる。

〈注4〉
日本で生産される大豆粕は年間145万t，なたね粕は134万tである（2013年）。

豆粕は粗タンパク含量が多くアミノ酸組成も優れ、消化率や嗜好性も高く、油粕のなかではもっとも優れている。配合飼料への使用量はトウモロコシに次いで多い。日本では大豆粕の次に多いのがなたね粕である。

# II 青刈飼料作物 (soiling crop)

## 1 青刈飼料作物の特徴

　家畜の飼料や緑肥にするために、作物を生育の途中で刈取ることが青刈り (soiling) である。トウモロコシやムギ類など、本来、子実をとるために栽培する作物を青刈りして飼料として利用する場合、青刈飼料作物とよぶ（表10-II-1）(注1)。青刈飼料作物の収穫期は、収量、栄養価、家畜の消化性などを考慮して決定される。

　刈取ってすぐ家畜に与えることを青刈給与といい、栄養成分やビタミン類などの損失がなく、専用の施設を準備する必要もない。しかし、毎日、必要な量だけ収穫しなくてはならないし、給与できる期間は限られる。乾草やサイレージに調製して貯蔵飼料にすれば、調製する手間や施設、設備など必要であるが、給与期間は格段に延びる。

〈注1〉
穀物としての解説は『作物学の基礎I-食用作物』参照。イタリアンライグラス、オーチャードグラス、アルファルファなどは、牧草地で栽培される牧草であるが、青刈飼料作物として畑で栽培することもある。

表10-II-1　おもなイネ科青刈飼料作物

| 亜科 | 作物名 | 学名 |
|---|---|---|
| ウシノケグサ亜科 Festucoideae | オオムギ | *Hordeum vulgare* L. |
|  | エンバク | *Avena sativa* L. |
|  | ライムギ | *Secale cereale* L. |
|  | コムギ | *Triticum aestivum* L. |
| キビ亜科 Panicoideae | トウモロコシ | *Zea mays* L. |
|  | テオシント | *Euchlaena mexicana* Schrad. |
|  | ソルゴー | *Sorghum bicolor* Moench |
|  | スーダングラス | *Sorghum sudanense* Stapf |
|  | ヒエ | *Echinochloa utilis* Ohwi et Yabuno |
|  | アワ | *Setaria italica* P. Beauv. |
|  | パールミレット | *Pennisetum typhoideum* Rich. |
|  | ハトムギ | *Coix lacryma-jobi* L. |

## 2 トウモロコシ

　飼料用は、おもにデントコーン、フリントコーン、両者の雑種である。茎葉の栄養価が高く、家畜の嗜好もよいので青刈給与したり、茎葉と一緒に栄養価の高い雌穂を収穫してホールクロップサイレージにする。

### 1 生育と収穫適期

　平均気温12℃を目安に播種する。30℃以上では生育速度が低下し、耐旱性や耐湿性は弱い。受精後の登熟過程は表10-II-2のように区分される(注2)。

　ホールクロップのTDN含量は、糊熟期から完熟期までほぼ70%で推移するが、乾物率は登熟がすすむにつれて高くなる（表10-II-3）。乾物率

〈注2〉
アメリカでは、絹糸抽出期から成熟までを生殖生長期 (R) とし、R1：絹糸抽出期 (silking)、R2：水熟期、R3：乳熟期、R4：糊熟期、R5：黄熟期、R6：完熟期と細分化してあらわしている。
栄養成長期は、出芽期をVE、第1葉のカラーが確認できるときをV1、第2葉のカラーが出てから第3葉のカラーがみえる前までをV2、以下、V3、V4……とあらわす。雄穂抽出期 (tasseling、作物学的には生殖成長期に含まれる) はVTであらわす。

表10-Ⅱ-2　トウモロコシの登熟過程

| 登熟段階 | 特　徴 |
|---|---|
| 水熟期<br>(blister stage) | 未乳熟期，粒形成期ともいう。受精してから，子実が白色になる時期。穂軸が急伸長し，子実内に胚がつくられはじめる。子実はまだ小さく，指で押すと透明〜白色の水状物が出る |
| 乳熟期<br>(milk stage) | 子実は徐々に品種固有の色になり，指で押すと乳状物が出る。絹糸は茶色になり枯れてくる。穂軸の長さが最終長に近づく。生食用，生食加工用の収穫適期 |
| 糊熟期<br>(dough stage) | 子実は品種固有の色となり，指で押すと乳状物と糊状物が出る。デント種では子実の頂部がくぼみはじめる。生食用，生食加工用の収穫適期 |
| 黄熟期<br>(dent stage) | デント種では子実の頂部がくぼむ。指で押しても子実がかたく，内容物は出ない。頂部側にはデンプンが蓄積している。サイレージ用の収穫適期 |
| 完熟期<br>(mature stage) | 子実はかたく，乾物重が最大に達する。苞葉は黄白化し，葉は枯れ，葉鞘と茎に緑色が残る程度。子実用の収穫適期 |

表10-Ⅱ-3　トウモロコシの登熟段階と乾物率

| 登熟段階 | | 乾物率 |
|---|---|---|
| 糊熟期 | | 20〜25% |
| 黄熟期 | 初期 | 22〜27% |
| | 中期 | 25〜35% |
| | 後期 | 30〜40% |
| 完熟期 | | 35〜40% |

が低いことは水分含量が多いことで，ホールクロップサイレージにする場合，排汁とともに多量の養分が流れ出てしてしまう。乾物率が高いと消化率は低下する。最適な乾物率は30〜35%（水分含量65〜70%）で，黄熟期の中期から後期に収穫する。

　収穫適期は，雌穂中央部の子実でのミルクラインで判断する。デンプンは子実の頂部から基部へと蓄積する。デンプンが蓄積したところはかたく黄色になり，まだ蓄積していない柔らかな白色の部分との境がミルクラインである。ミルクラインは，糊熟期では頂部から30%程度だが，黄熟期では50%になる。雌穂中央部を半分に折って調べる。

## 2 ▍品種と早晩性

　日本で栽培されるトウモロコシ品種は，春播き用と遅播き用に分けられる。春播き用品種は感光性が弱く，生育は積算温度に左右されるので，播種期や栽培地がちがっても，品種ごとにある一定の有効積算気温（10℃以上になる日平均気温の積算）で出穂，登熟する (注3)。遅播き用品種は感光性が強く，秋に出穂するので，夏に播くと生育期間が短くなって早生〜中生に，春に播くと長くなって晩生になる。

　春播き用品種は，早晩性の指標として相対熟度（relative maturity, RM）が用いられる (注4)。RM は出芽から生理的成熟までの日数で，アメリカやカナダで広く利用されている (注5)。春播き用品種の RM は，75〜130 程度である。

## 3 ▍栽培・調製と生産量

　北海道・東北など寒地や寒冷地では単作であるが，関東以南の温暖地や暖地では，冬にイタリアンライグラスやムギ類を栽培し，夏にトウモロコシを栽培する二毛作が行なわれる。九州地方では，年に2回トウモロコシを栽培する二期作も行なわれている。遅播きや二期作の2作目は，播種期の温度が高く，RM110 以下の品種では十分大きくなる前に出穂して収量があがらないので，RM125 以上の品種を用いる。

　黄熟中期から後期に収穫し，細断してサイロに詰め込む。切断長が短い

〈注3〉
絹糸抽出期以降は，品種間に大きな差はなく，絹糸抽出期〜糊熟期は有効積算気温（10℃基準）450〜500℃程度，糊熟期〜黄熟初期50〜80℃程度，黄熟初期〜完熟期200〜250℃程度とされる。

〈注4〉
サイレージ用トウモロコシは収穫適期に収穫する必要があるが，適期の幅はそれほど広くないため，早晩性のちがう数品種を栽培して収穫時期を広げている。そのため，より的確な早晩性の表示法が求められ，積算温度や相対熟度が利用されている。

〈注5〉
日本では，海外の種苗会社から導入した品種を多く利用しており，早晩性はRMで標示されている。RMは標準品種に対応させたり，積算温度によって補正した値で，絶対的な日数ではない。たとえば，RM85は出芽から生理的成熟まで85日かかることを示すが，実際には年次や環境によって変動する。なお，遅播き用品種では，播種期によって早晩性が変動するので，RMが示されない場合が多い。また，スイート種のRMは，播種から絹糸抽出期までの日数で示される。

と密度が高まり乳酸発酵にはよいが，短すぎると粗飼料の物理性が劣るので，1cm程度にする。最近は，細断型ロールベーラーが開発され，ロールベールラップサイレージの調製もできるようになった。

日本で栽培される青刈トウモロコシ（飼料用）の作付面積は9.2万ha，収穫量は479万t（2013年）で，変動が少ない。都道府県別作付面積は北海道がもっとも多く60％，次いで宮崎県7％，岩手県6％である。

## 3 ソルガム類

### 1 ソルガム類の特徴

ソルガムの栄養価はTDN含量で10～15％程度でトウモロコシよりも低く，嗜好性も劣るが，繊維が多く，反芻胃の発達には適している。最近は，茎葉部のリグニン形成を抑制する高消化性遺伝子bmr-18を導入して，茎葉の消化性を高めた品種も育成されている〈注6〉。

トウモロコシは子実目当てのクマやサルなどの獣害が多いが，ソルガム類は穂が小さく獣害を受けにくく，獣害対策としても導入されている。

### 2 種類

飼料にするソルガム属の作物にはソルガムとスーダングラスがあり〈注7〉，日本の飼料用ソルガムは形態や利用から次の5つに分類される。

**子実型ソルガム**：グレインソルガムで，短稈で穂が大きい。

**ソルゴー型ソルガム**：子実よりも茎葉利用が主目的で，長稈で茎が太い（図10-Ⅱ-1）。普通タイプと，多汁質で糖分含量が高い糖蜜タイプ，大型できわめて乾物収量が多い極晩生タイプがある。

**兼用型ソルガム**：子実，茎葉ともに多収である。

**スーダン型ソルガム**：ソルガムの雄性不稔系統にスーダングラスを交配したもの〈注8〉。

**スーダングラス**：ソルガムより茎や葉が細くて分げつが多く，再生力に優れている。穂や子実が小さく，穎果は内外穎に包まれている。

### 3 栽培と利用

平均気温15℃になる時期から播種する。深根性で耐旱性が強い。水田の転作物としての栽培では排水対策が必要である。

青刈給与では，1回刈りと多回刈りがある。1回刈りには兼用型，ソルゴー型，スーダン型が適し，出穂はじめ～乳熟期に収穫する。開花期以降はかたくなるので，細断して給与する。多回刈りにはスーダン型やスーダングラスが適し，出穂はじめを目安に収穫する。暖地では2～3回，寒冷地では2回刈れる（図10-Ⅱ-2）。若い茎葉は青酸配糖体ドゥーリンの含有率が高いので，若い時期や再生直後の青刈給与は避ける。

サイレージには，年1回刈りで，子実型，兼用型，ソルゴー型がおもに利用される。乳熟期から糊熟期に，2cm程度に細断して収穫する。ロールベールラップサイレージは，スーダン型やスーダングラスを出穂期～開花

〈注6〉
bmrはbrown mid ribをあらわし，葉の中肋や茎の一部が薄茶色になる特徴がある。

〈注7〉
多年生のジョンソングラス（Johnson grass, *Sorghum halepense* Pers.）は地下茎で増殖し，飼料化も検討されたが，雑草化することがきらわれた。

図10-Ⅱ-1
ソルゴー型ソルガムの草姿

〈注8〉
ソルガム，スーダングラスとも2n=20で，容易に交雑する。

図10-Ⅱ-2
ソルガム（ソルゴー型）の再生茎

期に刈取り，水分60〜40％まで乾かして調製する。

乾草には，茎が細く乾性のスーダングラスが適している。

### 4 生産量

日本での青刈ソルガムの作付面積は1万6,500ha，収穫量は87.7万t（2013年）。畑と水田転換畑での作付面積は同程度であるが，減少傾向にある。都道府県別作付面積は，宮崎県25％，鹿児島県16％，長崎県15％で九州地方で収穫量の63％をしめる（2013年）。

## 4 その他の青刈飼料作物

### 1 テオシント（teosinte）

イネ科の1年生作物で，原産地は中米。多年生のものもある。草丈は3〜4mで，株元から分げつが多く出る。葉は大きいものでは長さ約1m。雌雄異花で，茎の先端に雄穂がつき，茎上方の各葉腋に雌穂がつく（図10-Ⅱ-3）。

雌穂は苞葉に包まれ，穂は6〜10cm，5〜12個の子実が2列にならぶ（図10-Ⅱ-4）。絹糸は赤紫色。子実は扁平の三角状で4〜6mm。高温多雨で生育がよく，日本では西南暖地から西南諸島が適地である。初期生育はトウモロコシより緩慢であるが，再生力が旺盛で多回刈りで多収できる。家畜の嗜好性もよい。

### 2 ムギ類

●ムギ類の特徴

青刈飼料作物として，エンバク，ライムギ，オオムギなどが栽培される。作期には，秋に播種して翌年の4〜5月ごろに刈取る標準（冬作）栽培，春に播種して6〜7月ごろに刈取る春作栽培がある（図10-Ⅱ-5）。暖地では，晩夏に播種してその年の12月ごろに刈取る秋作栽培が増えている。

ムギ類は刈取り後の再生はほとんどないが，乾物収量が高く，2回刈りしたイタリアンライグラスと同程度の収量が得られる。トウモロコシとの2毛作体系として栽培されることが多い。

日本の飼料用ムギ類では，エンバクの作付面積がもっとも多く7,620ha，次いでライムギが877haである。

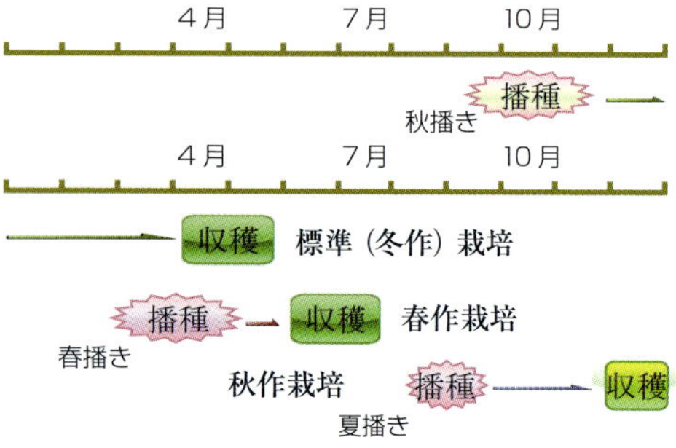

●エンバク

冷涼で湿潤な土壌に適している。耐寒性はライムギやオオムギに劣るが，耐湿性は優れている。耐酸性も強く，環境適応性が大きい。ムギ類では，出穂後の茎の硬化が遅く，栄養価が高い。暖地では，極早生品種を夏播きし，出穂す

図10-Ⅱ-3 テオシントの茎頂部の雄穂と各葉腋から出た雌穂

図10-Ⅱ-4 苞葉に包まれたテオシントの雌穂（左）と苞葉をはいだ雌穂（右）

図10-Ⅱ-5 ムギ類の作期

る12月ごろに青刈してサイレージにする秋作栽培が普及している。青刈給与にも使われる。

日本のエンバク栽培は，1969年には3.1万haの作付面積があったが，その後急減した（図10-Ⅱ-6）。ほかのムギ類より田での栽培が多い。都道府県別の作付面積割合は，鹿児島県30％，宮崎県24％，長崎県13％（2013年）。九州地方で74％，関東・東山地方で15％である。近年は，ネコブセンチュウに対するクリーニングクロップとして注目されている。

●ライムギ

発芽最低温度は1～2℃。ムギ類のなかでもっとも耐寒性が強い。出穂期以降の茎葉の硬化が早く，長稈の晩生品種では倒伏しやすいので，サイレージ用では出穂直後に収穫する。日本のライムギ栽培は，1964年には約1.1万haの作付面積があったが，その後急減した（図10-Ⅱ-6）。都道府県別の作付面積割合は，栃木県26％，長野県11％である。

ライコムギは，ライムギ（花粉親）とコムギ（種子親）との属間雑種で，出穂期以降も倒伏しにくい。茎が粗剛で嗜好性はやや劣る（注9）。

●オオムギ

耐酸性が弱く，酸性土壌で栽培する場合には石灰などで中和する。また，耐湿性も弱く，水田裏作する場合は排水対策が必要である。

出穂期から黄熟期に青刈りし，ホールクロップサイレージとして利用することが多い。この期間中ではTDN60％程度のサイレージが得られる。秋作栽培（注10）と冬作栽培があり，秋作栽培では乳熟期から糊熟期が低温期にあたり，この時期に収穫すると可溶性炭水化物の割合が多く良質のサイレージになる。食用品種のなかから地域にあった品種が飼料用として栽培されることが多いが，飼料用に育成された品種もある。

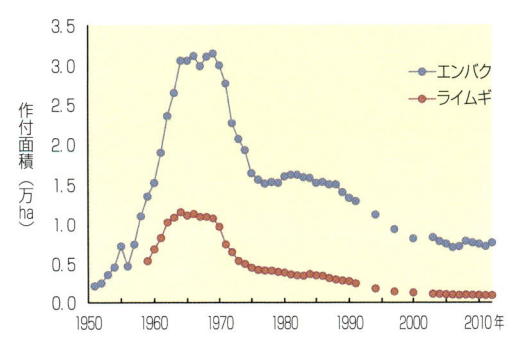

図10-Ⅱ-6
日本の青刈飼料作物として利用されるエンバク，ライムギの作付面積の推移

〈注9〉
おもに冬作栽培され，イタリアンライグラスとの混播では，イタリアンライグラス：ライコムギ＝1：2程度がよいとされている。ライムギについては『作物学の基礎Ⅰ-食用作物』参照。

〈注10〉
秋作栽培では，低温にあわなくても出穂する秋播性程度の低い品種を用いる（『作物学の基礎Ⅰ-食用作物』参照）。なお，リビングマルチとして利用するのは，秋播性程度の高い品種である。

## 3 雑穀

青刈飼料作物として栽培される雑穀類には，ヒエ，トウジンビエ（パールミレット），シコクビエ，ハトムギ，アワなどがある。

ヒエは，耐冷性が強く，日本では古くから冷涼な山間地を中心に栽培され，子実を食用に，残った茎葉を農耕馬などの飼料にしてきた。耐湿性も強く水田でも栽培できるが，近年は，水田転作用の飼料作物として栽培されている。再生がよくないため，1回刈りで，おもに青刈給与される。各地に在来品種があるが，飼料用品種も育成されている。

## 4 飼料用イネ （『作物学の基礎Ⅰ-食用作物』参照）

稲わらは古くから家畜の粗飼料にしてきたが，最近，黄熟期に地上部全体をサイレージにするホールクロップサイレージ（WCS）としての利用が注目されている。2013年の作付面積は2.7万ha。

イネWCSの収穫・調製は，ロールベールラップサイレージ体系が中心

図10-Ⅱ-7
家畜の飼料にするサトウキビの梢頭部（ケーントップ）
茎を収穫しながらあつめる（インドネシア）
（写真提供：土橋直之氏）

で，牧草用の機械を利用するほか，WCS用イネ専用の機械も開発されている。イネの茎は中空構造なので，トウモロコシなどより嫌気的条件にするのがむずかしいうえ，好気性細菌やカビ，酵母菌も多くついており，糖類の含量も低いので，乳酸菌などを添加する。フィルムの巻き数は6層巻きを標準にし，長期間保存するときは8層巻き以上にする。

WCSのほか，生の籾だけをサイレージ調製する方法もあり，ソフトグレインサイレージ，または高水分穀実サイレージとよばれる。

### 5 作物副産茎葉類

食用などを目的に栽培する作物の副産物である，茎葉類も飼料として利用する。これには，サツマイモのつるやジャガイモの茎葉，テンサイの茎葉（ビートトップ），サトウキビの梢頭部（ケーントップ）（図10-Ⅱ-7）などがある。最近，サトウキビで，製糖用品種と野生種（Saccharum spontaneum L.）の種間交雑から，飼料用品種が育成された。この品種は，ショ糖含量は低いが，茎葉の乾物収量は高い。

# Ⅲ 多汁質飼料作物

現在，ほとんど生産されていないが，日本で栽培される多汁質飼料作物を表10-Ⅲ-1に示した。

表10-Ⅲ-1　おもな多汁質飼料作物

| 種　類 | 特徴・利用・栽培 |
|---|---|
| 飼料用カブ<br>turnip<br>*Brassica rapa* L. | アブラナ科アブラナ属の1年生または越年生作物で，地中海から西南アジアの原産。冷涼な気候を好み，乾燥や過湿に弱い。肥大した根部をおもに利用する。TDN含量80％程度で，乳牛の嗜好性がよい<br>日本の寒地では7〜8月に播種し，11月ごろに収穫。凍結しない温度で貯蔵し，適宜給与する。温暖地では8月中旬〜9月中旬に播種し，11〜3月にかけて収穫して給与する。日本では，第二次世界大戦後の畜産振興で栽培されるようになり，1969年に作付面積1万5,000haでピークをむかえた。しかし，生産や家畜の給与に労力がかかり作付面積は激減した |
| ルタバガ<br>rutabaga<br>*Brassica napus* L. var. *napobrassica* Reichb. | アブラナ科アブラナ属の1年生または越年生作物で，地中海沿岸の原産。スウェーデンカブともよばれ，*B. oleracea* と *B. campestris* との交雑種と考えられている。おもに肥大した根部を利用し，飼料用カブより大きくかたく，貯蔵性がよい<br>寒地では4〜5月に播種し，10月ごろに収穫する。日本では，かつて北海道の根釧地方で栽培されていた |
| 飼料用ビート<br>fodder beet<br>*Beta vulgaris* L. var. *alba* DC. | アカザ科の1年生または越年生作物で，地中海地方から西アジアの原産。冷涼な気候を好むが，暖地でも栽培できる。肥大した根部を使い，ルタバガよりもかたく貯蔵性がよい。TDN含量84％程度で，乳牛の嗜好性もよい<br>日本の寒地では4月下旬〜5月中旬播種，10〜11月に収穫する。移植栽培ではビニルハウスで約1カ月育苗してから，播種時期に移植する。暖地から温暖地では，3月上旬〜4月上旬播種，7月上旬〜9月中旬収穫する。連作障害を避けるため，4年以上あけて輪作する。1967年に全国で4,550haの作付けがあったが，収穫や給与に労力がかかるため減った |

# 第11章 寒地型イネ科牧草

## I オーチャードグラス
（カモガヤ, orchardgrass）

### 1 起源と種類

オーチャードグラス（*Dactylis glomerata* L.）は，地中海から西アジア原産の多年生作物。寒冷地を中心に，牧草として世界で広く栽培されている。日本には明治初年にアメリカから北海道に導入され，現在では各地に普及し，日本でもっとも重要な牧草である（図11-I-1）(注1)。

オーチャードグラスは1属1種であるが，多くの亜種（subspecies）がある。2倍体（2n=14），4倍体（2n=28），6倍体（2n=42）の亜種があり，異なる倍数体を含む亜種もある。亜種はユーラシア型と地中海型に区分され，育種の遺伝資源として利用されている。広く牧草として使われているのは，ユーラシア型の4倍体亜種 ssp. *glomerata* である。

### 2 形態と生育

#### 1 形態

草丈は 30～120cm。葉身は長さ 30cm ほどになる。青味がかった緑色が特徴で，表面の葉脈はわずかに浮き出る程度。葉身はV字に折りたたまれて出てくる。葉鞘の背は中央がかたい筋となって浮き出ている。葉舌は長さ 5～10mm で，膜状で大きく先端がとがる。葉耳はない。

茎の基部から内鞘性の分げつが出て，株状になる。ほふく茎や根茎は出ないため，大きな株になりやすい。根は深根性である。

穂は円錐花序で，各節に枝梗が互生する（図11-I-2）。小穂は長さ5～9mm で，3～6小花からなる。小穂には長さがちがう2枚の護穎（glume）があり，その中央脈はかたく隆起して毛がある(注2)。

#### 2 生育

環境適応性が高く，耐寒性はチモシーやスムーズブロムグラスより劣る

図11-I-1
オーチャードグラスの草地

〈注1〉
雑草化し，道端や空き地などにも自生する。花粉がアレルギー原因物質で，開花期の初夏に飛散する。

図11-I-2
出穂期のオーチャードグラス

〈注2〉
小穂の形が雄鶏の脚に似ているので，ヨーロッパでは cocksfoot とよばれている

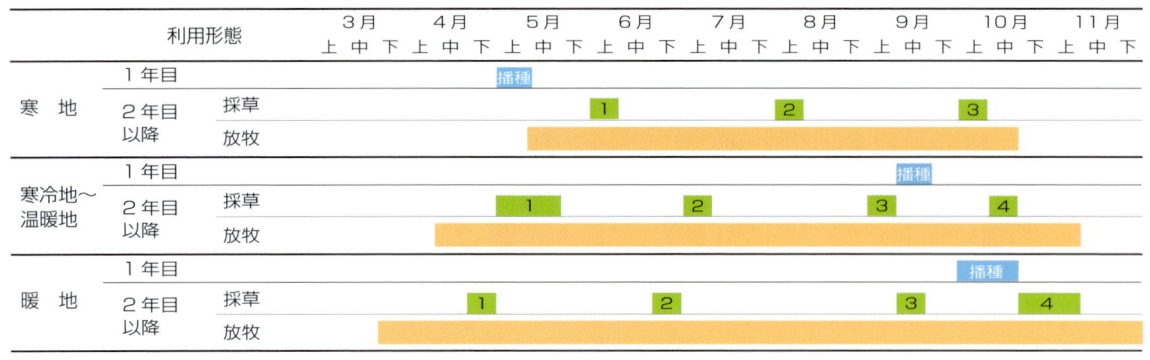

| 利用形態 | | | 3月 上中下 | 4月 上中下 | 5月 上中下 | 6月 上中下 | 7月 上中下 | 8月 上中下 | 9月 上中下 | 10月 上中下 | 11月 上中下 |
|---|---|---|---|---|---|---|---|---|---|---|---|
| 寒 地 | 1年目 | | | | 播種 | | | | | | |
| | 2年目以降 | 採草 | | | | 1 | | 2 | | 3 | |
| | | 放牧 | | | ━━━━━━━━━━━━━━━━━━━━━━━━━━━━━━━━━━ | | | | | | |
| 寒冷地～温暖地 | 1年目 | | | | | | | | 播種 | | |
| | 2年目以降 | 採草 | | | | 1 | | 2 | | 3 | 4 |
| | | 放牧 | | ━━━━━━━━━━━━━━━━━━━━━━━━━━━━━━━━━━━━ | | | | | | | |
| 暖 地 | 1年目 | | | | | | | | | 播種 | |
| | 2年目以降 | 採草 | | | | | 1 | 2 | | 3 | 4 |
| | | 放牧 | | ━━━━━━━━━━━━━━━━━━━━━━━━━━━━━━━━━━━━━━ | | | | | | | |

図 11-Ⅰ-3 各地域のオーチャードグラスの作期

〈注3〉
果樹園 (orchard) の下草にされていたのでオーチャードグラスの名がついた。

〈注4〉
秋の播種は春の播種より雑草との競合が少ない。

が，耐暑性や耐乾性は優れていて，耐陰性も強い（注3）。土壌への適応性も優れているが，耐湿性は弱い。初期生育がいいので定着しやすく，乾物生産も安定していて，基幹草種として位置づけられている。再生力が強く，施肥に対しての反応もよい。

花芽分化には，冬の低温と，春の長日条件が必要であるが，発芽後しばらくは，環境に影響されず基本的な栄養成長をつづける。8〜10 枚程度の葉が展開してから，まず短日条件で低温の期間を過ごし，その後，適温で長日条件にあうと花芽分化する。したがって，秋に発芽し，葉数が 8〜10 枚以下で冬を越した場合は，春の長日条件にあっても出穂しない。

## 3 栽培と品種

### 1 栽培

**播種**：日本では，北海道から九州まで栽培されている。北海道や東北北部では春に播種し，東北以南では秋に播種する（図 11-Ⅰ-3）。春に播種する地域ではその年の秋にも利用できるが，本格的には 2 年目以降である。秋に播種する地域では，2 年目の春から利用できる（注4）。

オーチャードグラスだけの単播のほか，他の寒地型イネ科牧草やマメ科牧草との混播もする。

**刈取り，放牧，管理**：出穂開始期ころが収穫適期である。出穂期を過ぎると粗タンパク質含有率が減り，繊維が多くなって消化率が下がり，栄養価が急激に低下する。大規模栽培では，出穂期がちがう品種を組み合わせ，順番に刈取って利用している。

採草利用では，年に寒地で 3 回，寒冷地から温暖地で 4 回前後刈れる。再生力に優れ，窒素施肥への反応も大きいので，刈取り後に追肥する多肥栽培で多回刈りすると，高収量が得られる。

放牧では，春に牧草の生産量が急増して，ウシの要求量を上回ることがある。食べられずに残ると草丈が高くなり栄養価が低下するので，1 番草の一部を採草利用し，2 番草以降を放牧利用する。

刈取り回数が少なかったり放牧頻度が低いと，大きな株になり，株と株のあいだに裸地ができやすい。裸地の部分ができると，そこに雑草が侵入

図 11-Ⅰ-4
オーチャードグラスの草地に生えるギシギシ
株化すると雑草が侵入しやすくなる

第 11 章　寒地型イネ科牧草

して草地が荒廃する（図11-Ⅰ-4）。

**夏枯れと冬枯れ**：年平均気温が13℃以上の温暖地では夏枯れしやすく，年平均気温が6〜7℃以下の寒地や寒冷地では冬枯れしやすい。こうした地域では，株化しやすく草地を維持できる年数は比較的短い。寒冷地の冬枯れ対策は，刈取り危険期の利用を避け，越冬前に貯蔵養分を十分に蓄積できるようにすることである。

## 2 品種

日本で栽培されている品種には，北海道向きと温暖地向きがある。北海道向き品種は，耐寒性は強いが，温暖地で栽培すると夏以降の収量が低い。早生から極晩生まである。温暖地向き品種は，越夏性に優れている。極早生，早生，中生が中心である。

## 4 利用

採草して青刈給与や乾草，サイレージにするが，放牧用や採草・放牧兼用としても使う。TDN含量は約65%で，チモシーやライグラス類よりやや低い。家畜の嗜好性はよいが，チモシーとくらべるとやや劣る。

# Ⅱ チモシー（オオアワガエエリ，timothy）

## 1 起源と種類

チモシー（*Phleum pratense* L.）は，ヨーロッパ北部から温帯アジア原産の多年生作物（図11-Ⅱ-1）。6倍種（2n=42）。ヨーロッパから北アメリカに伝わり，明治初期にアメリカから北海道に導入された。

牧草として，北欧，アメリカ北部，カナダなどの冷涼で湿潤な地域で広く栽培されている。近縁のターフチモシー（turf timothy，*P. bertolonii* DC. = *P. nodosum* L.）(注1)は2倍種（2n=14）で，北ヨーロッパで牧草やスポーツ競技場の芝生として利用されている。

## 2 形態と生育

### 1 形態

草丈は50〜100cmほど。葉身は長いもので約50cm，表面は葉脈が浮き出ているが，裏面はなめらか。葉身は巻いて出る。葉舌は膜質で中央部がとがり，葉耳はない（第8章Ⅲ項図8-Ⅲ-2参照）。

穂は円錐花序だが，短い枝梗に小穂が密につき細い円筒形になる（図

図11-Ⅱ-1 チモシー

〈注1〉
形態はチモシーに似ているが，チモシーよりも小さく細い。

11-Ⅱ-2）。

1小穂1小花で，小穂の長さは3mm程度。

茎基部から分げつが出て株をつくる。穂をつけた茎の基部，地表付近の1～2個の短い伸長節間が肥大して球茎（corm）になる（図11-Ⅱ-3）。球茎にはフラクトサンなどの可溶性炭水化物が蓄積される。

根は浅根性で表層に分布し，湿潤な土壌を好み，乾燥に弱い。

図11-Ⅱ-2
チモシーの円錐花序

図11-Ⅱ-3
チモシーの茎基部にできた球茎

〈注2〉
高温や乾燥条件では，再生は非常に悪くなる。再生力が劣るため，ほかの草種との競合に弱い。

## 2 生育

寒地型イネ科牧草のなかでも耐寒性が強く，寒冷地や積雪地での永続性が優れており，北海道では最重要基幹草種である。

しかし，高温や乾燥に弱いため，東北以南の地域では，高冷地を除くと栽培がむずかしい。

チモシーの花芽分化には，低温や短日は必要なく，長日条件だけが必要である。出穂はオーチャードグラスより2週間～1カ月ほど遅い。長日条件だけで花芽分化するので，一番草の刈取り後の再生茎も出穂する。

刈取り後，刈取られた茎の球茎近くにつく分げつ芽が伸びて再生する。分げつが出るとその球茎は枯れる。球茎から養分が供給されるため分げつの生育はよいが，1番草後に再生する分げつ数が少なく，ほかの寒地型イネ科牧草より再生力が劣る（注2）。

# 3 栽培と品種

## 1 栽培

採草用としてマメ科牧草と混播することが多いが，チモシーは再生力が比較的弱いことを考慮して混播する。春播きが一般的だが，マメ科牧草との混播では，マメ科牧草の適期に播種する。極早生や早生品種はアカクローバーか大葉型シロクローバーと混播し，中生や晩生品種は中葉型シロクローバーと混播する。アルファルファとの混播も行なわれる。

一番草の刈取り適期は出穂始期～出穂期で，寒地や寒冷地では年2回（図11-Ⅱ-4），それより温暖な地域では年3回の刈取りが可能である。窒素肥料への反応がよく，春は新葉が展開しはじめるころ，刈取り後は刈取り5～10日後に施肥する。耐倒伏性が弱いので刈り遅れないようにする。

## 2 品種

日本の育成品種には，極早生から晩生まである。東北地方では梅雨期前に刈取るため，極早生や早生品種が使われる。

| 地域 | 利用形態 | 5月 上 中 下 | 6月 上 中 下 | 7月 上 中 下 | 8月 上 中 下 | 9月 上 中 下 | 10月 上 中 下 |
|---|---|---|---|---|---|---|---|
| 寒地～寒冷地 | 1年目 | 播種 | | | | | |
| | 2年目以降 採草 | | | 1 | | 2 | |
| | 放牧 | | | | | | |

図11-Ⅱ-4 寒地・寒冷地のチモシーの作期

## 4 利用

おもに採草用にするが，晩生品種は採草・放牧兼用としても使う。ただし，放牧の度合いが強いと草地が維持できない。消化率や家畜の嗜好性がよく，栄養特性が優れ，出穂後の品質低下も少ない。出穂期の乾物率は25%，TDN含量は68%程度で，オーチャードグラスよりも高い。

# III イタリアンライグラス
（ネズミムギ，Italian ryegrass）

図11-III-1 イタリアンライグラス

## 1 起源と種類

イタリアンライグラス（*Lolium multiflorum* Lam.）は，地中海沿岸地域原産で，多くは1年生〜越年生であるが（注1），多年生もある。
ヨーロッパ，北アメリカ，オーストラリアなどの温帯から亜熱帯で栽培されている。日本には明治初年に導入され，広く全国で栽培されている。2倍体（2n=14）のほか，コルヒチンで人為的に染色体数を倍加した4倍体（2n=28）の品種もある。緑地をつくる草としての用途も広い。

〈注1〉
annual ryegrass とよばれることもある。

## 2 形態と生育

### 1 形態

草丈は栽培すると100〜150cmにもなる（図11-III-1）。茎基部から分げつが出て，株をつくる。葉身の表面は葉脈が浮き出ているが，裏面はなめらかで光沢がある。葉身は巻いて出て，長さ20cmほどになる。葉舌は膜質で2mmほど。三日月形の細い葉耳がある。

穂は扁平な穂状花序で，20〜30個の小穂が互生する（図11-III-2）。小穂も扁平で8〜20個の小花が互生する。小花の外穎先端には2〜10mmの芒がある。先端の小穂を除き，小穂の護穎（glume）は外側のもの（second glume）だけで，小穂の長さの半分以下（1/4〜1/2）である。穂軸にはざらつきがある。花序は次項のペレニアルライグラスとよく似ているが，外穎に芒があり，護穎が短く小穂の半分以下であることで区別できる（注2）。
根は細かく分枝し，浅根性で表層近くに分布し，ルートマットをつくる。

図11-III-2 イタリアンライグラスの穂状花序

〈注2〉
同じ*Lolium*属のペレニアルライグラスも牧草として利用されるが，いずれも2倍種で容易に交雑するため，種間雑種ができやすい。この雑種の形態は連続的な変異なので，雑草化して自生している個体の種の判別はむずかしい。

### 2 生育

寒地型イネ科牧草としては，耐寒性や耐雪性が劣り，冬枯れする場合もある。根雪が120日以上になる地域では，雪腐病が発生しやすい。耐暑性や耐乾性も弱く夏に枯死することも多いが，耐湿性は比較的強く水田裏作

図11-Ⅲ-3
転作田で栽培されるイタリアンライグラス

や排水不良の転作田などでも栽培できる（図11-Ⅲ-3）。生育初期や早春の成長が旺盛で，施肥への反応もよい。耐倒伏性は弱く刈り遅れないようにする。

花芽分化には，長日条件のみが必要で，短日や低温を必要としない。ペレニアルライグラスより分げつ数が少なく，再生力が劣る。

## 3 栽培と品種

### 1 栽培

日本ではおもに，東北の中部以南で秋播き栽培する。刈取り適期は出穂期。単播が基本であるが，オオムギやエンバクなどのムギ類と混播することもある。九州では，冬に生育が停滞する暖地型イネ科牧草の草地に，極早生品種を秋に播種し（ウインターオーバーシード），放牧地の冬の生産量を確保する栽培もある。

### 2 品種

品種の早晩生の特徴を表11-Ⅲ-1に示した。極早生から中生の2倍体品種は二毛作に使われ，梅雨前に1〜2回収穫する。中生や晩生は，寒冷地で栽培され，1番草を梅雨前，2番草を梅雨明け後，3番草を初秋に収穫する(注3)。品種の早晩性に関連した特質から，表11-Ⅲ-2に示した5つの利用型がある。また，各地域の作期を図11-Ⅲ-4に示した。

〈注3〉
「コモン（普通種）」とよばれるイタリアンライグラスが，低価格で広く流通している。これは2倍種の中生系統を中心とする多様な系統を含む総称で，品種名ではない。

表11-Ⅲ-1 イタリアンライグラスの各早晩生品種の特徴

| 品種の早晩 | 特　徴 |
|---|---|
| 極早生品種 | 初期生育は旺盛だが，小型で分げつが少ないものが多く，気温が上昇してからの再生力が弱い。収穫後の残根量が少ないので，早播きの夏作飼料作物の前作に適する。耐寒性，耐雪性は劣る。2倍体品種 |
| 早生品種 | 極早生品種より10〜20日程度出穂が遅い。温暖地や暖地で4〜5月に出穂，1番草を収穫する。気温が高くなると刈取り後の再生力が急速に弱まる。広く利用されていて，数多くの品種が育成されている。残根量が少なく，夏作物との組み合わせに適している。ほとんどが2倍体品種 |
| 中生品種 | 早生品種より1週間程度出穂が遅い。早生品種と組み合わせて，収穫期を分散できる。2倍体品種と4倍体品種がある |
| 晩生品種 | 早生品種より2週間程度出穂が遅い。早春の成長は劣るが，4倍体の品種が多く，大型で再生力に優れる。耐雪性に優れた品種もある。一般に，4倍体の品種は，葉は広く茎が太く，1番草の収量が多い。また，越夏性が高く，高温での再生力も優れている |

表11-Ⅲ-2 イタリアンライグラスの利用型と特徴

| 利用型 | 特　徴 |
|---|---|
| 年内利用型 | 超極早生品種を利用し，温暖地では9月上中旬に播種し，その年のうちに出穂して収穫できる。耐寒性や耐雪性が弱い |
| 極短期利用型 | 極早生品種を利用し，早春に出穂し収穫できる。早期水稲や早播きトウモロコシなどと組み合わせた作付体系に適する |
| 短期利用型 | 早生品種や中生品種を利用し，普通期作水稲やトウモロコシの標準栽培などと組み合わせた作付体系に適していて，短期で多収できる |
| 長期利用型 | 晩生品種を利用し，高温での再生力に優れる。温暖地や暖地では7月ごろまでに数回刈取りができ，イタリアンライグラス主体の栽培になる |
| 極長期利用型 | 晩生品種を利用し，越夏性が優れ，秋には穂を出さずに栄養成長するが，生産性は高い。年平均気温が11℃前後の，比較的冷涼な地域では，3年目（秋に播いて，その翌々年）の初夏ごろまで収穫できる |

図11-Ⅲ-4　各地域のイタリアンライグラスの作期

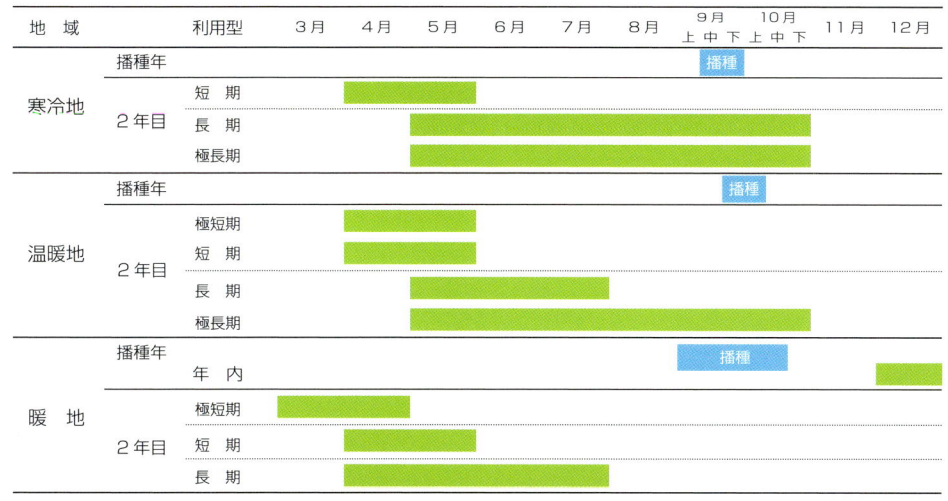

注）図中の緑帯は刈取りできる期間を示す

## 4 利用

日本では、おもに青刈給与、乾草、サイレージとして用いられる。家畜の消化性や嗜好性がよく、出穂期の乾物率は約18%、TDN含量は約70%でオーチャードグラスよりも高い。

# Ⅳ ペレニアルライグラス
## （ホソムギ，perennial ryegrass）

## 1 起源と種類

ペレニアルライグラス（Lolium perenne L.）はヨーロッパ原産の多年生作物。ヨーロッパのほか、アメリカ、オーストラリア、ニュージーランドなどの温帯地域を中心に、牧草や芝草として利用される。日本には、明治初年に導入されたが、第二次大戦後から栽培されるようになり、おもに放牧や採草・放牧兼用で利用される。牧草としてだけでなく芝草としても多方面に利用され、多くの芝用品種が育成されている（注1）。

## 2 形態と生育

### 1 形態

草丈は50～80cmほどで、分げつが多く出て株をつくる。葉身の表面は

〈注1〉
芝用品種には、エンドファイトを感染させ、耐虫性などを付与したものがある（第9章Ⅰ-5-2項参照）。エンドファイトは家畜が中毒をおこす物質もつくるので、牧草には芝用品種を使わないことが望ましい。また、輸入されるライグラスストローはほとんどがペレニアルライグラスで、西洋芝の種子をとったあとのストローである。家畜へ給与する前に飼料に含まれている毒素濃度を確認し、中毒にならない量を与える。

葉脈が浮き出ているが，裏面は平滑で光沢がある。葉身は折りたたまれて出る。長さ15cm前後。葉舌は膜質で約1mm。葉耳はかぎ爪状で小さい。

穂は穂状花序で，扁平の小穂が10〜20個程度互生する（図11-Ⅳ-1）。1小穂に6〜10個の小花がつき，外穎には芒がない。小穂の護穎は外側のもの（second glume）だけで，小穂の1/2〜3/4程度の長さである。

## 2 生育

生育最適温度は20〜25℃。冷涼で湿潤な気候に適しており，耐暑性に劣り，耐寒性も弱い。浅根性で乾燥に弱く，排水不良の場所にも適さない。しかし，初期生育が優れ (注2)，分げつが旺盛で再生力も強い。

# 3 栽培と品種

## 1 栽培

北海道や東北以南の高冷な放牧地で使われる。北海道では春播き，東北以南では秋播きし（図11-Ⅳ-2），春播きは播種した年の秋以降，秋播きは翌年の春以降に利用できる。発芽がよく定着も容易である。シロクローバー，アカクローバー，オーチャードグラスなどとの混播が多い。

採草利用では，出穂期以降には家畜の嗜好性や品質が低下し，倒伏しやすくなるので，出穂期前後に収穫する。放牧利用では，分げつが旺盛なので，集約的放牧をして，15〜20cmの短い草丈で草地を維持することにより，裸地が減って芝生状になり，長期間，良好な草地の状態が保てる。

## 2 品種

2倍体（2n=14）をコルヒチン処理して育成した4倍体（2n=28）の品種は，2倍体の品種より大型で多収になり，耐病性に優れている。日本では2倍体の品種の育成も行なわれていたが，現在は4倍体の品種のみである。

早生品種は採草向きで，春に多収できるが秋の収量は少ない。晩生品種は放牧向きで，初夏に多収でき，秋の収量も多い。中生品種は，この中間的な性質で，日本では中生と晩生品種が利用されている。

ハイブリッドライグラス（Hybrid ryegrass）は，イタリアンライグラ

図11-Ⅳ-1
ペレニアルライグラス

〈注2〉
草地を更新したとき，雑草との競合に強い。

注）播種の翌年は，生育状況にあわせて開始する
図11-Ⅳ-2　各地域のペレニアルライグラスの作期

スとペレニアルライグラスの交雑種で，両者の中間的な性質をもち，初期生育に優れ，嗜好性がよく，永続性，越夏性，越冬性がよい。おもに混播草地での採草用に利用され，本州以南の高冷地などで栽培される。

## 4 利用

分げつ力や再生力が優れ，おもに放牧用にするが，採草や採草・放牧兼用にもする。出穂期の乾物率は約20％，TDN含量は70％程度で，品質がよく，家畜の嗜好性も優れている。芝草としての利用も多い。

# V トールフェスク
（オニウシノケグサ，tall fescue）

## 1 起源と種類

トールフェスク（*Festuca arundinacea* Schreb.）はヨーロッパ原産の多年生作物（図11-V-1），アメリカ，フランス，オーストラリアなど温帯で栽培されている。

日本には明治初年に導入されたが，広まったのは1960年代の草地造成期で (注1)，放牧利用が多い。寒地型イネ科牧草のなかでもっとも環境適応性が高く，とくに耐暑性に優れているが，茎葉が粗剛で家畜の嗜好性は劣る。芝生や法面保護用としても広く利用されている。

フェスク類（*Festuca*属の牧草）には葉が広いタイプ（広葉型：トールフェスクやメドーフェスクなど）と，糸のように細いタイプ（狭葉型：レッドフェスクやシープフェスクなど）がある。狭葉型の葉は細く，折りたたまれており，生産性は低いが乾燥に強く，急斜面で岩石の多い土地などで，放牧用に利用されている。

## 2 形態と生育

### 1 形態

草丈は40〜180cmほど。葉身の表面に葉脈が出ており，裏面にはやや光沢がある。葉身は巻いて葉鞘から出る。葉舌は膜質で，長さ1mmほど。葉耳は三日月形で縁に短毛がある。根は深根性で，耐乾性が強い。

穂は円錐花序で，穂軸の各節から長短2本の1次枝梗を出し，長いほうには5〜10個，短いほうには1〜3個の小穂をつける（図11-V-2）。護穎の先にはごく短い芒があることが多い。小穂には3〜10小花がつく。

図11-V-1 トールフェスク

〈注1〉
高収量で環境適応性の高い品種ケンタッキー31フェスク（'Kentucky 31 Fescue'）がアメリカから導入されたのを契機に，トールフェスクの利用が増えた。

図11-V-2 トールフェスクの花序

## 2 生育

初期生育が遅いため,定着するまでは強度の放牧を避ける。春に,茎基部から発生する分げつは,直立し,株をつくるが,晩夏以降に出る分げつは外鞘性で,水平方向に伸びて根茎になる。根茎は5〜10cm程度伸びた後,地上に出て新しい株(ラメット)になり,芝地をつくる。

生育がすすむと茎葉が粗剛になり嗜好性が低下するが,定着後に放牧強度を強めて伸ばしすぎなければ,生産性や永続性を維持できる。放牧強度が弱いと,株が大型化し,分げつ数が減って裸地化しやすい。

## 3 栽培と品種

### 1 栽培

北海道から九州まで栽培できる。しかし,嗜好性が劣るため,オーチャードグラスを長期間維持できない,暖地や温暖地の中標高の放牧地での栽培が多い。耐寒性はやや劣り,寒さが厳しい土地には適さない。根茎が発達するため,土壌浸食を防止する働きがある。

播種期は,寒地では春播き,暖地では秋播きで,暖地では翌春から放牧できる。マメ科牧草との混播は,シロクローバーがよい。

### 2 品種

現在利用されている育成品種は,ほとんどが6倍体(2n=42)である。

近年,トールフェスクの牧草としての栄養向上を目的に,ライグラス類との属間雑種フェストロリウム(Festololium)の開発がすすめられている。

## 4 利用

日本では,おもに採草・放牧兼用として利用される。出穂期の乾物率は約20%,TDN含量は約60%で,オーチャードグラスと同程度である。

牧草利用のほか,根茎が発達するため土壌保全能力が高く,道路の法面(のりめん)や河川の堤防などの保護・緑化に利用される。また,土壌を選ばず,乾燥や日陰にも耐えるなど環境適応性が高いため,サッカーなどの競技場やゴルフ場の芝草にも用いられる。

芝草用として輸入しているトールフェスク品種は,エンドファイトを接種・感染させて,耐虫性などをつけたものが多い。エンドファイトは家畜中毒をおこすので,芝草用品種を飼料用には使わない。

# VI その他の寒地型イネ科牧草

## 1 メドーフェスク（ヒロハノウシノケグサ，meadow fescue）

　メドーフェスク（*Festuca pratensis* Huds.）はヨーロッパからシベリア原産の多年生作物。世界の冷涼な地域に分布する。近縁のトールフェスクより小型とされるが，よく似ており識別がむずかしい。

　4倍体もあるが，おもに2倍体（2n=14）の品種が利用されている。

### 1 形態，生育，栽培

　茎基部から分げつが出て，株状になる。葉身は巻いて出て，裏面はなめらかでやや光沢がある。葉舌は1mmほどで平ら，葉耳は爪状で縁に短毛がない(注1)。穂はトールフェスク同様の円錐花序である。

　耐寒性はチモシーに次いで強いが，耐暑性が弱く，日本ではおもに北海道や本州の冷涼地で栽培される(注2)。出穂期は，オーチャードグラスよりも遅く，チモシーよりも早い。

〈注1〉
トールフェスクの葉耳の縁には短毛がある。

〈注2〉
オーチャードグラス，チモシー，アカクローバー，シロクローバーなどと混播されることが多い。

### 2 利用

　栄養価や消化率はトールフェスクと同じ程度だが，家畜の嗜好性が優れている。採草・放牧兼用利用ができるが，再生力があり，おもに放牧用として利用される。内生菌の感染率が高いが，いまのところ，家畜に被害を与える有毒物質は認められていない。

## 2 リードカナリーグラス（クサヨシ，reed canarygrass）

　リードカナリーグラス（*Phalaris arundinacea* L.）は，多年生で，世界各地に分布しており，湿潤な土地に適している。日本でも野草として全国の河川敷や湿地などに自生している。根茎で旺盛に繁殖するため，強害雑草としてあつかわれることもある。

　牧草としての利用はスウェーデンではじまり，北欧に広まった。牧草として日本に導入されたものは，乾いた土地でも生育できるタイプである。

　同属のファラリス（2n=28）（phalaris，*P. aquatica* L.）は，多年生で，耐乾性や嗜好性，放牧適性に優れ，オーストラリアなどの地中海性気候の地域で放牧や土壌保全に利用されている。カナリークサヨシ（2n=12）（canary grass，*P. canariensis* L.）は，1年生で，種子を小鳥の餌にする。

### 1 形態

　草丈は2mをこえることもある（図11-VI-1）。葉身は巻いて出る。葉

図11-VI-1
リードカナリーグラス

舌は膜質で先がギザギザになり長さ2～3mmほどで，葉耳はない。穂は円錐花序で，各節に枝梗が1～2本つく。下位節から外鞘性の分げつが出て，根茎になり，旺盛に繁殖する。根は深根性。

### 2 生育，栽培，利用

　寒地型イネ科牧草では，耐湿性がもっとも強く，排水不良地や転換田でも栽培できる。耐寒性や耐雪性にも優れ，酸性土壌でもよく生育する。耐暑性も強いため，北海道から九州まで生産性を長年維持できる。発芽率が低く出芽時の生育が遅いため定着がむずかしいが，一度定着すると他の草種との競合にたいへん強い。

　出穂期以降は，繊維成分が急増し，タンパク質含量や消化率が低下して家畜の嗜好性が急激に悪くなるため，出穂はじめに刈取る。10cmほどの高さで刈取ると再生がよく，年に4～5回刈取りできる。花芽分化には低温と長日条件が必要であり，2回目以降の刈取りは茎葉のみとなる。放牧利用は，春の生育が早いため，草丈が15～30cmほどになったころからはじめ，遅れないようにする。

　サイレージや放牧に利用する。粗タンパク質含量が高く，消化率も高い。

### 3 品種

　ヨーロッパ，アジア，北アメリカの冷涼な地域に分布する4倍体（2n=28）と，イベリア半島に局在する6倍体（2n=42）がある。ホルデニンなど家畜に有害なアルカロイドが含まれるが，含量が低い品種が育成されている。

## 3 スムーズブロムグラス
（コスズメノチャヒキ，smooth bromegrass）

　スムーズブロムグラス（*Bromus inermis* Leyss.）は東ヨーロッパから北アジア原産の多年生作物。日本には明治初年に導入された。アメリカでは重要な牧草になっているが，日本では本格的に普及されていない。

### 1 形態

　草丈は60～120cmほど。葉身は巻かれた状態で出て，表面と裏面ともになめらかで，長いもので25cm程度。葉舌は1～2mmで先が平らで，葉耳はない。穂は円錐花序で，各節に2～5本の一次枝梗がつく。

　根茎が表層に発達し，密な草地をつくる。根は深根性で耐旱性に優れている。

### 2 生育，栽培，利用

　耐寒性や耐旱性がたいへん強い。オーチャードグラスより越冬性に優れ，チモシーより耐旱性に優れているため，日本ではオーチャードグラスやチモシーの生産が不安定な，北海道の土壌乾燥地帯で栽培される。採草と放牧のどちらにも利用できるが，刈取り後の再生が遅いため，アカクローバ

ーやアルファルファなどのマメ科牧草と混播し，採草利用することが多い。品質は，オーチャードグラスと同程度かやや劣る。

根群が広く豊富であることから，土壌の浸食防止にも使われる。

アメリカではチモシーやオーチャードグラスとともに北部での重要な牧草であり，採草用にはチモシーに劣るがオーチャードグラスより優れ，放牧用にはオーチャードグラスに劣るがチモシーより優れていると考えられており，採草と放牧とを同程度の比重にしたいときの有力な草種である。

### 3 品種

おもに8倍体（2n=56）が利用されている。アメリカでは生育型が北方型と南方型に分けられている。北方型は耐寒性があり，根茎が少なく株状になり，南方型は高温や乾草に強く，根茎が発達し芝状になる。

近縁のメドーブロムグラス（*Bromus riparius* Rehm.）も牧草にする。

## 4 ケンタッキーブルーグラス
### （ナガハグサ，Kentucky bluegrass）

ケンタッキーブルーグラス（*Poa pratensis* L.）はヨーロッパ原産の多年生作物。日本には明治時代に導入され，全国に分布している。牧草のほか，芝草（西洋芝とよぶこともある）としても利用する。

*Poa* 属は300種ほどとされ，カナダブルーグラス（Canada bluegrass, *P. compressa* L.）やファウルブルーグラス（fowl bluegrass, *P. palustris* L.）など，牧草として利用される草種（ブルーグラス類）も多い。

### 1 形態

草丈は30〜80cmほど（図11-Ⅵ-2）。葉身は折りたたまれて出て細長く，長いものは30cmほどになる。葉先近くで縦2つに折れるように急に細くなる。葉身の表面はなめらかで，裏面は中肋がやや浮き出る。葉舌は膜状で先端は平らで長さ1mmほど。葉耳はない。穂は円錐花序で，各節に数本の枝梗がつく（図11-Ⅵ-3）。小花の背に縮れてもつれた長い白毛がつく。

茎基部から根茎を出し，さらに根茎の節にラメットをつくり芝状になる。浅根性で，多数の根茎や根によって，マットがつくられる。

### 2 生育，栽培，利用

耐寒性は強いが，耐暑性や耐旱性が弱いため，暖地では夏枯れしやすい。本州の冷涼地や北海道などに適する。酸性土壌でもよく育つ。

根茎によって密な芝地をつくるので，放牧用にする。オーチャードグラス，シロクローバー，アカクローバーなどと混播する。施肥によく反応するので，スプリングフラッシュまでは施肥を少なめにする。

出穂期は初夏で，出穂期以後は品質や嗜好性が急激に低下する。ウシが食べ残した放牧草を，草丈10〜15cmで掃除刈りする（注3）。また，窒素不足によるさび病の発生を防ぐため，夏から秋にかけて追肥する。

図11-Ⅵ-2 ケンタッキーブルーグラス

図11-Ⅵ-3 ケンタッキーブルーグラスの穂

〈注3〉
ウシは，糞をした場所の草を食べないため，その草はそのまま残る。再生草の草丈をそろえるため，放牧草地全体を刈取る。このように，放牧後にウシが食べ残した草を刈取ることを「掃除刈り」とよぶ。掃除刈りは雑草防除にもなる。

Ⅵ その他の寒地型イネ科牧草

〈注4〉
アポミクシス品種は，遺伝子分離や形質変化がおこらないため，一度優良な品種ができればそのまま維持できる。しかし，新しい形質の導入はむずかしい（第12章Ⅱ項〈注1〉参照）。

ケンタッキーブルーグラスは芝草としての利用が多く，公園，運動場，ゴルフ場の芝生や，道路などの法面保護に広く利用されている。

### 3 品種

利用から，牧草用品種，牧草・芝生兼用型品種，芝生用品種に分けられる。日本は，海外で育成された品種を多数導入している。受粉せずに種子をつくるアポミクシス（無配合生殖）品種 (注4) も多い。

---

## インターネットからの統計情報（農産物など）のダウンロードの方法

**[FAO統計データベース (FAOSTAT)]**

FAO（国際連合食糧農業機関，Food and Agriculture Organization of the United Nations）は，全ての人々の食料安全保障を達成する目的で設立された国連専門機関であり，FAOのwebサイトから世界の食料・農林水産業に関する統計データベース FAOSTAT [1] を利用して，無料で統計情報（1961年～）をダウンロードできる。FAOSTAT は英語で書かれてあるが，FAO日本事務所のwebサイトから日本語の「FAOSTAT 利用の手引き」[2] を，総務省統計局から「FAOSTAT : Production の使い方」[3] をダウンロードできる。

ここでは，データをダウンロードする手順を，具体例をあげて説明する。たとえば，カナダのナタネの生産量の推移を1961年～2013年までダウンロードするとしよう。

① まず，URL「http://faostat3.fao.org/home/E」を入力する。
② 画面左上側の「Production」にカーソルをあわせると，「Browse」と「Download」が現れるので，「Download」をクリックする。なお，「Browse」をクリックすると，国ごとに生産量別に色分けされた世界地図が表示されるほか，生産量や収量の推移のグラフなども画面上でみることができる。
③ 「Production」に関するナビゲーションバーが表示されるので，そのなかから「Crops」をクリックする。
④ 4つのリストが表示されるので，まず，「Countries」のリストから「Canada」を選択する。
⑤ 次に，「Items」のリストから「Rapeseed」を，「Elements」のリストから「Production Quantity」を，「Years」から「1961～2013」を選択する。「1961～2013」を選択する場合，「1961」をクリックし，Shiftキーを押したまま「2013」をクリックするとそのあいだの年すべてを選択できる。
⑥ 画面下の「CSV」をクリックすると，CSV形式でダウンロードされるので，これを開いてエクセルで保存する。ダウンロードがうまくいかない場合，「Preview」をクリックして画面に表示させ，これをコピーする方法もある。

また，2013年の国別のナタネの生産量を知りたい場合，「Countries」の右の「Regions」から「World>(List)」を選択し，「Years」から「2013」を選択する。ダウンロードしたデータを生産量の多い順にソートすれば，生産量の上位国がわかる。

生産量以外にも加工品や貿易などさまざまなデータがダウンロードできるので，ぜひ活用してほしい。ただし，ここで得られる数値は，その国の公式データが多いが，なかには FAO が推定したものや非公式な数値もあることを認識しておく必要がある。

**[農林水産省の統計情報]**

農林水産省の web サイトにある「統計情報」を選択すると，さまざまな日本の農林水産統計データがダウンロードできる [4]。また，「農産物生産統計」には，FAOSTAT のデータが掲載されている [5]。

1) http://faostat.fao.org/
2) http://www.fao.or.jp/publish/152.html
3) http://www.stat.go.jp/data/sekai/pdf/faostat.pdf
4) http://www.maff.go.jp/j/tokei/index.html
5) http://www.maff.go.jp/j/kokusai/kokusei/kaigai_nogyo/k_tokei/nousei.html

# 第12章 暖地型イネ科牧草

## I ローズグラス
（アフリカヒゲシバ, rhodesgrass）

ローズグラス（*Chloris gayana* Kunth）は南アフリカ原産の多年生作物。熱帯から亜熱帯で栽培される。日本には1960年に鹿児島県に導入され、暖地型イネ科牧草のなかではもっとも利用されている。

### 1 形態

草丈は2mほど（図12-I-1）。葉鞘のカラー付近と葉舌の上に長い毛がある。稈の頂部に10本前後の穂状花序がついて1つの穂になる（図12-I-2）。穂軸（花序の軸）は10cmほどで、小穂が2列につく。稈は細く倒伏しやすい。茎基部からは内鞘性の分げつのほか、外鞘性の分げつも出てほふく茎になる(注1)。ほふく茎の節から分げつが出てラメットになる。

図12-I-1 ローズグラス
（写真提供：大杉立氏）

### 2 生育、栽培、利用

生育適温は30～35℃。暖地型イネ科牧草のなかでは耐湿性があり、水田転換畑などでも栽培できる。霜には弱い。沖縄県など、西南暖地の無霜地帯では多年生作物として何年も栽培できるが、九州から関東地方など霜の降りる地帯では越冬できず、1年生作物として栽培する。

播種適期は平均気温が約20℃のころ。種子がごく小さいため、砕土をていねいに行ない、十分に鎮圧する。年に3～4回収穫できるが、沖縄では、採草では5～6回、放牧では8～10回利用できる。茎葉が細くて乾燥しやすく、乾草に適しているが、青刈給与や放牧にも利用されている。道路法面(のりめん)の浸食防止にも利用する。

### 3 品種

2倍体（2n=20）と4倍体（2n=40）があり、4倍体は2倍体より大きい。

図12-I-2
ローズグラスの穂

〈注1〉
ほふく茎は2m以上に伸びることもある。

5月に播種すると，2倍体は7月に出穂するが，4倍体は11月以降に出穂するものが多い。

# II バヒアグラス
## （アメリカスズメノヒエ，bahiagrass）

バヒアグラス（*Paspalum notatum* Flugge）は中南米原産の多年生作物（図12-II-1）。アメリカ南部や中南米に広く分布する。

日本には1952年に導入され，おもに九州で栽培されている。寒地型イネ科牧草が夏枯れする地域では，放牧用の多年生牧草として重要である。

### 1 形態

草丈は80cmほど。葉身の長さは30cmほどで，毛がなく表面はなめらかで光沢がある。基部付近は中肋を中心に2つに折れている。葉鞘は扁平で光沢がある。葉舌は短い毛の列に退化している。

穂は，稈の先端につく2本の総状花序からなりV字のようにみえるのが特徴であるが，3本つくこともある。花序（穂軸）の長さは15cmほどで，小穂が2列につく。小穂は扁平で長さ3mmほど，2小花からなる。上方の小花は稔実するが，基部の小花は不稔。柱頭も葯も黒紫色。

根は深根性で，耐乾性が強い。稈の基部から多数の太いほふく茎を出す。ほふく茎の節から分げつを出してラメットになり芝地をつくる。

図12-II-1　バヒアグラス

### 2 生育，栽培，利用

暖地型牧草のなかでは耐寒性や耐霜性が強く，四国や九州以南では越冬でき，永年草地にできる。密な芝地をつくるので，雑草の侵入も少ない。

四国や九州では，4月下旬～6月上旬か8月上旬～9月下旬ごろに播種する。沖縄では冬を除き播種できる。おもに，生育牛や繁殖牛の放牧用として利用するが，乾草としても使える。

乾草にする場合，多回刈りして多収をねらったり，梅雨期を避けた年2回刈りなど，目的に応じた利用法がある。九州地方では5～10月，沖縄ではこれより前後に1カ月間ずつ長く利用できる。消化率は40～55%，粗タンパク質含量は10～15%。

密な芝地は土壌浸食を防止する働きがあり，急傾斜地でも草地を維持できる。道路の法面保護などにも使う。

### 3 品種

育成品種には2倍体（2n=20）と4倍体（2n=40）があり，2倍体の品種は有性生殖系統のペンサコラ（Pensacola，アメリカ）を母材に育成されている。4倍体品種はいずれもアポミクシス(注1)である。

〈注1〉
受精しないで胚がつくられる現象で，母親と同じ遺伝子型の種子ができる（第11章Ⅵ項〈注4〉参照）。

## Ⅲ ギニアグラス（ギニアキビ, guineagrass）

ギニアグラス（*Panicum maximum* Jacq.）は東アフリカ原産の多年生作物（図12-Ⅲ-1）。熱帯から亜熱帯を中心に栽培されている。日本には1960年代に導入され，おもに九州や沖縄で栽培されている。暖地型イネ科牧草ではローズグラスに次いで利用されている。

### 1 形態

ギニアグラスには，ほふくするタイプがあったり，稈長が50cm程度から4mにもなるものがあるなど，変異がきわめて大きい。葉身は長いもので100cmほど。葉舌は4mm前後で，葉舌の端は毛状である。葉鞘表面には粗毛があり，稈の節部にも毛がある。

穂は円錐花序で，長さ40cmほど。各節には1～3本の枝梗がつき，下位節ほど長い。小穂は2小花からなり，基部の小花は雄性花か不稔花，上位が両性花で稔実する。稈の基部から分げつが出て株状になる。

### 2 生育，栽培，利用

耐乾性は強いが，耐寒性は弱い。多湿な土地でも育つが，水分が多すぎる土地は適さない。四国や九州北部では霜のため越冬できず，1年生夏作物として栽培し，青刈給与や乾草，ロールベールサイレージなどにする。刈取りは年に3～5回ほど。沖縄では何年も利用でき，採草のほか放牧にも使う。採草の場合，刈取りは年に6～7回できる。

九州以北の地域では4月下旬～6月上旬，沖縄地域では4～5月に播種する。刈り遅れると茎がかたくなり，家畜の嗜好性が低下する。消化率は51～53%，粗タンパク含量は9～13%ほど。

図12-Ⅲ-1 ギニアグラス
（写真提供：大杉立氏）

### 3 品種

ギニアグラスは形態の変異が大きく，大型（コモン型），中間型，小型に分類される。

〈注1〉
2倍体の有性生殖系統をコルヒチン処理して，4倍体の有性生殖系統が開発され，アポミクシスの4倍体ギニアグラスとの交雑が可能になった。

2倍体（2n=16），4倍体（2n=32），6倍体（2n=48）があるが，4倍体の利用が多い。4倍体はほとんどがアポミクシスであるため，母株と同じ遺伝子型の種子が得られる(注1)。

ネコブセンチュウ抑制効果の高い品種は，緑肥作物としても使われる。

# IV その他の暖地型イネ科牧草

## 1 バミューダグラス（ギョウギシバ, bermudagrass）

バミューダグラス（*Cynodon dactylon* Pers.）はトルコ，パキスタン原産の多年生作物（2n=4x=36, 4倍体）。熱帯から温帯まで広く分布している。牧草や芝草に利用し，日本では四国を中心に栽培されている。

### 1 形態

草丈は40cmほど。葉身はV字に折りたたまれて出て，長さ10cmほどになる。葉舌は短毛が列になってつく。穂は，稈の頂部につく3〜7本の穂状花序からなる（図12-IV-1）。花序は3〜5cmで，穂軸には小穂が2列につく。小穂は2〜3mmで，2枚の護穎（glume）と1小花がつく。

ほふく茎と根茎によって広がり，それぞれの節部から発根し，分げつが出てラメットになる。密な芝地をつくる。

### 2 生育と利用

生育最適気温は35℃で，15℃以下になると成長速度が下がる。耐暑性や耐乾性に優れ，強い耐酸性や耐湿性をもつ。暖地型イネ科牧草のなかでは比較的強い耐寒性をもつが，霜には弱い。家畜の嗜好性が高く，放牧利用のほか，青刈給与や乾草にする。

暖地のゴルフ場や緑地の芝生に広く利用されている(注1)。

図12-IV-1 バミューダグラス

〈注1〉
バミューダグラスとアフリカギョウギシバ（*C. transvaalensis* Burtt-Davy）の交雑種であるハイブリッドバミューダグラスは，芝生として利用されている。3倍体（2n=3x=27）の不稔性なので，芝苗や張り芝などで流通している。

## 2 ダリスグラス（シマスズメノヒエ, dallisgrass）

ダリスグラス（*Paspalum dilatatum* Poir.）は南アメリカ原産の多年生作物（2n=20, 40, 50）。熱帯地域から温帯地域まで広く分布する。

### 1 形態

草丈は1〜1.5mほど。株状になる。葉身の長さは30cmほどで，葉舌は2〜4mm。穂は，茎の上位にややまばらにつく3〜7本の総状花序からなる。花序は20cmほど。小穂は3mmほどで，卵形。2小花からなり小穂の

縁に毛がある。柱頭や葯は黒紫色。根は深根性で耐乾性がある。

### 2 生育と利用

暖地型イネ科牧草のなかでは，比較的耐寒性が強い。家畜の嗜好性がよく，放牧や青刈給与，乾草などに利用する。

## 3 カラードギニアグラス（coloured guineagrass）

カラードギニアグラス（*Panicum coloratum* L.）は熱帯アフリカ原産の多年生作物（2n=18, 36, 54）。アフリカに分布するが，オーストラリアやアメリカの亜熱帯に牧草として導入されている。日本への導入は1960年代である。

### 1 形態

草丈は1〜1.2mほど（図12-Ⅳ-2）で，株状になる。葉身の長さは30cmほど。穂は円錐花序で長さは40cmほど。枝梗が互生または対生する。小穂の長さは2〜3mm。2小花で，基部の小花は雄性，先端の小花が稔る。

### 2 生育と利用

耐寒性や耐霜性が低く，沖縄以外では1年生として利用される。耐暑性もそれほど強くない。青刈給与や乾草，サイレージなどにする。

## 4 ディジィットグラス（digitgrass）

ディジィットグラス（*Digitaria eriantha* Steut.）は南アフリカ原産の多年生作物で（2n=2x=18, =3x=27, =4x=36）(注2)，アメリカやオーストラリア，東南アジア，中南米などの熱帯や亜熱帯で栽培されている。

草丈は1mほど。ほふく型と株型がある。穂は，茎頂近くにつく5〜8本の総状花序からなり，花序は5〜10cm。ほふく型のものはほふく茎によって密な草地をつくるが，不稔種子の割合が高い。株型のものは種子で繁殖する。

耐霜性がなく，日本ではおもに南西諸島の南部地域で栽培され，放牧や採草利用される。日本には，ほふく型の'トランスバーラ'（Transvala, アメリカ育成）が台湾から導入されている。茎を2〜3節持つように切って苗とし，圃場に植付ける。

図12-Ⅳ-2
カラードギニアグラス
（写真提供：大杉立氏）

〈注2〉
パンゴラグラス（pangolagrass）ともよばれる。

# 第13章 マメ科牧草

## I マメ科牧草の種類

おもなマメ科牧草を表13-I-1に示した。マメ科牧草として栽培される草種は、すべてマメ亜科（Faboideae）である。マメ亜科は、花は蝶形花（図13-I-1）で、葉は、羽状複葉か3小葉からなる複葉である。

日本で栽培されているマメ科牧草の中心はアカクローバーで、それにシロクローバーとアルファルファで大部分をしめている。

ヘアリーベッチはカバークロップとして、クロタラリアはクリーニングクロップとして利用されている（第14章参照）。

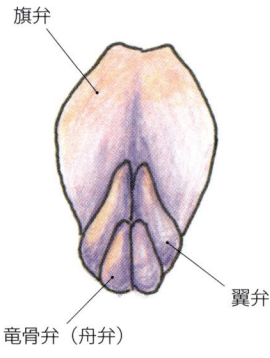

図13-I-1 蝶形花の花弁

表13-I-1 おもなマメ科牧草の種類

| 亜 科 | 作物名 | 学 名 |
|---|---|---|
| マメ亜科 | アルファルファ（ルーサン） | *Medicago sativa* L. |
| （ソラマメ亜科） | 黄花アルファルファ（黄花ルーサン） | *Medicago falcata* L. |
| Faboideae | シロクローバー | *Trifolium repens* L. |
| | アカクローバー | *Trifolium pratense* L. |
| | アルサイククローバー | *Trifolium hybridum* L. |
| | クリムソンクローバー | *Trifolium incarnatum* L. |
| | ダイズ | *Glycine max* Merr. |
| | バーズフットトレフォイル* | *Lotus corniculatus* L. |
| | レンゲ | *Astragalus sinicus* L. |
| | ヘアリーベッチ | *Vicia villosa* Roth |
| | コモンベッチ | *Vicia sativa* L. |
| | クロタラリア | *Crotalaria juncea* L. |

注）＊：第8章II-2項図8-II-1参照

# II アルファルファ，ウマゴヤシ類
## （ルーサン，ムラサキウマゴヤシ，alfalfa）

## 1 起源と種類

アルファルファ（紫花種：*Medicago sativa* L. = *M. sativa* ssp. *sativa* L.）（2n=32：4倍体）は中央アジア原産の多年生作物（図13-II-1）(注1)。古くから飼料作物として利用され，温帯から亜寒帯を中心に広く栽培されている。マメ科牧草のなかでもっとも耐寒性や耐乾性が強く，永続性にも優れている。また，生産性が高く品質も優れていて，「牧草の女王（The Queen of the Forages）」とよばれている。

明治初期に，アメリカから北海道に導入された。導入された品種の多くは，越冬性や耐湿性，耐酸性が弱く，安定的に栽培できず，それほど普及しなかった(注2)。しかし，近年，耐寒性のほか，収量性，耐湿性，耐病性などに優れた品種が国内で育成され，普及が期待されている。

*M. sativa* の亜種とすることもある近縁の黄花アルファルファや，アルファルファと黄花アルファルファとの交雑種も利用されている。

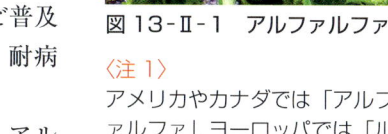

図13-II-1 アルファルファ

〈注1〉
アメリカやカナダでは「アルファルファ」，ヨーロッパでは「ルーサン（lucern）とよばれる。

〈注2〉
日本のアルファルファ栽培面積は，1988年に約1.2万haとピークを示したが，その後やや減少し9,000ha程度で推移している。

## 2 形態と生育

### 1 アルファルファ（紫花種）

● 形態

草丈は1mほどで，茎は直立する。子葉は地上の地表近くで展開し（地上発芽型），子葉の次に展開する第1葉は単葉であるが，第2葉以降は3小葉からなる複葉で，互生する。小葉は細長い倒卵形。茎葉に毛はない。

茎の頂部や先端近くの葉腋に，多数の蝶形花からなる総状花序をつける（図13-II-2）。蝶形花の花弁は淡紫色から濃紫色。果実はらせん状に巻いた莢で（図13-II-3），なかに黄色から褐色の腎臓型の種子が2〜5個はいる。他殖性で虫媒花。

● 生育

出芽後しばらくすると，地下の胚軸（hypocotyl）(注3)（図13-II-4）が肥大する。そこから上の主茎はほとんど伸長せず，肥大した胚軸と一体化してクラウン（crown，冠部）になる。クラウンの上部

図13-II-2 アルファルファの花序

図13-II-3 アルファルファのらせん状に巻いた莢

〈注3〉
子葉着生部より下で，幼根までのあいだの茎的な部分（『作物学の基礎I-食用作物』「インゲンマメ」の項参照）。

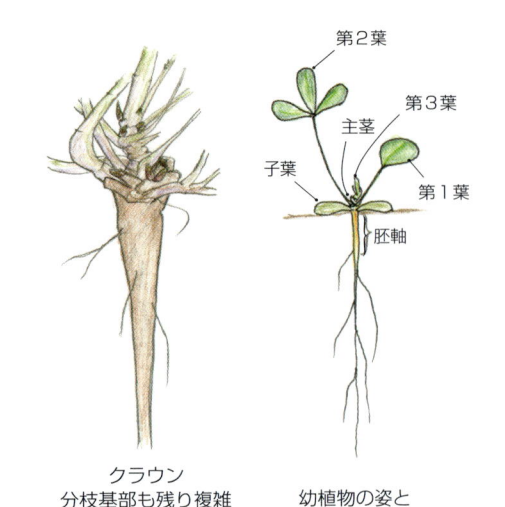

には主茎由来の多数の腋芽があり，これが発達して伸び出し，多くの茎になる。刈取られると茎の基部が残り，その腋芽によって再生するが，同時に，クラウンにある腋芽も伸び出す。

年数がすすむにつれて刈取られた分枝の基部も加わり，クラウンは大きくなる（図13-Ⅱ-5）。また，生育にしたがって根が収縮し，クラウンが地中に引き込まれるように沈む。クラウンが地中にあることが，クラウンが地ぎわにあるアカクローバーよりも寒さに強い一因とされている。深根性で，直根が6m以上になることがある。根やクラウンにデンプンを蓄積する。耐乾性はきわめて強いが，多湿土壌や酸性土壌には適さない。

図13-Ⅱ-4 クラウン部の模式図

図13-Ⅱ-5 数年たったクラウン 刈取り後，再生した株

## 2 黄花アルファルファ（yellow alfalfa，黄花種：*M. falcata* L. = *M. sativa* ssp. *falcata* Archangeli）

東欧からシベリアに分布する（2n=16：2倍体，2n=32：4倍体）（図13-Ⅱ-6）。多年生で耐寒性がきわめて強く，耐乾性も強いが，生育量や再生力が劣り生産性が低い。花弁は黄色で，莢はまっすぐなものから鎌形のものまである。小葉の表面には毛がある。育種の材料として重要である。

## 3 雑種アルファルファ（雑色種）

アルファルファと黄花アルファルファの自然交雑による雑種（2n=32：4倍体）で，さまざまな形質が両者の中間的である。アルファルファよりも耐寒性に優れている。蝶形花の花弁の色は薄紫や白色，黄色などで，同じ個体や同じ花房のなかでも，いろいろな色合いの花がみられる。莢の形は，アルファルファと黄花アルファルファの中間的で，Cの字のように湾曲している。アルファルファを基幹種にして，黄花アルファルファを交配させた品種が育成されている。寒地では黄花アルファルファに近い性質で，とくに耐寒性に優れた品種が用いられ，寒冷地では耐寒性が強く，さらに生産性の高い特性をもつ品種が使われている。

# 3 栽培と品種

## 1 栽培

北海道では春播き，東北以南では雑草との競合を避けるために秋播きする。乾草やサイレージ用として，単播するほか，オーチャードグラスやチモシーなどのイネ科牧草と混播する。はじめてアルファルファを栽培する圃場では，種子に根粒菌を接種するとよい。

耐湿性に劣るので，排水のよい圃場を選び，酸性土壌では石灰資材などを散布してpHを6.0〜6.5程度に矯正する。初期生育が遅いので，播種前に，除草剤散布など雑草対策を十分にする。草地造成や更新のときの基肥には窒素も施用する。草地を維持するための追肥は，単播では窒素を施用せず

リン酸とカリウムを施用するが，イネ科牧草と混播したときは窒素も施用する。刈取り後，追肥はできるだけ早く行ない，再生茎が追肥作業によるトラクターなどからのダメージを受けないようにする。

刈取り適期は開花はじめを目安にする。さらに生育がすすむとタンパク含量が低下し，倒伏の危険も高まるので，草丈が80cm程度のときに刈取るとよい。倒伏すると，クラウンの腋芽から分枝が伸びるので，刈取り時の踏みつけでダメージを受ける。1年に3回程度刈取ることができる。

### 2 品種

現在は，日本の栽培に適した品種が育成され，利用されている。

秋季休眠性（fall dormancy rating, FDR）は，秋に日が短くなり，気温が低下するにしたがって，地上部の成長が遅くなる性質のことで，越冬性や耐凍性，永続性などと関連が深い。秋季休眠性の高い品種は，低い品種より晩夏から秋の生育が遅く，再生も緩慢であるが，越冬性に優れている。

秋季休眠性の程度は1から11までの数値(注4)であらわされ，数値が小さいほど強く，秋の成長は劣るが，越冬性に優れる。したがって，秋季休眠性の低い品種ほど，寒地や寒冷地での栽培に適している。

図13-Ⅱ-6
黄花アルファルファ

〈注4〉
小数点以下まであらわされている。

## 4 利用

アルファルファはタンパク質含量やカルシウムが多く，飼料価値が高い。おもに乾草やサイレージとして利用し，日本ではサイレージ利用が多い。イネ科牧草よりpHが低下しにくく，乳酸菌の増殖に必要な可溶性炭水化物が少ないため，サイレージ調製は水分含量が60〜70%になるまで予乾してから詰め込むか，蟻酸などを添加してpHを下げ，酪酸発酵を防ぐ必要がある。乾草利用では，栄養分を多く含んでいる葉が脱落しやすいので，テッダーによる過度な転草を避ける。

アルファルファを加工した飼料には，ミール，ペレット，キューブなどがある(注5)。ペレットは，開花はじめに刈取ったのち，乾燥機で水分7〜10%にしてから加工する。キューブは，加熱処理や天日乾燥したものを成型してつくり，ヘイキューブともよばれる。

日本は，アルファルファの乾草を約43万t（2012年），ルーサンミールやルーサンペレットを約8万t（2013年）輸入している。

〈注5〉
ルーサンミールやアルファルファミールというように，それぞれがよばれている。

## 5 他のウマゴヤシ属植物

ウマゴヤシ属の植物は100種前後あり，家畜の餌として利用されるものも多い。ウマゴヤシ（*M. polymorpha* L., バークローバー, bur clover）は，江戸時代に日本に渡来し，家畜の餌に使われた。総状花序は小さく，5個前後の黄色の蝶形花からなる。莢はらせん状に巻く。茎はほふくするが，先がななめに立ち上がる。このほか，モンツキウマゴヤシ（*M. arabica* Huds.）やタルウマゴヤシ（*M. truncatula* Gaerth.）などがある。

# III アカクローバー（アカツメクサ，ムラサキツメクサ（紫詰草），red clover）

アカクローバー（*Trifolium pratense* L.）はアジア西部から中東原産の多年生作物。温帯を中心に世界中で栽培されている。日本には明治初期に北海道に導入され，北海道や東北地方など冷涼な地域で栽培されている。

## 1 形態

草丈は80cmほどで，茎はほふくせず直立する（図13-III-1）。葉は互生し，葉身は3小葉からなる複葉。小葉には淡白色のV字形の斑紋があるものが多い。茎や小葉裏面に細かい毛がある。深根性で，根は太く炭水化物を蓄積する。地ぎわ近くにある茎基部には多数のごく短い節間からなるクラウンがあり，ここから10本程度の茎が伸びる。クラウンは地表に出ることも多く，冬枯れしやすい要因と考えられている。

花序は100前後の蝶形花からなる球形の頭状花序で，主茎や分枝の先端につく。花弁の色は淡紅色や紅色などがある（図13-III-2）。花芽分化には，低温は必要ないが長日条件が必要である。他殖性で虫媒花。

図13-III-1 アカクローバーの株

## 2 生育，栽培，利用

冷涼で湿潤な気候に適し，耐寒性が強く越冬性に優れる。しかし，夏の高温や乾燥に弱く，夏枯れしやすい。多年生だが，3年目には収量が極端に低くなる場合が多いので，栽培では1年生か短年生としてあつかわれる。

一般に，チモシーやオーチャードグラスなどの寒地型イネ科牧草と混播し，刈取って乾草やサイレージにする。北海道などの冷涼な地域では春播き，東北以南では雑草との競合を避けるために秋播きする。再生が旺盛であるため，混播の場合，イネ科牧草を抑圧することがある。播種量や早晩性などで調整する。

乾草用に収穫するときには，約半数の花序が開花したころがよい。粗タンパク質が多く，カルシウムやマグネシウムも多い。

緑肥作物としても利用され，また，輪作体系に組み込まれることもある。

図13-III-2 アカクローバーの頭状花序

## 3 品種

品種は，かつて早生型（early type）と晩生型（late type）に分けられ，その後，中間的な品種を中間型（medium type）とした。現在，アメリカでは中間型と早生型をまとめてミディアムレッド（medium red，メジウ

### ア アカクローバーとノーフォーク農法

　アカクローバーを輪作に利用することで歴史的に有名なのは，ノーフォーク農法（Norfolk rotation）である（図13-Ⅲ-3）。ノーフォーク農法は輪栽式農法ともよばれ，イギリスのノーフォーク地方で18世紀の中ごろに確立した栽培体系である。そのころ，ヨーロッパでは，それまで古くからつづいていた三圃式農法が穀草式農法へとかわりつつある時期であったが，そうしたなかで休閑地をなくし，飼料作物の飼料用カブとアカクローバーを導入した，より集約的な農法として登場した。1年目に秋播きコムギ，2年目が飼料用カブ，3年目は春播きオオムギ，または春播きエンバク，そして4年目にアカクローバーという順で輪作された。

　深耕が必要な飼料用カブは，中耕作物ともよばれるように，穀類栽培で浅耕されがちな土壌環境を改善した。アカクローバーは根粒菌による窒素固定で土壌中に窒素分を供給し，根も深く伸びるので，土壌改良にも役だった。さらに，これらの栽培で飼料生産が高められ，飼育できるウシやヒツジが増えて，そこからの厩肥が圃場に養分を与えた。

　アカクローバーは牧草としての生産性が高いばかりでなく，短年生で，雑草化しにくいことも輪作作物としての利点であったと考えられる。

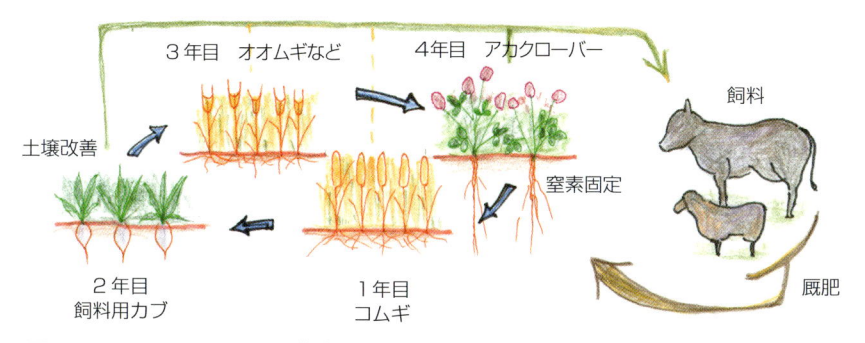

図 13-Ⅲ-3　ノーフォーク農法

ム型）とよんでいる。ミディアムレッドは比較的小型だが開花までの期間が短く，再生後の生育も早いので，年に2～3回刈取ることができる。しかし，生産は2年目までしか期待できない。

　晩生型はマンモスレッド（mammoth red，マンモス型）とよばれ，草丈が高く大型で多収だが，再生やその後の生育は比較的遅い。年1回の刈取りで，3年目の生産も期待できる(注1)。

　ミディアムレッドとマンモスレッドの中間的な品種もある。また，アカクローバには2倍体（2n=14）と4倍体（2n=28）があり，4倍体は2倍体より大型で多収，耐病性に優れている。

〈注1〉
ミディアムレッドを2回刈り型（double-cut type），マンモスレッドを1回刈り型（single-cut type）とよぶこともある。

# Ⅳ シロクローバー
## （シロツメクサ，white clover）

　シロクローバー（*Trifolium repens* L.）(注1)は地中海沿岸原産の多年生作物（2n=16, 32）（図13-Ⅳ-1）。湿潤な温帯地域を中心に世界中で

〈注1〉
江戸時代末期に，オランダからガラス器が送られてきたとき，そのクッション（詰め物）としてはいっていた枯れ草の種子を播いたところ，この草が生えてきた。そこからシロツメクサともよばれている。また，広く野生化して，大正時代，東京周辺ではオランダゲンゲともよばれた。

図13-Ⅳ-1　シロクローバー

図13-Ⅳ-2　シロクローバーのほふく茎

広く栽培されている。日本には明治初めに牧草としてアメリカから導入された。

なお，大型のラジノクローバー（Ladino clover）は，シロクローバーの同質4倍体（2n=32）の変種（var. *giganteum*）である。

## 1 形態

草丈は20cmほど。茎は地表をはって伸びる（ほふく茎）。ほふく茎から葉柄が伸び上がり，複葉をつける（図13-Ⅳ-2）。葉身は3枚の小葉からなり，表面には淡緑色や白色の斑紋のあるものが多い。茎葉には毛がない。ほふく茎は，節で分枝することもある。葉腋から花梗が伸びて先端に花序をつける。花序は20～40の蝶形花からなる球形の頭状花序。花弁は白色だが，まれに紅色のものもある。他殖性で虫媒花。

主根はやがて枯れ，ほふく茎の節部から出た不定根が，土壌表層に分布する。ほふく茎には，デンプンなど炭水化物が蓄積する。

## 2 生育，栽培，利用

生育適温は20～25℃。冷涼で湿潤な気候を好み，耐寒性に優れるが，干ばつに弱い。ほかのクローバー類より温度や土壌など環境適応性は高いが，酸性土壌には適さない。

イネ科牧草と混播し，採草や放牧に利用する。混播するイネ科牧草は，採草の場合はチモシーかオーチャードグラスであり，放牧ではペレニアルライグラスやメドーフェスクなども使われる。イネ科牧草との混播では，マメ科牧草の割合（マメ科率）は約30％が望ましいとされる。寒冷地では春播き，東北地方以南では秋播きする。

TDNや粗タンパク質含量が高く，カルシウムやマグネシウムも多い。家畜の嗜好性はよいが，食べすぎると鼓腸症をおこすことがある。

## 3 品種

小葉の大きさを基本に，形態的な特徴や利用目的から，大葉型（ラジノタイプ，large type），中葉型（コモンタイプ，intermediate type），小葉型（ワイルドタイプ，small type）に分けられる。ただし，小葉の大きさは環境の影響を受けるので，分類には他の要因も考慮される。

大葉型は生育が旺盛で収量も多く，おもに採草用とする。変種のラジノクローバーは，大葉型の中心に位置づけられている。小葉型は草丈が小さく収量も少ないが，節間が短く密な草地をつくり永続性に優れているため，放牧用にする。中葉型は中間的な特性で，チモシーやペレニアルライグラスなどのイネ科牧草と混播し，採草と放牧の兼用にする。

日本では，国内育成品種のほか，海外育成品種も輸入して栽培している。

# 第14章 緑肥作物，クリーニングクロップほか

## I 緑肥作物（green manure crop）

### 1 緑肥作物の特徴と利用

#### 1 緑肥作物とは

生育途中の植物を刈取ってすぐに，あるいは生育させたまま土壌中にすき込んで分解させ，肥料にするものを緑肥（green manure）という。緑肥にするために栽培する作物が緑肥作物である。緑肥作物は，かつては窒素肥料としての役割が大きく，レンゲなどマメ科作物が中心だったが，化学肥料の普及で栽培面積は激減した。最近では，環境保全の観点や輪作体系のみなおしなどから，緑肥作物が注目されている。

緑肥作物には，窒素肥料としての役割以外に，圃場への有機物の供給や，土壌物理性の改善，有用微生物を増やす効果などが期待されている。また，土壌病害や線虫害などの抑制や，施設栽培での過剰養分の除去など，クリーニングクロップとしての働きに加え，雑草の抑制や土壌の流失防止，景観の美化などカバークロップとしての機能なども注目されている。

#### 2 C/N比と窒素飢餓

緑肥作物を土壌にすき込む場合，C/N比（炭素率，C/N ratio）に注意する必要がある。C/N比とは，有機物の窒素含量に対する炭素含量の割合である。C/N比が高い緑肥作物をすき込んだ場合，すき込んだ炭素を栄養源にする土壌中の微生物が繁殖し，作物とのあいだで窒素の奪いあいがおきる。このため，一時的に窒素不足になることがあり，これを窒素飢餓（nitrogen starvation）という。

窒素飢餓を防ぐためには，すき込み時に石灰窒素などを施用してC/N比を30以下にする必要がある。C/N比は，すき込む時期でちがうが，レンゲやクローバ類などマメ科の緑肥作物は10～20程度で，分解しやすい。エンバクやライムギなどイネ科作物では15～30程度，ソルガムやヒマワリなどでは20～40程度である。

## 2 レンゲ（紫雲英，Chinese milk vetch）

### 1 原産と日本への導入

レンゲ（Astragalus sinicus L.）はマメ科の1年生作物。原産地は中国。日本に伝わった時期は不明であるが，江戸末期には，おもに四国や九州などで水田裏作の緑肥や牛馬の飼料として栽培されていた。

全国的に普及したのは明治以降である。最盛期には全国の栽培面積は30万ha（1933年）であったが，化学肥料の普及や水稲栽培の早期化，さらには転作田へのイタリアンライグラスの導入などによって激減し，現在の栽培面積は1万2,400ha（2013年）である (注1)。地域別では九州地方38％，東海地方22％で，都道府県別では岐阜県18％，熊本県15％で，ほとんどが田で栽培されている。

### 2 形態

草丈は寒冷地では30～60cmだが，温暖地では150cm以上になることもある。葉は9～11枚の奇数の小葉からなる羽状複葉で，小葉は円形または卵形。基部から多数の分枝が出る。

葉腋に10～15cmの花梗がつき，その先端に10個前後の蝶形花を放射状につける（図14-Ⅰ-1）。花弁は紅紫色で，虫媒花。種子は硬実(注2)で，黄緑色から濃褐色の腎臓形，千粒重は3～4gである。

### 3 栽培と利用

発芽適温は20～25℃。過湿に弱いので，水稲の裏作として栽培する場合には排水対策を十分にとる。とくに発芽時には弱い。播種適期は，東北地方などの寒冷地では8月下旬～9月上旬，四国や九州などの温暖地では9月下旬～10月上旬ごろで，水田の裏作では，水稲の収穫前に播種する。翌春，開花して草高が15～20cmのころに刈取り，10～15日間放置乾燥させてからすき込む。

開花時のレンゲには，乾物重当たり窒素4％，リン酸0.4％，カリ2％が含まれているので，これを目安に施肥量を調節する。レンゲのC/N比は10前後で分解しやすく，すき込み直後に湛水すると還元状態がすすみイネが生育障害をおこしやすい。

水田では，すき込み後，乾田状態で1～2週間おいてから湛水する。ただし，すき込んでから，湛水してイネを移植するまでの期間が長くなるほど，レンゲに含まれる有機態窒素が減り，肥効は小さくなる。

なお，飼料作物として鹿児島県でレンゲを栽培する場合は，10月下旬ごろに10a当たり2～3kgの種子を播き，翌年4月ごろ，開花初期に刈取る。

緑肥にするほか，飼料としての栄養価が高く，家畜の餌としても使われる。また，養蜂の蜜源や景観形成作物としても利用されている。

〈注1〉
このうち飼料として栽培されているのは，鹿児島県56ha，長崎県4haである。

図14-Ⅰ-1　レンゲの花

〈注2〉
硬実種子（穎花や菊果など植物学的には果実も含む）は，果皮や種皮が水を通しにくく発芽しにくいが，傷をつけると吸水がよくなり発芽しやすくなる。自然条件では微生物の作用や温度変化などで水を通すようになる。なお，硬実種子をつくる作物（レンゲや他のマメ科牧草など）でも，一部，硬実でない種子も含まれている。

## 3 ベッチ (vetch)

ベッチはマメ科ソラマメ属（Vicia 属）の植物を総称的にさす言葉であるが例外もある。牧草にもするが、最近は緑肥作物やカバークロップとして利用することが多い。つる性のものが多く、葉は羽状複葉。おもに利用されているベッチは、ヘアリーベッチとコモンベッチである。

### 1 ヘアリーベッチ（ビロードクサフジ, hairy vetch, winter vetch）

ヘアリーベッチ（*Vicia villosa* Roth）は西アジアから地中海沿岸原産の1, 2年生作物（$2n=14$）（図14-I-2）。ベッチ類のなかでもっとも耐寒性が強い。茎葉に毛が多く生えているところからヘアリーの名がついたが、毛が少ないものもあり、これをスムースベッチとよぶこともある。葉は4～12対の小葉からなる羽状複葉で、葉軸の先端は分枝して巻きひげになる。葉腋から長い花梗を出し、総状花序をつける（図14-I-3）。花序は10～20の蝶形花からなり、花は青紫色または白から淡紅色。種子は球形で黒色。

生育が旺盛で、地表を被覆して雑草の発生をおさえるので、カバークロップに適している。緑肥として利用する場合は、秋に播種して翌春土壌にすき込む。排水不良な土壌では生育が劣る。飼料にもする。ごくまれにウシなどに中毒をおこす危険性が示唆されているが、詳細は明らかでない。

図14-I-2 ヘアリーベッチ

図14-I-3 ヘアリーベッチの花序

### 2 コモンベッチ（オオカラスノエンドウ, common vetch, spring vetch）

コモンベッチ（*Vicia sativa* L.）は西アジアか地中海沿岸原産の1, 2年生作物（$2n=12$）。ヘアリーベッチよりも耐寒性は弱い。葉は3～8対の小葉からなる羽状複葉で、葉軸の先端は分枝して巻きひげになる。葉腋から短い花梗を出し、1～2つの青色、または紫色か白色の蝶形花をつける。つる性の茎はなめらかで2mほどになり、断面は四角で中空。

飼料としては、温暖地では秋にエンバクなどと混播して、青刈給与する。乾草やサイレージにもできる。

コモンベッチによく似ているがやや小型で在来種のカラスノエンドウ（*V. angustifolia* L.）（図14-I-4）も緑肥や飼料にする。

## 4 クロタラリア（タヌキマメ, rattlebox）

クロタラリアはマメ科の1年生作物。原産地はインド。*Crotalaria juncea* L., *C. spectabilis* Roth., *C. breviflora* DC.の3種が利用されている（表14-I-1）。緑肥作物にするほか、センチュウの抑制効果が高く、クリーニングクロップとして利用することが多い。葉は単葉。播種後、約3～4カ月で黄色の蝶形花をつける（図14-I-5）。種子は腎臓形からハート形。深根性。

播種期は、温暖地では5月上旬から8月下旬。センチュウの抑制効果を高めるには、密植にする必要がある。はじめて作付けする圃場では、根粒

図14-I-4 カラスノエンドウ

I 緑肥作物　　201

図14-I-5 開花したクロタラリア

表14-I-1 クロタラリアの種類と特徴

| 種類 | 特徴 |
|---|---|
| C. juncea (sunn hemp) | 生育が旺盛で，温暖地では播種後約2カ月で1.5mをこえる。約2カ月栽培してから，立毛のまま，あるいは細断してからすき込む。収穫が遅れると，茎が木化してかたくなり作業がしにくくなる。熱帯地方では，繊維作物として栽培することもある |
| C. spectabilis (showy rattlebox) | サツマイモネコブセンチュウのほか，ネグサレセンチュウやダイズシストセンチュウにも高い抑制効果があり，3種のなかでは，センチュウの抑制効果がもっとも高い。しかし，C. junceaより初期生育が遅く，茎が空洞で折れやすい |
| C. breviflora (shortflower rattlebox) | 初期生育は遅いが，草丈が低いため倒伏しにくく，茎に柔軟性があり折れにくい |

菌接種の効果が大きい。

## 5 セスバニア（sesbania）

セスバニアはマメ科セスバニア属の1年生作物。キバナツノクサネム（*Sesbania cannabina* Pers.）と *S. rostrata* が緑肥作物として利用されている（図14-I-6）。平均気温が20℃以上になる時期が播種適期で，関東地方では6月下旬～7月下旬，西南暖地では6月上旬～8月中旬ごろである。草丈は2m以上になる。根は深根性で，ダイズやクローバ類より根粒菌による窒素固定能が高い。*S. rostrata* では，根粒のほかに，茎の軸に沿って茎粒がつくられ（注3），そこでも窒素固定が行なわれる。耐湿性が高く，熱帯から亜熱帯では田の緑肥として栽培され，排水が不良な転換畑でも栽培できる。

*S. cannabina* は繊維作物として栽培されることもある。

図14-I-6 セスバニアの群落

〈注3〉セスバニア根粒菌（*Azorhizobium caulinodans*）によってつくられる。

## 6 アゾラ（azolla）

アゾラはアカウキクサ科アゾラ属の小型水性シダ植物（図14-I-7，8）で，赤色をおびるものが多い。おもに西日本に分布する。葉状体の裏の空洞に *Anabaena* 属の藍藻（シアノバクテリア）が共生し，窒素固定を行なう。日本にはアカウキクサ（*Azolla imbricata*）と，それよりも大型のオオアカウキクサ（*A. japonica* Fr. et Sav.）が自生するが，両種とも絶滅危惧種である。田面を覆って雑草抑制や，窒素肥料の軽減が期待される。東南アジア諸国や中国南部では，*A. pinnata* を水田の緑肥や飼料として利用している。

外来のアゾラ（*A. cristata*）は，1990年代ごろから利用されるようになったが，最近，生態系を乱すおそれから特定外来生物に指定された。

図14-I-7 アゾラ
緑藻や紅藻ともよばれる。赤くなるものも多い

図14-I-8 水路のアゾラ
水路に生えているものを，緑肥として水田にいれる（中国揚州）

# II クリーニングクロップほか

## 1 クリーニングクロップ（清耕作物，cleaning crop）

　露地栽培では，肥料分は降雨で土壌表層から下層へと溶脱する。しかし，プラスチックフィルムやガラスなどで覆う施設栽培では，土壌中の水の移動は下層から表層へ向かう。この結果，土壌表面にカルシウムなどの陽イオンや，硝酸態窒素などの陰イオンがあつまり，塩類ができやすくなる（塩類集積）。施設栽培では，多量の肥料が投入されるので，より塩類集積がすすみ，作物の根が障害を受け，生育が不良になる。

　塩類障害を軽減するために栽培する作物をクリーニングクロップという。吸肥力の高いトウモロコシ，ソルガム，スーダングラスなどのイネ科作物が用いられる（図14-II-1）。収穫して外に出し，圃場の塩類を減らす。

図14-II-1
ハウスでクリーニングクロップとして栽培されているソルガム

〈注1〉
植物寄生性センチュウは，連作障害の原因の1つと考えられている。センチュウに寄生されやすい作物を連作すると，土壌中のセンチュウ密度が増加し被害が拡大する。

## 2 線虫対抗作物

　土壌中には数多くの線虫（nematode）がいるが，そのなかで，生きた植物の根に寄生する植物寄生性線虫は，作物の生育不良や萎凋などを引きおこし，収量や品質を低下させる(注1)。特定の作物を栽培することで，

表14-II-1　おもな線虫の特徴と対抗作物

| 線虫の種類 | 特　徴 | 対抗作物 |
|---|---|---|
| ネコブセンチュウ | サツマイモネコブセンチュウやキタネコブセンチュウなどがあり，寄生する作物の種類が非常に多い。ネコブセンチュウが作物の根に侵入すると，根がこぶ状になり，養水分の吸収が低下して生育不良になる。ネコブセンチュウは，卵から一期幼虫（卵内の幼虫），二期幼虫，三期幼虫，四期幼虫を経て成虫となる。日本では，1年間に2世代から4世代をくり返す。卵の状態で越冬し，春に卵からかえった幼虫（二期幼虫）が土中で移動して，作物の根に侵入する。その後，根のなかで成長して成虫となり，産卵する。雌1頭で1,000個以上産卵することもある。二期幼虫から成虫は，地上部が刈取られると生育できなくなり多くが死滅する<br>線虫対抗作物では，根にネコブセンチュウが侵入できなかったり，侵入できても生育が抑制されて，圃場の線虫密度が減る | エンバク，スーダングラス，ソルガム，ギニアグラス，クロタラリアなど |
| ネグサレセンチュウ | キタネグサレセンチュウ，ミナミネグサレセンチュウなどがある。作物の塊根や球根，地下茎などに侵入し，組織内を移動する。こぶはつくらない。移動した周辺部は壊死し，そこに細菌などが侵入し，腐敗して黒褐色などになる。根の組織内で産卵し，ふ化した幼虫は組織内を移動したり，土壌中に出て別の根に侵入する。収穫後の塊根などでも繁殖する | エンバク（野生種），スーダングラス，クロタラリア，アフリカンマリーゴールドなど |
| シストセンチュウ | ダイズシストセンチュウ，ジャガイモシストセンチュウなどがあり，寄生する作物は限られる。二期幼虫のときに根にはいり，雌成虫になると根の外にあらわれる。根の表面に乳白色から褐色の球形のシスト(包嚢)となって一生を終え，土壌中に脱離するシストは外側に皮膜をもち，このなかに多数の卵がある。この状態で越冬し，乾燥にも強く，長期間土壌中に存在できる。寄生作物の根からの刺激物質によって，ふ化した幼虫が根に侵入する | クリムゾンクローバー，アカクローバー，クロタラリアなど |

植物寄生性線虫の密度を低くすることができる。このような作物もクリーニングクロップに含まれるが，とくに「線虫対抗作物」ともよぶ。

作物に被害をもたらすおもな植物寄生性線虫には，ネコブセンチュウ，ネグサレセンチュウ，シストセンチュウがある。

線虫対抗作物を用いる場合，まず線虫の種類を同定する必要がある。作物の種類だけでなく，品種によって抑制効果がちがい，効果のある栽培時期や栽培期間もあるので，効果が確認されている種類や品種を適期に栽培することが必要である。表14-Ⅱ-1におもな線虫の特徴と対抗作物を示した。

線虫は雑草にも寄生し増殖するので，雑草対策も重要である。また，有機物を土壌に施用すると，バクテリアや微小動物を食べる線虫や，植物寄生性線虫を餌にするカビや細菌なども増えるため，植物寄生性線虫の生息密度は高まりにくくなり，被害を軽減できる。

図14-Ⅱ-2　アジュガ

## 3 カバークロップ（被覆作物，cover crop）

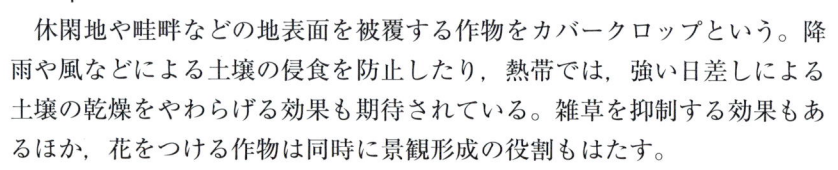

休閑地や畦畔などの地表面を被覆する作物をカバークロップという。降雨や風などによる土壌の侵食を防止したり，熱帯では，強い日差しによる土壌の乾燥をやわらげる効果も期待されている。雑草を抑制する効果もあるほか，花をつける作物は同時に景観形成の役割もはたす。

水田畦畔の除草作業の軽減として，アジュガ（*Ajuga reptans* L.）（図14-Ⅱ-2）やリュウノヒゲ（*Ophiopogon japonicus* Ker-Gawl.）などが利用されている。

沖縄南西諸島地域でのサトウキビの圃場では，土壌流失防止のために，キマメ（*Cajanus cajan* Millsp.）やクロタラリアなどが用いられている。

ヘアリーベッチは，生育旺盛で地表を覆い雑草を抑制し，夏になると枯れて敷草になる（図14-Ⅱ-3）。

アメリカでは，ダイズやトウモロコシ栽培で，ライムギが冬期間のカバークロップとして利用されている。ライムギを秋に播き，子実が成熟する前に刈取ることで，播種前の雑草を抑制している。

飼料用トウモロコシの栽培期間中に，雑草防除を目的に同時に栽培されるシロクローバーなどの被覆作物は，リビングマルチ（living mulch）ともよばれる。

ダイズ栽培やコンニャク栽培では，オオムギがリビングマルチとして利用されている。オオムギの秋播性程度の高い品種を春に播くと，寒さにあわないので出穂できず夏に枯れてしまう性質（座止現象）を利用したもので，オオムギは栽培目的の作物と競合する前に枯れる。

図14-Ⅱ-3
カバークロップとしてのヘアリーベッチ（上）と夏に枯れたヘアリーベッチ（下）（上と同じ場所）

# 参考文献

〈全般〉

世界有用植物事典,堀田　満,2002,平凡社.
新編　農学大事典,山崎耕宇・久保祐雄・西尾敏彦・石原邦監修,2004,養賢堂.
作物学用語事典,日本作物学会編,2010,農文協.
作物学事典,日本作物学会編,2002,朝倉書店.
新編　作物学用語集,日本作物学会編,2000,養賢堂.
トロール図説植物形態学ハンドブック,W. トロール,中村信一ほか訳,2004,朝倉書店.
Esau's Plant Anatomy, 3$^{rd}$ Edition, R. F. Evert, 2006, John Wiley & Sons, Inc.
作物学の基礎 I　食用作物,後藤雄佐・新田洋司・中村聡,2013,農文協.
FAOSTAT, http://faostat3.fao.org/home/E.
農林水産省　統計情報,http://www.maff.go.jp/j/tokei/index.html.
（独）農畜産業振興機構,http://www.alic.go.jp/index.html.
（一社）日本草地畜産種子協会,http://souchi.lin.gr.jp/.

〈第 1 章〜第 7 章　資源作物（工芸作物）〉

工芸作物学,西川五郎,1960,農業図書.
工芸作物学,佐藤庚ら,1983,文永堂.
作物 II [畑作],後藤雄佐・中村聡,2000,全国農業改良普及協会.
農業技術体系　作物編　第 7 巻,農文協.
Handbook of Industrial Crops, V. L. Chopra and K. V. Peter, eds., 2005, The Haworth Press, Inc.
Industrial Crops and Uses, B. P. Singh, ed., 2010, CAB International.
新特産シリーズ　エゴマ,農文協編,2009,農文協.
Oil Crops: 4 (Handbook of Plant Breeding), J. Vollmann and I. Rajcan, eds., 2009, Springer.
Sugar Beet, A. P. Draycott, ed., 2006. Blackwell Publishing Ltd.
Sugarcane, G. James, ed., 2003, Wiley-Blackwell.
新特産シリーズ　ヤーコン,農林水産技術情報協会編,月橋輝男・中西建夫,2004,農文協.
サゴヤシ　21 世紀の資源作物,サゴヤシ学会編,2010,京都大学学術出版会.
新特産シリーズ　コンニャク,群馬県特作技術研究会編,2006,農文協.
日本茶全書,渕之上康元・渕之上弘子,1999,農文協.
World Fiber Crops, Ratikanta Maiti, 1997, Science Publishers, INC.
Industrial Applications of Natural Fibers: Structure, Properties and Technical Applications, Jorg Mussing, ed., 2010, John Wiley & Sons, Inc.
Cotton: Origin, History, Technology, and Production, C. W. Smith and J. T. Cohren eds., 1999, John Wiley & Sons, Ltd.
和紙の歴史,製法と原材料の変遷,穴倉佐敏,2006,財団法人　印刷朝陽会.
Handbook of herbs and spices, 2$^{nd}$ Edition Vol.1, K. V. Peter ed., 2012, Woodhead Publishing.
新特産シリーズ　ワサビ,星谷佳功,1996,農文協.
新特産シリーズ　ウコン,金城鉄男,2007,農文協.

〈第 8 章〜第 14 章　飼料作物〉

草地・飼料作物大事典,農文協編,2011,農文協.
農業技術体系　畜産編　第 7 巻　飼料作物,農文協.
農業技術体系　土壌肥料編　第 5-1 巻,農文協.
農業技術体系　土壌肥料編　第 7-1 巻,農文協.
日本イネ科植物図譜,長田武正,1993,平凡社.
牧草・飼料作物の品種解説,（社）日本草地畜産種子協会,2010,（社）日本草地畜産種子協会.
COOL-SEASON FORAGE GRASSES, AGRONOMY NO.34, L. E. Moser, D. R. Buxton, and M. D. Casler, 1996, ASA, CSSA, SSSA.
WARM-SEASON (C4) GRASSES, AGRONOMY NO.45, L. E. Moser, B. L. Burson, and L. E. Sollenberger, 2004, ASA, CSSA, SSSA.

# 和文索引

## 〔あ〕
- アイ……………………142
- 青刈飼料作物……………146, 167
- アオノリュウゼツラン……108
- アカクローバー…………196
- アカツメクサ……………196
- 秋ウコン…………………127
- 麻…………………………101
- 麻実油……………………103
- アジア棉…………………93
- アゾラ……………………202
- アッサム雑種……………70
- アッサム変種……………70
- アニシード………………130
- アニス……………………130
- アバカ……………………106
- アブラナ…………………11
- アブラヤシ………………15
- アフリカヒゲシバ………187
- アポミクシス……………186, 189
- アマ………………………32, 99
- あまに油…………………32
- アマハステビア…………57
- アミロプラスト…………58
- アメリカスズメノヒエ…188
- アラビアゴムノキ………141
- アラビカ種………………80
- アルカロイド……………69
- $\alpha$ 化………………………58
- アルファルファ…………193
- アロールート……………64

## 〔い〕
- 繭…………………………109
- イグサ……………………109
- 異性化糖…………………36
- イタヤカエデ……………55
- イタリアンライグラス…177
- 一次壁……………………91
- 1年生……………………147
- イチビ……………………105
- イヌバラ…………………136
- イヌリン…………………57
- イネ………………………31, 166
- イノンド…………………130
- イングリッシュカモミール……136
- イングリッシュラベンダー……128
- インディゴ………………142
- インドゴムノキ…………141
- インドナガコショウ……121

## 〔う〕
- ウイキョウ………………130
- ウインターオーバーシード……178
- ウーロン茶………………79
- ウコン……………………127
- ウマゴヤシ………………195
- ウンシュウミカン………132

## 〔え〕
- エゴマ……………………26
- 越後上布…………………104
- 越年生……………………147
- エルシン酸………………13
- 円錐花序…………………150
- エンドファイト…………160, 179
- エンバク…………………170

## 〔お〕
- オウギヤシ………………51
- 黄色種……………………87
- 黄麻………………………97
- 黄麻布……………………98
- オオアワガエリ…………175
- 覆下栽培…………………75
- オオカラスノエンドウ…201
- オーチャードグラス……173
- 大葉型……………………198
- オオムギ…………………166, 171
- オールスパイス…………132
- 苧殻（おがら）…………103
- 小千谷縮…………………104
- オタネニンジン…………142
- オニウシノケグサ………181
- 苧実（おのみ）…………103
- オランダハッカ…………128
- オリーブ…………………27
- オリエンタルマスタード……125
- オリエント種……………87
- オリゴ糖…………………36
- オレガノ…………………129

## 〔か〕
- 外鞘性……………………150
- カイトウメン……………93
- カカオ……………………82
- カシア……………………133
- 果実繊維…………………90
- カジノキ…………………112
- ガジュツ…………………127
- 花序………………………150
- 可消化養分総量…………158
- カテキン類………………71
- 果糖………………………35
- カナリークサヨシ………183
- カノーラ…………………13
- カバークロップ…………204
- カビ毒……………………159
- カフェイン………………69
- 株型………………………147
- カプサイシン……………120

- 株出し栽培………………39, 40
- カボス……………………132
- カポック…………………115
- カミツレ…………………135
- カモガヤ…………………173
- カモミール………………135
- カラー……………………148
- カラードギニアグラス…191
- カラシナ…………………125
- ガラナ……………………89
- からむし…………………103
- カルダモン………………127
- 稈…………………………149
- 甘蔗………………………37
- 甘蔗糖……………………33
- 乾草………………………155
- 寒地型イネ科牧草………147
- 冠部………………………43, 193
- 含蜜糖……………………34
- 甘味度……………………37
- 甘味料作物………………36

## 〔き〕
- キクイモ…………………57
- 菊果………………………21
- 季節生産性………………151
- キダチトウガラシ………120
- キダチハッカ……………129
- キダチワタ………………93
- ギニアキビ………………189
- ギニアグラス……………189
- 黄花アルファルファ……194
- 黄花種……………………194
- キバナツノクサネム……202
- キャッサバ………………60
- キャラウェイ……………130
- キョウオウ………………127
- ギョウギシバ……………190
- 狭葉型……………………181
- 桐麻………………………105
- キンマ……………………89

## 〔く〕
- グアユール………………141
- クサヨシ…………………183
- クズウコン………………64
- クミン……………………130
- クラウン…………………149, 193
- クリーニングクロップ…203
- クリオロ…………………84
- クルクミン………………127
- グルコシノレート………13, 161
- グレープシードオイル…32
- クローブ…………………131
- クロガラシ………………126

| | | |
|---|---|---|
| クロタラリア | 201 | |
| **〔け〕** | | |
| 茎根 | 38 | |
| ケーントップ | 172 | |
| ケナフ | 105 | |
| ケンタッキーブルーグラス | 185 | |
| 兼用草地 | 162 | |
| 原料糖 | 34 | |
| **〔こ〕** | | |
| コイヤ | 19, 115 | |
| 硬化油 | 30 | |
| 高貴種 | 37 | |
| 香辛料 | 117 | |
| 香辛料作物 | 117 | |
| コウゾ | 112 | |
| 耕地白糖 | 34 | |
| 紅茶 | 77 | |
| 厚壁細胞 | 92 | |
| 広葉型 | 181 | |
| コエンドロ | 130 | |
| コーヒー | 80 | |
| コーラ | 89 | |
| コーンスターチ | 60 | |
| コーン油 | 31 | |
| 糊化 | 58 | |
| ココヤシ | 19, 49, 115 | |
| コショウ | 120 | |
| コショウハッカ | 128 | |
| コスズメノチャヒキ | 184 | |
| コプラ | 19 | |
| ゴマ | 24 | |
| ゴム料作物 | 137 | |
| コムギ | 166 | |
| 米ぬか油 | 31 | |
| コモンタイプ | 198 | |
| コモンベッチ | 201 | |
| コモンラベンダー | 128 | |
| コリアンダー | 130 | |
| 根茎 | 150 | |
| コンニャク | 65 | |
| 混播 | 164 | |
| **〔さ〕** | | |
| サイザル | 108 | |
| 再生 | 152 | |
| 再生繊維 | 92 | |
| 採草地 | 162 | |
| 細胞壁 | 91 | |
| サイレージ | 156 | |
| サクサク粉 | 63 | |
| サゴヤシ | 62 | |
| 座止 | 204 | |
| サフラワー油 | 24 | |
| 雑種アルファルファ | 194 | |
| 雑色種 | 194 | |
| サトウカエデ | 54 | |
| サトウキビ | 37 | |
| 砂糖大根 | 42 | |
| 砂糖モロコシ | 46 | |
| サトウヤシ | 50, 115 | |
| サポジラ | 141 | |
| サマーセボリー | 129 | |
| 三香子 | 132 | |
| サンショウ | 132 | |
| サンダルウッド | 136 | |
| **〔し〕** | | |
| ジェネット | 150 | |
| 嗜好料作物 | 69 | |
| 獅子唐辛子 | 119 | |
| シストセンチュウ | 203 | |
| 実棉 | 94 | |
| ステビオサイド | 37, 57 | |
| シナモン | 133 | |
| 芝状型 | 147 | |
| 脂肪酸 | 9, 10 | |
| シマスズメノヒエ | 190 | |
| シマツナソ | 97 | |
| 島とうがらし | 120 | |
| ジャーマンカモミール | 135 | |
| ジャスミン | 135 | |
| 蔗苗 | 38 | |
| ジャワナガコショウ | 121 | |
| 秋季休眠性 | 195 | |
| ジュート | 97 | |
| じゅうねん | 26 | |
| 種茎 | 38 | |
| 種茎根 | 38 | |
| 樹脂料作物 | 137 | |
| 種子繊維 | 90 | |
| シュロ | 115 | |
| 春化 | 151 | |
| ショウガ | 126 | |
| 硝酸塩中毒 | 160 | |
| 子葉鞘 | 148 | |
| 小穂 | 150 | |
| ショウズク | 127 | |
| 梢頭部 | 40, 172 | |
| 鞘葉 | 148 | |
| 小葉型 | 198 | |
| 植物脂 | 10 | |
| 植物油 | 10 | |
| 植物油脂 | 8 | |
| ショクヨウカンナ | 64 | |
| ジョチュウギク | 142 | |
| ショ糖 | 35 | |
| 飼料用イネ | 171 | |
| 飼料用カブ | 172 | |
| 飼料用ビート | 172 | |
| シロガラシ | 126 | |
| シロクローバー | 197 | |
| シロツメクサ | 197 | |
| シロバナワタ | 93 | |
| 新植 | 39 | |
| 靱皮繊維 | 90 | |
| **〔す〕** | | |
| スイートソルガム | 46 | |
| スイートバジル | 129 | |
| スイートマジョラム | 129 | |
| 穂状花序 | 150 | |
| スウェーデンカブ | 172 | |
| スーダングラス | 169 | |
| スコヴィル値 | 120 | |
| スダチ | 132 | |
| ステビア | 57 | |
| ストン | 150 | |
| スパイクラベンダー | 128 | |
| スプリングフラッシュ | 151 | |
| スペアミント | 128 | |
| スムーズブロムグラス | 184 | |
| スムースベッチ | 201 | |
| **〔せ〕** | | |
| 清耕作物 | 203 | |
| 精製糖 | 34 | |
| 精油 | 118 | |
| セイヨウアブラナ | 11 | |
| セイヨウカラシナ | 125 | |
| 西洋ナタネ | 11 | |
| セイヨウハッカ | 128 | |
| セイヨウワサビ | 125 | |
| セイロンシナモン | 133 | |
| セイロン肉桂 | 133 | |
| セージ | 129 | |
| セスバニア | 202 | |
| 節 | 149 | |
| 節間 | 149 | |
| 石けん | 18 | |
| セボリー | 129 | |
| セルロース | 91 | |
| 繊維 | 92 | |
| 繊維細胞 | 92 | |
| 繊維作物 | 90 | |
| 繊維層 | 98 | |
| 繊維束 | 97 | |
| 線虫対抗作物 | 203 | |
| 染土 | 112 | |
| 染料作物 | 142 | |
| **〔そ〕** | | |
| 総 | 150 | |
| 総状花序 | 150 | |
| 叢状型 | 147 | |

## 和文索引

| | | |
|---|---|---|
| 相対熟度 … 168 | 出開き芽 … 73 | ノーフォーク農法 … 197 |
| 草地 … 162 | 転化糖 … 36 | 〔は〕 |
| ソケイ … 135 | 甜菜 … 42 | バークローバー … 195 |
| 組織繊維 … 90 | テンサイ … 42 | バージニア種 … 87 |
| 粗飼料 … 144 | 甜菜糖 … 33 | パーチメントコーヒー … 81 |
| ソルガム … 166, 169 | デントコーン … 167 | ハーブ … 117 |
| 〔た〕 | 天然ゴム … 138 | パーム核油 … 18 |
| ターフチモシー … 175 | デンプン糖 … 36 | パーム油 … 18 |
| ターメリック … 127 | デンプン粒 … 58 | バーレー種 … 87 |
| 第一胃 … 154 | デンプン料作物 … 58 | バイオディーゼル燃料 … 15 |
| ダイウイキョウ … 134 | 〔と〕 | ハイビスカス … 136 |
| ダイズ … 30 | トウ … 91 | ハイブリッドライグラス … 180 |
| 大豆粕 … 166 | 糖アルコール … 36 | バガス … 42 |
| タイマ … 101 | トウガラシ … 119 | パクチー … 130 |
| タイマツバナ … 129 | トウゴマ … 29 | 薑 … 132 |
| タイム … 129 | 唐橘 … 134 | 芭蕉布 … 106 |
| タイワンツナソ … 97 | 燈芯草 … 109 | バジリコ … 129 |
| 多汁質飼料作物 … 147 | 糖度 … 37 | バジル … 129 |
| タヌキマメ … 201 | 糖蜜 … 34 | ハスク … 19 |
| 多年生 … 147 | トウモロコシ … 31, 166, 167 | 畑わさび … 123 |
| 多胚種子 … 43 | 糖料作物 … 33 | ハッカ … 128 |
| タバコ … 85 | トールフェスク … 181 | 八角 … 134 |
| タバスコ … 120 | トリニタリオ … 84 | 発酵茶 … 77 |
| タピオカ … 60, 62 | トルコ種 … 87 | バナナ … 107 |
| ダリスグラス … 190 | 泥染め … 112 | ハナハッカ … 129 |
| 単胃家畜 … 146 | 〔な〕 | バニラ … 134 |
| 暖地型イネ科牧草 … 147 | 内鞘性 … 150 | ハバネーロ … 120 |
| タンニン … 70 | 内生菌 … 160 | バヒアグラス … 188 |
| 短年生 … 147 | ナガハグサ … 185 | パプリカ … 120 |
| 単胚種子 … 44 | ナタネ … 11 | バミューダグラス … 190 |
| 〔ち〕 | 夏枯れ … 175 | パラゴム … 138 |
| チクル … 141 | ナツメグ … 134 | バラタ … 141 |
| 窒素飢餓 … 199 | ナンヨウアブラギリ … 15 | ハルウコン … 127 |
| チモシー … 175 | 〔に〕 | パルミラヤシ … 51 |
| チャ … 70 | ニガーシード … 32 | パンゴラグラス … 191 |
| チューインガムノキ … 141 | ニクズク … 134 | 反芻動物 … 154 |
| 中茎 … 148 | 肉用牛 … 146 | 半発酵茶 … 79 |
| 中国変種 … 70 | ニゲル … 32 | 〔ひ〕 |
| 中胚軸 … 148 | ニコチン … 70 | ビートトップ … 46, 172 |
| 中葉型 … 198 | 二次壁 … 91 | ピーナッツオイル … 30 |
| 蝶形花 … 192 | ニッパヤシ … 52 | ヒハツモドキ … 121 |
| チョウジ … 131 | 2年生 … 147 | 被覆栽培 … 75 |
| チョウセンニンジン … 142 | ニホンハッカ … 128 | 被覆作物 … 204 |
| チョマ … 103 | 乳液 … 137 | ヒマ … 29 |
| 陳皮 … 132 | 乳管 … 138 | ひまし油 … 29 |
| 〔つ〕 | 乳牛 … 145 | 蓖麻子油 … 29 |
| ツナソ … 97 | 乳酸発酵 … 156 | ヒマワリ … 21 |
| 〔て〕 | 〔ね〕 | ヒメウイキョウ … 130 |
| テアニン … 72 | ネグサレセンチュウ … 203 | ヒメコウゾ … 112 |
| ディジットグラス … 191 | ネコブセンチュウ … 203 | ビャクダン … 136 |
| ディル … 130 | ネズミムギ … 177 | 百味胡椒 … 132 |
| テオシント … 170 | 〔の〕 | ビロードクサフジ … 201 |
| テオブロミン … 82 | 濃厚飼料 … 144 | ヒロハノウシノケグサ … 183 |

| | | |
|---|---|---|
| ビンロウ……89 | マンジョカ……60 | 酪酸発酵……156 |
| 〔ふ〕 | マンダリンオレンジ……132 | ラジノクローバー……198 |
| ファイトマー……149 | マンネンロウ……129 | ラジノタイプ……198 |
| ファラリス……183 | マンモス型……197 | ラッカセイ……30 |
| フェストロリウム……182 | マンモスレッド……197 | ラテックス……137 |
| フェンネル……130 | 〔み〕 | ラバンジン……129 |
| フォラステロ……84 | ミクロフィブリル……91 | ラベンダー……128 |
| ブドウ……32 | 水わさび……123 | ラミー……103 |
| ブドウ糖……35 | ミセル……91 | ラメット……150 |
| 不発酵茶……72 | ミツマタ……114 | 〔り〕 |
| 冬枯れ……175 | ミディアムレッド……196 | リードカナリーグラス……183 |
| プランティン……107 | ミドリハッカ……128 | リクチメン……93 |
| フリントコーン……167 | ミルクライン……168 | リグニン……92 |
| ブルーグラス……185 | ミント……128 | リナマリン……61 |
| フルクタン……152 | 〔む〕 | リネン……99 |
| 分蜜糖……34 | 紫ウコン……127 | リビングマルチ……204 |
| 〔へ〕 | ムラサキウマゴヤシ……193 | リュウキュウイトバショウ……106 |
| ヘアリーベッチ……201 | ムラサキツメクサ……196 | 緑茶……72 |
| β化……59 | 紫花種……193 | 緑肥……199 |
| ベニバナ……23 | 〔め〕 | 緑肥作物……199 |
| ヘネケン……108 | メース……134 | リンネル……99 |
| ペパーミント……128 | メープルシロップ……55 | 〔る〕 |
| ベルガモット……129, 132 | メジウム型……196 | ルーサン……193 |
| ベルガモットオレンジ……132 | メドーフェスク……183 | ルーメン……154 |
| ペレニアルライグラス……179 | メボウキ……129 | ルタバガ……172 |
| 〔ほ〕 | 綿花……94 | ルプリン粒……87 |
| 芳香油……118 | 棉実……94 | 〔れ〕 |
| 芳香油料作物……118 | メントール……128 | レモン……132 |
| 防霜ファン……74 | 綿実油……31 | レモンガヤ……136 |
| 放牧草地（放牧地）……162 | 綿毛……94 | レモングラス……136 |
| ボウマ……105 | 〔も〕 | レンゲ……200 |
| ホースラディッシュ……125 | 木化……92 | 〔ろ〕 |
| ホールクロップサイレージ……157 | モナルダ……129 | ローズグラス……187 |
| 牧草……146 | 〔や〕 | ローズヒップ……136 |
| 牧草サイレージ……157 | ヤーコン……55 | ローズマリー……129 |
| 牧草地……162 | 薬用作物……142 | ローゼル……105, 136 |
| 穂軸……150 | やし油……20 | ローマンカモミール……136 |
| ホソムギ……179 | ヤトロファ……15 | ロールベール……155 |
| ホップ……87 | 〔ゆ〕 | ロールベールラップサイレージ……157 |
| ほふく茎……150 | 油脂……9 | ロゼリンソウ……136 |
| ポリイソプレン……138 | ユズ……132 | ロブスタ種……80, 81 |
| 〔ま〕 | 油料作物……8 | 〔わ〕 |
| マイコトキシン……159 | 〔よ〕 | ワイルドタイプ……198 |
| マゲー……108 | 洋がらし……126 | ワイルドマジョラム……129 |
| 麻子仁……103 | 葉耳……148 | 和がらし……125 |
| マジョラム……129 | 葉鞘……148 | ワサビ……123 |
| マスタード……126 | 葉身……148 | ワサビダイコン……125 |
| マツリカ……135 | 葉舌……148 | 和三盆糖……34 |
| マテ……88 | 洋麻……105 | ワタ……31, 93 |
| マニホット……60 | 〔ら〕 | |
| マニラ麻……106 | ライゾーム……150 | |
| マメ科牧草……147 | ライム……132 | |
| マヨラナ……129 | ライムギ……171 | |

# 欧文索引

## [A]

abaca ··· 106
*Abutilon avicennae* ··· 105
*Acacia senegal* ··· 141
*Acer mono* ··· 55
*Acer saccharum* ··· 54
achira ··· 64
*Agave americana* ··· 108
*Agave cantala* ··· 108
*Agave fourcroydes* ··· 108
*Agave sisalana* ··· 108
alfalfa ··· 193
alkaloid ··· 69
allspice ··· 132
*Amorphophallus konjac* ··· 65
amyloplast ··· 58
*Anethum graveolens* ··· 130
anise ··· 130
aniseed ··· 130
annual ··· 147
annual ryegrass ··· 177
Arabian jasmine ··· 135
*Arachis hypogaea* ··· 30
*Areca catechu* ··· 89
areca nut palm ··· 89
*Arenga pinnata* ··· 50
*Armoracia rusticana* ··· 125
arrowroot ··· 64
Asiatic cottons ··· 93
*Astragalus sinicus* ··· 200
auricle ··· 148
azolla ··· 202

## [B]

bahiagrass ··· 188
balata ··· 141
banana ··· 107
basil ··· 129
bast fiber ··· 90
bergamot ··· 129
bergamot orange ··· 132
bermudagrass ··· 190
*Beta vulgaris* var. *rapa* ··· 42
*Beta vulgaris* var. *alba* ··· 172
biennial ··· 147
Bio Diesel Fuel ··· 15
black mustard ··· 126
black pepper ··· 120
black tea ··· 77
blue agave ··· 108
*Boehmeria nivea* ··· 103
*Borassus flabellifer* ··· 51
*Brassica campestris* ··· 11
*Brassica juncea* ··· 125
*Brassica napus* ··· 11
*Brassica napus* var. napobrassica ··· 172
*Brassica nigra* ··· 126
*Brassica rapa* ··· 172
Brix ··· 37
*Bromus inermis* ··· 184
*Broussonetia kazinoki* ··· 112
*Broussonetia papyrifera* ··· 112
brown mustard ··· 125
bunch grass ··· 147
bur clover ··· 195

## [C]

cacao ··· 82
caffeine ··· 69
*Camellia sinensis* ··· 70
canary grass ··· 183
*Canna edulis* ··· 64
*Cannabis sativa* ··· 101
Canola ··· 13
capsaicin ··· 120
*Capsicum annuum* ··· 119
caraway ··· 130
cardamon ··· 127
*Carthamus tinctorius* ··· 23
*Carum carvi* ··· 130
cassava ··· 60
cassia cinnamon ··· 133
castor ··· 29
*Ceiba pentandra* ··· 115
cell wall ··· 91
cellulose ··· 91
Ceylon cinnamon ··· 133
*Chamaemelum nobile* ··· 136
chicle ··· 141
chili pepper ··· 119
China jute ··· 105
Chinese milk vetch ··· 200
*Chloris gayana* ··· 187
*Chrysanthemum cinerariaefolium* ··· 142
Chusan Palm ··· 115
cinnamon ··· 133
*Cinnamonum cassia* ··· 133
*Cinnamonum zeylanicum* ··· 133
*Citrus aurantifolia* ··· 132
*Citrus bergamia* ··· 132
*Citrus junos* ··· 132
*Citrus limon* ··· 132
*Citrus reticulata* ··· 132
*Citrus sphaerocarpa* ··· 132
*Citrus sudachi* ··· 132
*Citrus unshiu* ··· 132
cleaning crop ··· 203
clove ··· 131
coconut oil ··· 20
coconut palm ··· 19
*Cocos nucifera* ··· 19
*Coffea arabica* ··· 80
*Coffea canephora* ··· 80
coffee ··· 80
coir ··· 19, 115
cola ··· 89
*Cola nitida* ··· 89
coleoptil ··· 148
collar ··· 148
coloured guineagrass ··· 191
common lavender ··· 128
common thyme ··· 129
common vetch ··· 201
common white jasmine ··· 135
concentrate ··· 144
copra ··· 19
*Corchorus capsularis* ··· 97
*Corchorus olitorius* ··· 97
coriander ··· 130
*Coriandrum sativum* ··· 130
corn ··· 31
corn oil ··· 31
cotton ··· 31, 93
cotton lint ··· 94
cotton oil ··· 31
cotton seed ··· 94
cover crop ··· 204
Criollo ··· 84
*Crotalaria breviflora* ··· 201
*Crotalaria juncea* ··· 201
*Crotalaria spectabilis* ··· 201

| | |
|---|---|
| crown | 149, 193 |
| culm | 149 |
| cumin | 130 |
| *Cuminum cyminum* | 130 |
| *Curcuma aromatica* | 127 |
| *Curcuma longa* | 127 |
| *Curcuma zedoaria* | 127 |
| curcumin | 127 |
| *Cymbopogon citratus* | 136 |
| *Cynodon dactylon* | 190 |
| cypsela | 21 |

**[D]**

| | |
|---|---|
| *Dactylis glomerata* | 173 |
| dallisgrass | 190 |
| *Digitaria eriantha* | 191 |
| digitgrass | 191 |
| dill | 130 |
| dog rose | 136 |
| dye crop | 142 |

**[E]**

| | |
|---|---|
| *Edgeworthia chrysantha* | 114 |
| Edible canna | 64 |
| *Elaeis guineensis* | 15 |
| elephant foot | 65 |
| *Elettaria cardamomum* | 127 |
| endophyte | 160 |
| erucic acid | 13 |
| essential oil | 118 |
| essential oil crop | 118 |
| *Eutrema wasabi* | 123 |

**[F]**

| | |
|---|---|
| fall dormancy rating | 195 |
| FAOSTAT | 186 |
| fatty acid | 9 |
| fennel | 130 |
| Festololium | 182 |
| *Festuca arundinacea* | 181 |
| *Festuca pratensis* | 183 |
| fiber | 92 |
| fiber crop | 90 |
| *Ficus elastica* | 141 |
| flax | 99 |
| fodder beet | 172 |
| *Foeniculum vulgare* | 130 |
| forage legume | 146 |
| forage grass | 146 |
| Forastero | 84 |

| | |
|---|---|
| fructan | 152 |
| fructose | 35 |
| fruit fiber | 90 |

**[G]**

| | |
|---|---|
| genet | 150 |
| German chamomile | 135 |
| ginger | 126 |
| glucose | 35 |
| glucosinolate | 13 |
| *Glycine max* | 30 |
| *Gossypium arboreum* | 93 |
| *Gossypium barbadense* | 93 |
| *Gossypium herbaceum* | 93 |
| *Gossypium hirsutum* | 93 |
| grape | 32 |
| grapeseed oil | 32 |
| green manure | 199 |
| green manure crop | 199 |
| green tea | 72 |
| groundnut | 30 |
| guarana | 89 |
| guayule | 141 |
| guineagrass | 189 |
| *Guizotia abyssinica* | 32 |
| gum arabic tree | 141 |

**[H]**

| | |
|---|---|
| hairy vetch | 201 |
| hard fiber | 90 |
| hay | 155 |
| *Helianthus annuus* | 21 |
| *Helianthus tuberosus* | 57 |
| hemp | 101 |
| henequen | 108 |
| herb | 117 |
| *Hevea brasiliensis* | 138 |
| *Hibiscus cannabinus* | 105 |
| *Hibiscus sabdariffa* | 105, 136 |
| hop | 87 |
| horseradish | 125 |
| *Humulus lupulus* | 87 |
| husk | 19 |
| Hybrid ryegrass | 180 |

**[I]**

| | |
|---|---|
| *Ilex paraguayensis* | 88 |
| *Illicium verum* | 134 |
| Indian long pepper | 121 |
| Indian rubber tree | 141 |

| | |
|---|---|
| *Indigofera tinctoria* | 142 |
| intermediate type | 198 |
| inflorescence | 150 |
| internode | 149 |
| inulin | 57 |
| invert sugar | 36 |
| Italian ryegrass | 177 |

**[J]**

| | |
|---|---|
| Japanese mint | 128 |
| Japanese pepper | 132 |
| jasmine | 135 |
| *Jasminum officinale* | 135 |
| *Jasminum sambac* | 135 |
| *Jatropha curcas* | 15 |
| Java long pepper | 121 |
| Jerusalem artichoke | 57 |
| *Juncus effusus* var. *decipiens* | 109 |
| jute | 97 |

**[K]**

| | |
|---|---|
| kapok | 115 |
| kenaf | 105 |
| Kentucky bluegrass | 185 |
| konjak | 65 |

**[L]**

| | |
|---|---|
| Ladino clover | 198 |
| large type | 198 |
| latex | 137 |
| latex vessel | 138 |
| laticifer | 138 |
| lavandin | 129 |
| *Lavandula angustifolia* | 128 |
| *Lavandula latifolia* | 129 |
| lavender | 128 |
| leaf blead | 148 |
| leaf sheath | 148 |
| lemon | 132 |
| lemongrass | 136 |
| lignification | 92 |
| lignin | 92 |
| ligule | 148 |
| lime | 132 |
| linamarin | 61 |
| linen | 99 |
| linseed | 32 |
| linseed oil | 32 |
| lint | 94 |
| *Linum usitatissimum* | 32, 99 |

# 欧文索引

| | | |
|---|---|---|
| living mulch ……204 | niger seed ……32 | *Phleum bertolonii* ……175 |
| *Lolium multiflorum* ……177 | nipa palm ……52 | *Phleum pratense* ……175 |
| *Lolium perenne* ……179 | nitrogen starvation ……199 | *Pimenta dioica* ……132 |
| lupulin ……87 | noble cane ……37 | *Pimpinella anisum* ……130 |
| **〔M〕** | node ……149 | *Piper betle* ……89 |
| mace ……134 | nutmeg ……134 | *Piper longum* ……121 |
| maguey ……108 | *Nypa fruticans* ……52 | *Piper nigrum* ……120 |
| maize ……31 | **〔O〕** | *Piper retrofractum* ……121 |
| mammoth red ……197 | *Ocimum basilicum* ……129 | plantain ……107 |
| mandioca ……60 | oil and fat ……9 | plantation white sugar ……34 |
| manihot ……60 | oil crop ……8 | *Poa pratensis* ……185 |
| *Manihot esculenta* ……60 | oil palm ……15 | *Polygonum tinctorium* ……142 |
| manila envelope ……107 | *Olea europaea* ……27 | primary wall ……91 |
| Manila hemp ……106 | olive ……27 | purple arrowroot ……64 |
| *Manilkara bidentata* ……141 | oolong tea ……79 | **〔Q〕** |
| *Manilkara zapota* ……141 | orchardgrass ……173 | Queensland arrowroot ……64 |
| *Maranta arundinacea* ……64 | oregano ……129 | **〔R〕** |
| mat rush ……109 | *Origanum majorana* ……129 | raceme ……150 |
| mate ……88 | *Origanum vulgare* ……129 | rachis ……150 |
| *Matricaria recutita* ……135 | *Oryza sativa* ……31 | ramet ……150 |
| meadow fescue ……183 | **〔P〕** | ramie ……103 |
| *Medicago falcata* ……194 | palm kernel oil ……18 | rapeseed ……11 |
| *Medicago sativa* ……193 | palm oil ……18 | ratooning ……39 |
| *Medicago polymorpha* ……195 | palmyra palm ……51 | rattan ……91 |
| medical crop ……142 | *Panax ginseng* ……142 | rattlebox ……201 |
| medium red ……196 | pangolagrass ……191 | raw sugar ……33 |
| *Mentha arvensis* ……128 | panicle ……150 | red clover ……196 |
| *Mentha spicata* ……128 | *Panicum coloratum* ……191 | red pepper ……119 |
| *Mentha × piperita* ……128 | *Panicum maximum* ……189 | reed canarygrass ……183 |
| menthol ……128 | paper mulberry ……112 | regrowth ……152 |
| mesocotyl ……148 | paprika ……120 | relative maturity ……168 |
| *Metroxylon sagu* ……62 | para rubber ……138 | resin crop ……137 |
| micelle ……91 | *Parthenium argentatum* ……141 | rhizome ……150 |
| microfibril ……91 | *Paspalum dilatatum* ……190 | rhodesgrass ……187 |
| mint ……128 | *Paspalum notatum* ……188 | rice ……31 |
| mitsumata ……114 | pasture crop ……146 | *Ricinus communis* ……29 |
| mixed seeding ……164 | *Paullinia cupana* ……89 | RM ……168 |
| molasses ……34 | pepper ……120 | Roman chamomile ……136 |
| *Monarda didyma* ……129 | peppermint ……128 | *Rosa canina* ……136 |
| *Musa balbisiana* ……106 | perennial ……147 | rose hip ……136 |
| *Musa textilis* ……106 | perennial ryegrass ……179 | roselle ……105, 136 |
| mycotoxin ……159 | perilla ……26 | rosemary ……129 |
| *Myristica fragrans* ……134 | *Perilla frutescens* ……26 | *Rosmarinus officinalis* ……129 |
| **〔N〕** | phalaris ……183 | roughage ……144 |
| natural rubber ……138 | *Phalaris aquatica* ……183 | rubber crop ……137 |
| *Nicotiana tabacum* ……85 | *Phalaris arundinacea* ……183 | rumen ……154 |
| nicotine ……70 | *Phalaris canariensis* ……183 | ruminant ……154 |

| | |
|---|---|
| rutabaga | 172 |

**〔S〕**

| | |
|---|---|
| *Saccharum officinarum* | 37 |
| *Saccharum sinense* | 38 |
| safflower | 23 |
| sage | 129 |
| sago palm | 62 |
| *Salvia officinalis* | 129 |
| sandalwood | 136 |
| *Santalum album* | 136 |
| sapodilla | 141 |
| *Satureja hortensis* | 129 |
| savory | 129 |
| sclerenchyma cell | 92 |
| sea island cotton | 93 |
| secondary wall | 91 |
| seed cotton | 94 |
| seed fiber | 90 |
| sesame | 24 |
| *Sesamum indicum* | 24 |
| sesbania | 202 |
| *Sesbania cannabina* | 202 |
| *Sesbania rostrata* | 202 |
| silage | 156 |
| *Sinapis alba* | 126 |
| sisal | 108 |
| small type | 198 |
| *Smallanthus sonchifolius* | 55 |
| smooth bromegrass | 184 |
| sod grass | 147 |
| soiling crop | 146 |
| *Sorghum bicolor* var. saccharatum | 46 |
| soybean | 30 |
| spearmint | 128 |
| spice | 117 |
| spice crop | 117 |
| spike | 150 |
| spike lavender | 128 |
| spikelet | 150 |
| spring flush | 152 |
| spring vetch | 201 |
| star anise | 134 |
| starch crop | 58 |
| starch grain | 58 |
| starch sugar | 59 |
| *Stevia rebaudiana* | 57 |
| stimulating beverage and narcotic crop | 69 |
| stolon | 150 |
| succulent forage crop | 147 |
| sucrose | 35 |
| sugar beet | 42 |
| sugar crop | 33 |
| sugar maple | 54 |
| sugar palm | 50 |
| sugarcane | 37 |
| sunflower | 21 |
| sweet marjoram | 129 |
| sweet sorghum | 46 |
| *Syzygium aromaticum* | 131 |

**〔T〕**

| | |
|---|---|
| tall fescue | 181 |
| tannin | 70 |
| tapioca | 60, 62 |
| TDN | 158 |
| temperate grass | 147 |
| temporary | 147 |
| teosinte | 170 |
| *Theobroma cacao* | 82 |
| theobromine | 82 |
| *Thymus vulgaris* | 129 |
| timothy | 175 |
| tobacco | 85 |
| toddy palm | 51 |
| total digestible nutrient | 158 |
| *Trachycarpus fortunei* | 115 |
| *Trifolium pratense* | 196 |
| *Trifolium repens* | 197 |
| Trinitario | 84 |
| tropical grass | 147 |
| turf timothy | 175 |
| turmeric | 127 |
| turnip | 172 |

**〔U〕**

| | |
|---|---|
| upland cotton | 93 |

**〔V〕**

| | |
|---|---|
| vanilla | 134 |
| *Vanilla fragrans* | 134 |
| *Vanilla planifolia* | 134 |
| vegetable fat | 10 |
| vegetable oil | 10 |
| vernarization | 151 |
| *Vicia sativa* | 201 |
| *Vicia villosa* | 201 |
| *Vitis vinifera* | 32 |

**〔W〕**

| | |
|---|---|
| wasabi | 123 |
| *Wasabia japonica* | 123 |
| white clover | 197 |
| white mustard | 126 |
| winter vetch | 201 |
| witner annual | 147 |

**〔Y〕**

| | |
|---|---|
| yellow alfalfa | 194 |

**〔Z〕**

| | |
|---|---|
| *Zanthoxylum piperitum* | 132 |
| *Zea mays* | 31 |
| *Zingiber officinale* | 126 |

## 著者一覧

中村　聡　　宮城大学食産業学部教授
後藤雄佐　　東北大学大学院農学研究科准教授
新田洋司　　茨城大学農学部教授

---

農学基礎シリーズ　作物学の基礎Ⅱ　資源作物・飼料作物

2015年10月10日　　第1刷発行

　　　　　　　　　　中村　聡
　　著　者　　　　後藤　雄佐
　　　　　　　　　　新田　洋司

発行所　一般社団法人　農山漁村文化協会
郵便番号　107-8668　東京都港区赤坂7丁目6-1
電話　03（3585）1141（営業）　　　03（3585）1147（編集）
FAX　03（3585）3668　　　　　　　振替00120-3-144478

ISBN 978-4-540-12106-7　　　　　DTP制作／條　克己
〈検印廃止〉　　　　　　　　　　　印刷・製本／凸版印刷㈱
Ⓒ中村聡・後藤雄佐・新田洋司　2015
Printed in Japan　　　　　　　　　定価はカバーに表示

乱丁・落丁本はお取り替えいたします

# 農文協の図書案内

## 解剖図説 イネの生長
星川清親著　2,914円＋税
発芽から登熟まで各部の外形変化、内部構造、生育診断まで解析した形態図説の決定版。

## トウモロコシ
歴史・文化、特性・栽培、加工・利用

戸澤英男著　4,762円＋税
起源・歴史、文化、生理生態と栽培から、食品、薬理、工業利用までトウモロコシの全てを1冊に。

## 地球温暖化でも冷害はなくならない
そのメカニズムと対策

下野裕之著　1,700円＋税
地球温暖化が進んでも、冷害は減らない。地球規模で見た冷害のメカニズムと克服法を詳述！

## イネの高温障害と対策
登熟不良の仕組みと防ぎ方

森田敏著　2,000円＋税
米の品質低下で大きな問題となっている乳白粒、背白粒など高温登熟障害の解決策を徹底追究。

## コシヒカリ
日本作物学会北陸支部・北陸育種談話会編　15,619円＋税
育種、生理・生態、技術、各地の栽培体系、新技術への対応、海外での試作状況、普及など解説。

## 麦の高品質多収技術
品種・加工適性と栽培

渡邊好昭・藤田雅也・柳沢貴司編著　2,600円＋税
パン・パスタ用、ラーメン用、醸造用など、品種・加工適性を活かす「売れる麦作り」の全て。

### 自然と科学技術シリーズ
## 作物にとって移植とはなにか
苗の活着生態と生育相

山本由徳著　1,714円＋税
苗体の損傷を伴う移植はなぜ必要なのか、活着型と生育相の変化から移植の本質的意義を究明。

### 自然と科学技術シリーズ
## 現代輪作の方法
多収と環境保全を両立させる

有原丈二著　1,714円＋税
りん酸と窒素を軸に、作物の養分吸収特性の最新知見から養分流亡を防ぐ環境保全型輪作を提案。

### 自然と科学技術シリーズ
## 生物多様性と農業
進化と育種、そして人間を地域からとらえる

藤本文弘著　1,857円＋税
農業は人間と生物の共進化という見方から近代技術の問題点を摘出し農業のあり方を問う異色作。

### 自然と科学技術シリーズ
## 農学の野外科学的方法
「役に立つ」研究とはなにか

菊池卓郎著　1,524円＋税
歴史的、地理的一回性を帯びる野外的自然を扱う科学として、実際に役立つ農学研究の方法を提唱。

### 自然と科学技術シリーズ
## 植物の生長と環境
新しい視点と環境調節の課題

高倉直著　1,667円＋税
最新科学で明らかにされた植物と環境のダイナミックな関係、環境調節の課題をわかりやすく解説。

### 自然と科学技術シリーズ
## 環境ストレスと生殖戦略
イネ科小穂の形態変化

武岡洋治著　1,619円＋税
花が示す形態変化・性的転換の姿から、生殖戦略の意味と栽培技術の在り方を提示。電顕写真を駆使。

## 日本茶全書
生産から賞味まで

渕之上康元・渕之上弘子著　3,333円＋税
生理・生態から栽培、豊富な茶種の加工、成分・機能性、流通、利用段階での基本技術と改善策。

## 茶園管理12ヵ月
生育の見方と作業のポイント

木村政美著　1,800円＋税
土壌、天候、施肥、病害虫、天災などが茶樹に及ぼす影響を読み解き、稼げる一番茶づくりを導く。

## 機械製茶の理論と実際
茶葉と環境にあわせた工程管理

柴田雄七著　2,190円＋税
手触り、香り、投入量など勘で行われていた製茶技術を理論化。機械製茶の確かな工程管理を導く。

## 農文協の図書案内

**進化する雑穀**
# ヒエ、アワ、キビ
新品種・機械化による多収栽培と加工の新技術

星野次汪・武田純一著　2,400円+税
ヒエ・アワ・キビを現代に甦らせる、健康機能性と省力機械化栽培最新情報。

新特産シリーズ
# ワサビ
栽培から加工・売り方まで

星谷佳功著　1,500円+税
畳石式の高級ワサビ、開田が簡単な渓流式、水田利用のハウス栽培、茎葉主体の畑ワサビなど。

新特産シリーズ
# ソバ
条件に合わせたつくり方と加工・利用

本田裕著　1,429円+税
健康食品や景観作物、抑草効果も注目。歴史から栽培法、加工・料理、製粉やそば切り機械も紹介。

新特産シリーズ
# ユズ
栽培から加工・利用まで

音井格著　1,619円+税
連年結果や低樹高化を実現させる夏肥・摘果作業や誘引重点の枝管理の勘所。様々な加工・調理。

新特産シリーズ
# 赤米・紫黒米・香り米
「古代米」の品種・栽培・加工・利用

猪谷富雄著　1,524円+税
水田がそのまま活かせ、景観作物としても有望。色や香りを活かす栽培・加工・利用法を1冊に。

新特産シリーズ
# 黒ダイズ
機能性と品種選びから加工販売まで

松山善之助 他著　1,571円+税
食品機能性豊富な黒ダイズの栽培法から加工まで。最近話題のエダマメ栽培や煮汁健康法も解説。

新特産シリーズ
# 雑穀
11種の栽培・加工・利用

及川一也著　2,000円+税
豊富な食品機能性、安全・美味な健康食として注目の雑穀11種の栽培、加工、食べ方までを詳解。

新特産シリーズ
# サンショウ
実・花・木ノ芽の安定多収栽培と加工利用

内藤一夫著　1,700円+税
健康効果も注目の山菜。園の条件に合わせた剪定法で省力多収。実・花・木ノ芽の栽培から加工まで。

新特産シリーズ
# ヤーコン
健康効果と栽培・加工・料理

(社)農林水産技術情報協会編　1,571円+税
糖尿病や生活習慣病、ダイエットにも期待される注目の健康野菜。機能性、栽培法から利用まで。

新特産シリーズ
# コンニャク
栽培から加工・販売まで

群馬県特作技術研究会編　1,762円+税
歴史から、植物特性、安定栽培の実際、種イモ貯蔵、病害虫防除、手づくり加工、経営まで網羅。

新特産シリーズ
# ウコン
秋ウコン・春ウコン・ガジュツの栽培と加工・利用

金城鉄男著　1,429円+税
健康機能性が人気のウコンの栽培から粉末加工、販売まで。新しい増収技術や栽培農家事例も掲載。

新特産シリーズ
# ダダチャマメ
おいしさの秘密と栽培

阿部利徳著　1,429円+税
味の頂点にたつとされるエダマメ。そのおいしさの秘密を明らかにしつつ、栽培の基本を詳解。

新特産シリーズ
# エゴマ
栽培から搾油、食べ方、販売まで

農文協編　1,400円+税
健康機能性で注目されるエゴマ。無農薬でできる安定栽培の実際から加工販売まで。

新特産シリーズ
# ラッカセイ
栽培・加工、ゆで落花生も

鈴木一男著　1,300円+税
軽量で手間がかからず荒れ地でも育ち、耕作放棄地に向く。ゆで落花生は直売所でも注目される。